HEYNE

Das Buch
Erin wusste ganz genau, wann sie zum letzten Mal mit einem Mann geschlafen hatte. Und sie erinnerte sich haarklein an jeden Zentimeter von Coles muskulösem Körper, an jedes Detail der gemeinsamen Nacht.
Ja, sie hatten mehrmals miteinander geschlafen, aber sie hatten jedes Mal verhütet. Außerdem, wie groß war die Wahrscheinlichkeit, dass sich ihr Leben von Grund auf veränderte, nur weil sie ein einziges Mal über ihren Schatten gesprungen war? Das würde ihr das Schicksal nicht antun, nachdem sie all die Jahre ein anständiges Mädchen gewesen war. Oder etwa doch?

Die Autorin
Carly Phillips hat sich mit ihren romantischen und leidenschaftlichen Geschichten in die Herzen ihrer Leserinnen geschrieben. Sie veröffentlichte bereits über zwanzig Romane und ist inzwischen eine der bekanntesten amerikanischen Schriftstellerinnen. Mit zahlreichen Preisnominierungen ist sie nicht mehr wegzudenken aus den Bestsellerlisten. Ihre Karriere als Anwältin gab sie auf, um sich ganz dem Schreiben zu widmen. Sie lebt mit ihrem Mann und den zwei Töchtern im Staat New York. www.carlyphillips.com

Im Heyne-Verlag liegen vor:
Die Chandler-Trilogie: *Der letzte Kuss – Der Tag der Träume – Für eine Nacht*
Die Hot-Zone-Serie: *Mach mich nicht an! – Her mit den Jungs! – Komm schon! – Geht's noch?*
Die Corwin-Trilogie: *Trau dich endlich! – Spiel mit mir! – Mach doch!*
Die Single-Serie: *Küss mich doch! – Verlieb dich!*
Die Barron-Serie: *Ich will doch nur küssen – Ich will nur dein Glück – Ich will ja nur dich!*
Die Marsden-Serie: *Küss mich später – Liebe auf den ersten Kuss*
Einzeltitel: *Küss mich, Kleiner! – Auf ein Neues! – Noch ein Kuss*

CARLY PHILLIPS

Liebe auf den ersten Kuss

Aus dem Amerikanischen
von Ursula C. Sturm

WILHELM HEYNE VERLAG
MÜNCHEN

Die Originalausgabe PERFECT FLING erschien 2013
bei The Berkeley Publishing Group, New York

Verlagsgruppe Random House FSC® N001967
Das für dieses Buch verwendete FSC®-zertifizierte Papier
Holmen Book Cream liefert Holmen Paper,
Hallstavik, Schweden.

Vollständige deutsche Erstausgabe 05/2014
Copyright © 2013 by Carly Phillips
Copyright © 2014 der deutschsprachigen Ausgabe
by Wilhelm Heyne Verlag, München
in der Verlagsgruppe Random House GmbH
Printed in Germany 2014
Umschlaggestaltung: Nele Schütz Design, München
unter Verwendung von © Getty Images/Pando Hall
Satz: Greiner & Reichel, Köln
Druck und Bindung: GGP Media GmbH, Pößneck
ISBN: 978-3-453-41068-8

www.heyne.de

In liebevoller Erinnerung an meinen Vater, Leonard Weinberg (6. August 1941–10. Oktober 2012). Daddy, du warst der beste Mensch, der mir je untergekommen ist, und alle, die dich kannten, können das bestätigen. Ich hoffe, ich habe dir zeit deines Lebens jene Wertschätzung entgegengebracht, die du verdienst. Ich weiß, du bist bei mir, obwohl du fort bist, auch wenn es noch etwas dauert, bis ich dich spüren kann. Ich widme dieses Buch dir, weil du mich geliebt und an mich geglaubt hast, und weil du mich davon überzeugt hast, dass ich alles erreichen kann, was ich mir vornehme. Irgendwann fing ich selbst an, daran zu glauben – und sieh nur, wie weit ich es inzwischen gebracht habe. Das verdanke ich nur dir. Ich liebe dich und vermisse dich unsäglich.

Kapitel 1

Erin Marsden war schon immer ein artiges, anständiges Mädchen gewesen, das stets die Erwartungen der anderen erfüllte. Schließlich war sie die einzige Tochter des ehemaligen Polizeichefs von Serendipity, und ihre zwei überfürsorglichen Brüder arbeiteten beide ebenfalls bei der Polizei. Der ältere der beiden war sogar der neue Polizeichef der Stadt. Erin selbst war in der hiesigen Bezirksstaatsanwaltschaft tätig und leistete sich prinzipiell keine Fehltritte – allerdings eher aus Angst davor, ihre Familie zu enttäuschen und nicht so sehr, weil sie fürchtete, aus der Rolle zu fallen, der sie ihr ganzes Leben lang treu gewesen war.

Jedenfalls bis gestern Nacht.

Sie blinzelte und ließ den Blick durch das Zimmer wandern: ein fremdes Bett, ein Raum, der ihr nicht bekannt vorkam. Sie war splitterfasernackt, und neben ihr lag ein warmer, männlicher Körper, nackt wie sie selbst.

Cole Sanders.

Sie betrachtete sein etwas zu langes, zerzaustes Haar und den durchtrainierten Oberkörper und schauderte wohlig, als sie registrierte, dass sie die Nachwirkungen ihrer nächtlichen Aktivitäten noch am ganzen Leib deutlich spüren konnte. Oh ja, sie hatte den festgefahrenen Pfad verlassen und dabei nicht bloß eine Hundertachtziggradwende vollzogen, sondern sich auf etwas eingelassen, das so gar nicht zum Image des anständigen Mädchens passte: auf einen One-Night-Stand.

Ein *One-Night-Stand*.

Schon bei dem Gedanken daran schwindelte ihr, und eine leichte Übelkeit stieg in ihr hoch, als sie im Geiste noch einmal die verschiedenen Stationen auf dem Weg durchging, der sie hierher geführt hatte. Gestern hatte alles begonnen, auf der Hochzeit ihres Bruders Mike, wo sie sich inmitten von Familienangehörigen und Freunden ihres Single-Daseins nur zu bewusst gewesen war. Lauter glückliche, verliebte Paare, soweit das Auge reichte. Irgendwann hatte sie sich abgesetzt, aber da sie keine Lust gehabt hatte, schon nach Hause zu gehen, hatte sie unterwegs noch einen Abstecher in Joe's Bar gemacht. *Fehler Nummer eins*. Dort hatte sie mit einem alten Freund getanzt und zugelassen, dass Cole Sanders abklatschte. *Fehler Nummer zwei*. Sie kannte Cole von früher und erinnerte sich noch lebhaft daran, wie sie sich eines Nachts mit sechzehn geküsst hatten, bevor er tags darauf die Stadt für lange Zeit verlassen hatte.

Beim Tanzen hatte er sie an seinen stahlharten Körper gedrückt, und der schwermütige Blick seiner dunkelblauen Augen hatte ihr schier das Herz zerrissen. Dann – *Fehler Nummer drei* – hatte sie sich eingestanden, dass es heftig zwischen ihnen knisterte, ein Umstand, den sie, seit er wieder in der Stadt war, beide tunlichst ignoriert hatten. Und zu guter Letzt war sie aufs Ganze gegangen und ihm bereitwillig nach oben in sein Apartment über der Bar gefolgt, wo sie sich die ganze Nacht miteinander vergnügt hatten.

Und, oh Gott, der Sex mit Cole war fantastisch gewesen. Einfach phänomenal. Wer hätte gedacht, dass es dabei derart heiß hergehen konnte? Am liebsten hätte sich Erin wie eine zufrieden schnurrende Katze gestreckt, doch sie ließ es bleiben, um den leise schnarchenden Mann neben sich nicht zu wecken.

Obwohl Jed Sanders ein guter Freund ihrer Eltern war, wusste sie kaum etwas über Cole, genau wie die anderen Bewohner von Serendipity, einschließlich ihres Bruders Mike, der früher einer seiner besten Kumpels gewesen war. Coles Vater Jed war bis vor einem Jahr der stellvertretende Polizeichef von Serendipity gewesen, sprach allerdings nie von seinem Sohn. Laut Mike war Cole einige Tage vor dem Abschluss aus der Polizeiakademie ausgetreten. Was er danach getrieben hatte, wusste niemand so genau, aber die Gerüchteküche in ihrer kleinen Stadt brodelte heftig. Mal wurde gemunkelt, Cole stehe in Manhattan mit dem organisierten Verbrechen in Verbindung, mal hieß es, er sei der Anführer eines Drogen- und Prostitutionsrings. Erin konnte sich allerdings nicht vorstellen, dass er derart auf die schiefe Bahn geraten war, schließlich kannte sie ihn gewissermaßen seit der Kindheit. Wobei sie zugegebenermaßen nicht allzu viel mit dem aufmüpfigen

Teenager zu tun gehabt hatte, der sich regelmäßig mit seinem strengen Vater angelegt und sich nie um Regeln geschert hatte.

Trotzdem glaubte sie nach wie vor, dass Cole ein anständiger Bursche war, selbst wenn das etwas naiv sein mochte.

Wie dem auch sei, jetzt galt es erst einmal, sich möglichst unbemerkt vom Acker zu machen. Leider war Erin weitgehend unbeleckt, was das Verhalten am »Morgen danach« anging. Ihre bisherigen Affären waren eher beschaulich bis eintönig gewesen und allesamt auf dieselbe Art und Weise zu Ende gegangen, nämlich mit einem höflichen »Es liegt nicht an dir, sondern an mir« von ihrer Seite. In die Verlegenheit, sich aus der Wohnung eines Mannes schleichen zu müssen, war sie bislang noch nie gekommen.

Noch einmal betrachtete sie Coles breite Schultern, die sich mit jedem Atemzug hoben und senkten und schauderte erneut beim Anblick seiner tätowierten Arme, deren Muskeln wie von harter körperlicher Arbeit gestählt wirkten.

Tief durchatmen, Erin.

Sie zwang sich, einen klaren Gedanken zu fassen. Ihre Habseligkeiten waren im gesamten Zimmer verstreut, und ganz nebenbei bemerkt war ein Brautjungfernkleid wohl eher hinderlich, wenn man sich unauffällig aus dem Haus schleichen wollte. Mit einem letzten Blick auf den Mann, der in der vergangenen Nacht buchstäblich die Erde hatte beben lassen, glitt Erin unter der warmen Decke hervor und machte sich auf die Suche nach ihrem Kleid. Ah, da lag es ja. Just als sie sich bückte und die Hand danach ausstreckte, ertönte hinter ihr Coles tiefe Stimme.

»Hätte nicht gedacht, dass du zu der Sorte Frau gehörst, die sich sang- und klanglos aus dem Staub macht«, stellte er ungeniert fest. Sein Tonfall war lässig-verschlafen.

Erin wäre am liebsten im Boden versunken. Warum musste er ausgerechnet jetzt aufwachen, wo sie ihm den nackten Allerwertesten hinstreckte? Sie hob hastig das Kleid vom Boden auf und wirbelte herum, wobei sie sich bemühte, ihren Körper züchtig zu verdecken, denn inzwischen war sie wieder ganz das anständige Mädchen, das sie noch vor vierundzwanzig Stunden gewesen war.

»Ich kenne bereits jeden Zentimeter von dir in- und auswendig«, erinnerte Cole sie, ohne den verschlafenen Blick von ihr abzuwenden.

Erin wurde rot und beschloss, diesen Kommentar einfach zu übergehen und sich stattdessen auf seine erste Bemerkung zu konzentrieren. »Für welche Sorte Frau hast du mich denn gehalten?«

Er richtete sich auf und rutschte nach oben bis zum Kopfteil des Bettes. Mit seinen zerstrubbelten schwarzen Haaren wirkte er so unwiderstehlich attraktiv, dass sie sich am liebsten gleich wieder zu ihm gesellt hätte. Was jedoch aus mehreren Gründen völlig ausgeschlossen war: Erstens war ein One-*Night*-Stand schon per definitionem vorbei, sobald der Morgen graute, zweitens hatte Cole sie zu ihrer großen Enttäuschung mit keinem Wort dazu aufgefordert, und drittens war ihr Auftritt als unanständiges Mädchen ein einmaliger Ausrutscher gewesen. Heute Morgen, ohne Alkohol im Blut, hatte die brave Erin wieder die Oberhand gewonnen, und mit ihr die Schamhaftigkeit. Leider.

Cole lehnte sich zurück, die Finger hinter dem Kopf verschränkt, und betrachtete sie eingehend. Die Decke war ihm bis unter den Nabel gerutscht, und Erin musste sich sehr zusammenreißen, um nicht auf seinen flachen Bauch und die Wölbung unter der Decke zu starren.

»Jedenfalls nicht für die Sorte ›verklemmter Feigling‹, nach deinem forschen Verhalten gestern Abend.« Er hob eine Augenbraue.

Lächelte der Mann eigentlich nie? »Und ich hätte nicht gedacht, dass du zu dem Typ Mann gehörst, der am Morgen nach einem One-Night-Stand noch gern ausgiebig plaudert.«

Sie fragte sich, warum er sie nicht einfach hatte gehen lassen, selbst wenn er bereits wach gewesen war. Damit wäre ihnen diese peinliche Unterhaltung erspart geblieben. Andererseits wäre sie vermutlich früher oder später ohnehin fällig gewesen. So gesehen konnten sie es genauso gut gleich hinter sich bringen.

»Du findest also, ich war forsch«, zitierte sie ihn und straffte die Schultern ein wenig.

Im Job war Erin knallhart – das musste sie sein, um ihrem Chef Kontra geben und sich gegen die Strafverteidiger und deren Klienten durchsetzen zu können. Aber dass sie im Umgang mit Männern forsch war, das hörte sie jetzt zum ersten Mal, und sie fasste es beinahe als Kompliment auf.

»Okay, ich habe die Bar mit dir zusammen verlassen, dazu gehörte in der Tat eine ordentliche Portion Courage«, räumte sie mit einem Anflug von Stolz ein.

Cole musterte sie, ohne eine Miene zu verziehen, aber sie hätte schwören können, dass seine Augen amüsiert aufblitzten, wenn auch nur für den Bruchteil einer Sekunde.

»Mit ›forsch‹ meinte ich eigentlich dein Verhalten im Bett.«

Es klang durchaus anerkennend, sodass Erins Herz unwillkürlich schneller schlug. Sie errötete, murmelte »Danke« und hätte sich im selben Moment am liebsten geohrfeigt. Hatte sie das wirklich gerade gesagt?

Cole schenkte ihr ein sexy Lächeln, das sie nie mehr vergessen würde. »Aber um zum Anfang unserer Unterhaltung zurückzukommen: Nein, ich hatte nicht erwartet, dass du dich einfach hinausschleichst. Bereust du die Nacht mit mir etwa bereits?«, fragte er, wobei die Frage sie mehr erstaunte als sein angriffslustiger Tonfall.

Sie schüttelte ohne zu zögern den Kopf. »Überhaupt nicht.« Es stimmte sie traurig, dass er so von ihr dachte, aber es überraschte sie nicht. Die Bürger der Stadt hatten ihn nicht gerade mit offenen Armen empfangen, und wenn sie von den Ereignissen der vergangenen Nacht erfuhren, würden sie sich bestimmt fragen, ob Erin den Verstand verloren hatte. Sollten ihre Brüder je dahinterkommen … Nicht auszudenken! Doch Reue verspürte sie bislang keine, und daran würde sich wohl auch in absehbarer Zeit nichts ändern. Außerdem wollte sie Cole auf keinen Fall den Eindruck vermitteln, dass es ihr peinlich war, mit ihm geschlafen zu haben.

»Du überraschst mich«, gab er zu, während er sie aufmerksam betrachtete. »Und ich hatte gedacht, es gibt nichts mehr auf dieser Welt, das mich noch überraschen kann.«

Es klang, als hätte er in seinem Leben schon zu viel gesehen und erlebt. Erin hätte gern nachgehakt und bei Bedarf ein paar tröstende Worte gesagt, doch ehe sie den Gedanken weiter verfolgen oder ihn gar in die Tat umsetzen konnte, sprach Cole weiter.

»Aber dein Bauchgefühl trügt nicht, was mich angeht: Es ist mir tatsächlich lieber, wenn sich der Morgen danach nicht unnötig in die Länge zieht.«

Enttäuschung machte sich in ihrem Herzen breit, und *das* fand Erin höchst bedenklich. Bloß nicht allzu lange darüber nachdenken. »Gut zu wissen, dass wir diesbezüglich dieselben Ansichten vertreten«, antwortete sie leichthin und zwang sich zu einem Grinsen, obwohl ihr eigentlich nicht der Sinn danach stand.

Nun, da der Abschied nahte, war Erin nicht bloß verlegen, sie bedauerte es auch mehr, als sie erwartet hatte. Tja, das hatte sie jetzt davon, dass sie sich auf einen One-Night-Stand mit einem Kerl eingelassen hatte, für den sie schon als blutjunges Schulmädchen eine Schwäche gehabt hatte.

»War ja nur ein One-Night-Stand. Du musst also nicht befürchten, dass es noch einmal vorkommt«, fügte sie so schnippisch wie nur irgend möglich hinzu.

»Jammerschade«, murmelte er, und Erin hob erstaunt den Kopf.

»Und genau deshalb muss es auch bei einem One-Night-Stand bleiben«, fuhr er fort, so leise, als wäre es nicht für ihre Ohren bestimmt.

»Was soll das denn heißen?«, fragte Erin, die Rätsel und geheimnisvolle Andeutungen hasste.

»Weil du real bist, meine Liebe, in einer Welt, in der nichts und niemand so ist, wie es scheint, und das macht dich gefährlich.«

»Klingt ja alles äußerst mysteriös«, spöttelte sie und überlegte gerade, ob sie ihn bitten sollte, sich umzudrehen, während sie sich anzog, da warf er die Decke beiseite und stieg aus dem Bett. Im Adamskostüm.

In ihrem Kopf herrschte plötzlich Leere. Sie versuchte zu schlucken und musste husten. Bis der Anfall vorbei war, hatte sie erneut eine hochrote Birne.

Cole ging wortlos zur Kommode, öffnete eine Schublade und reichte Erin eine Jogginghose und ein ausgewaschenes T-Shirt. »Hier, das ist bequemer und weniger auffällig.«

Sie schluckte. »Danke.«

»Das Bad ist da drüben.« Er deutete auf die offene Tür in der Ecke. »Nimm dir ein Handtuch aus der Schublade und lass dir ruhig Zeit«, sagte er und schlurfte gelassen zur Kochnische seines kleinen Apartments. Den Mann brachte so schnell nichts aus der Ruhe.

Erin schüttelte den Kopf und verbannte alle Gedanken an ihn aus ihrem Gehirn. *Konzentration!*, ermahnte sie sich. Jetzt hieß es duschen, anziehen und gehen.

Alles andere – Gefühle wie Überlegungen – musste warten, bis sie allein war. Erst dann würde sie wie immer die Ereignisse Revue passieren lassen und den Vorfall in der hintersten Ecke ihres Gedächtnisses abspeichern. Und nur noch in langen, einsamen Nächten daran denken, in denen sie mit ihrem Vibrator allein war. Denn tief in ihrem Inneren war ihr klar, dass Cole – seiner reservierten, griesgrämigen Art heute Morgen zum Trotz – die Latte unerreichbar hoch gelegt hatte für alle Männer, die nach ihm kamen.

Dabei hatte Erin auch vorher schon ziemlich hohe Ansprüche an das starke Geschlecht gehabt.

Drei Monate später

Wenn diese Verhandlung nicht bald zu Ende war, würde Erin demnächst vor dem Richter, der Jury und allen anderen Anwesenden im Gerichtssaal in Ohnmacht fallen oder sich alternativ auf ihre brandneuen Schuhe erbrechen. Die Chancen standen fünfzig zu fünfzig. Richter White, dessen weißer Haarschopf seinem Namen alle Ehre machte, zog die Anweisungen für die Geschworenen in ermüdender Ausführlichkeit in die Länge. Die letzten zwanzig Minuten kamen der völlig erschöpften Erin, der obendrein fürchterlich übel war, vor wie eine halbe Ewigkeit. Als sie endlich den heiß ersehnten Schlag des Hammers vernahm, der für den heutigen Tag das Ende der Verhandlung signalisierte, ließ sie den Kopf unsanft auf die Tischplatte sinken.

»Keine Sorge, ich habe alles notiert, was der Richter gesagt hat. Es war nichts dabei, was wir nicht vorausgesehen hätten oder wogegen ich Einwände erhoben hätte«, versicherte ihr ihre Kollegin Trina Lewis.

»Danke«, murmelte Erin.

»Komm, wir gehen. Sollen wir noch einen Abstecher auf die Toilette machen?«

Erin zwang sich, den Kopf zu heben. »Ja. Bitte.«

Trina hatte Erins Sachen bereits eingesammelt und in ihre Tasche gepackt. Gemeinsam verließen sie den Gerichtssaal, der zu Erins großer Erleichterung schon fast leer war, sie musste sich also mit niemandem mehr unterhalten.

»Ähm, kann ich kurz mit dir reden, Erin?«, fragte Trina, als sie die Damentoilette betraten.

»Natürlich.«

Trina arbeitete seit zwei Jahren bei der Staatsanwaltschaft und war mittlerweile eine gute Freundin von Erin. Sie waren ungefähr im selben Alter und die einzigen Frauen dort, weshalb es zwischen ihnen weder berufliche Machtkämpfe noch Eitelkeiten gab, im Gegenteil – sie waren einander eine Zuflucht vor dem Machogehabe ihrer Kollegen. Gemeinsam mit Macy Donovan gingen die beiden oft ins Kino oder zu Joe's, oder sie verbrachten einen gemütlichen Mädelsabend zu Hause. Früher war außerdem Alexa Collins häufig mit von der Partie gewesen, die mittlerweile jedoch leider nach Texas gezogen war.

Trina spähte kurz unter alle Türen, um sicherzugehen, dass sie allein waren. Sie waren vorsichtig geworden, seit Lyle Gordon, ein fauler Mistkerl und der Strafverteidiger im aktuellen Fall, seiner Anwaltsassistentin befohlen hatte, sich auf der Damentoilette zu postieren und ihm hinterher alles zu berichten, was für seinen Fall von Nutzen war.

»Die Luft ist rein«, stellte Trina fest.

»Worum geht's denn?« Erin drehte den Wasserhahn auf und wusch sich das Gesicht mit kaltem Wasser.

»Um deine Darmgrippe. Sie verdient allmählich einen Eintrag ins Guinness Buch der Rekorde als längste Darmgrippe aller Zeiten, findest du nicht?« Trina zupfte ein Papierhandtuch aus dem Spender und reichte es Erin.

»Es ist doch schon besser geworden«, schwindelte diese.

»Nein, ist es nicht. Seit Wochen geht das jetzt bereits so.«

Erin erhob keinen Widerspruch. Sie hatte zunächst auf eine Lebensmittelvergiftung getippt, war mittlerweile aber zu dem Schluss gekommen, dass ihre Beschwerden auf eine besonders hartnäckige Viruserkrankung zurückzuführen war.

»In all der Zeit, die ich dich kenne, bist du noch nie so oft morgens zu spät gekommen und abends früher nach Hause gegangen wie in den vergangenen Wochen.«

Erin schnaubte. »Wir kennen uns gerade mal zwei Jahre.« Aber sogar Evan Carmichael, ihr Boss, hatte bereits angefangen, Fragen zu stellen und seine Besorgnis um ihren Gesundheitszustand zum Ausdruck gebracht, dabei kreiste er sonst ausschließlich um sich selbst.

»Wie auch immer, jedenfalls war ich in der Mittagspause, während du in der Cafeteria deinen Tee getrunken hast, in der Apotheke, und habe dir das hier besorgt.« Sie hielt eine braune Papiertüte in die Höhe.

Erin hob eine Augenbraue und nahm die Tüte mit spitzen Fingern entgegen.

»Was ist da drin?« Sie spähte hinein, ohne die Antwort abzuwarten. »Ein Schwangerschaftstest?«, stieß sie entsetzt hervor und hielt sich sogleich die Hand vor den Mund.

Okay, sie hatte schon eine ganze Weile nicht mehr ihre Tage gehabt, was sie allerdings auf die Tatsache zurückgeführt hatte, dass sie so unter Stress stand. An eine Schwangerschaft zu denken, wäre ihr nie in den Sinn gekommen.

»So abwegig ist das nun auch wieder nicht«, sagte Trina.

»Soll das ein Witz sein? Wir ackern seit über einem Monat rund um die Uhr, sieben Tage die Woche. Ich kann mich gar nicht erinnern, wann ich zuletzt meinen batteriebetriebenen Freund benutzt habe, von einem Körperkontakt mit einem Mann aus Fleisch und Blut ganz zu schweigen.«

»Du lügst«, stellte Trina fest.

Erin errötete. Sie wussten beide ganz genau, wann sie zum letzten Mal mit einem Mann geschlafen hatte. Und sie erinnerte sich haarklein an jeden Zentimeter von Coles muskulösem Körper, an jedes Detail der gemeinsamen Nacht.

Ja, sie hatten mehrmals miteinander geschlafen, aber

sie hatten *jedes Mal* verhütet. Außerdem, wie groß war die Wahrscheinlichkeit, dass sich ihr Leben von Grund auf veränderte, nur weil sie ein einziges Mal über ihren Schatten gesprungen war? Das würde ihr das Schicksal nicht antun, nachdem sie all die Jahre ein anständiges Mädchen gewesen war. Oder etwa doch?

Jetzt bereute Erin es, dass sie ihre zwei engsten Freundinnen eingeweiht hatte, denn eine von ihnen stand nun neben ihr und hielt ihr diese dämliche Schachtel unter die Nase, die jede Frau der Welt sogleich als Schwangerschaftstest identifizieren konnte.

»Nun nimm schon«, befahl Trina.

»Ich kann unmöglich schwanger sein.« Allein bei der Vorstellung drehte sich Erin der Magen um, und jede Zelle ihres Körpers protestierte unüberhörbar.

»Gut, dann beweis mir das Gegenteil, und ich schleppe dich zum Arzt, damit er herausfindet, wieso dir seit fast vier Wochen permanent übel ist.« Trina fixierte sie mit einem Blick, bei dem jeder potentielle Angeklagte bibbernd »Ich will zu meiner Mami« geflennt hätte.

»Okay.« Erin nahm die Schachtel und verzog sich in eine Kabine. Ihre Hände zitterten dermaßen, dass sie kaum in der Lage war, die Anleitung zu lesen, geschweige denn ihr zu folgen. Dennoch wartete sie mit Trina ein paar Minuten später auf das Ergebnis.

Während sich der Minutenzeiger der Uhr unendlich langsam weiterbewegte, herrschte gespannte Stille, und Erins Gedanken wanderten unwillkürlich zu Cole. Seit der gemeinsamen Nacht ging er ihr aus dem Weg.

Wenn sie sich im Cuppa Café begegneten, nickte er ihr lediglich kurz zu und suchte dann das Weite.

Neulich bei Joe's hatte sie sich dann aus einem unerklärlichen Impuls heraus ein Herz gefasst und ihn angesprochen. Sie hatte sowohl ihr flaues Gefühl als auch die Schmetterlinge ignoriert, die sie im Bauch hatte, sobald er in der Nähe war und ihr sein maskuliner Geruch in die Nase stieg. Da er wie sie an der Bar gestanden und darauf gewartet hatte, bedient zu werden, war ihm nichts anderes übriggeblieben, als sich mit ihr zu unterhalten. Sie hatte ihn sogar ein, zwei Mal zum Lachen gebracht, was in ihr die absurde Hoffnung geweckt hatte, dass … Ja, was? Sie weigerte sich, darüber nachzudenken, und das war auch ganz gut so, denn Cole hatte sich, sobald er sein Bier in der Hand hielt, mit dem üblichen knappen Nicken verabschiedet und war verschwunden. Er hatte ihr klar und deutlich zu verstehen gegeben, dass eine gemeinsame Nacht sie noch lange nicht zu Freunden machte.

Ihr Magen krampfte sich zusammen. Sie konnte nicht leugnen, dass seine Gleichgültigkeit sie kränkte. Am liebsten wäre es ihr gewesen, wenn er Serendipity verlassen hätte, damit sie nicht ständig an ihren einzigen Fehltritt erinnert wurde.

Sie *durfte* nicht schwanger sein, schon gar nicht von *ihm*. Ein schlimmeres Horrorszenario konnte sie sich wirklich nicht vorstellen. Allein bei dem Gedanken daran drehte sich ihr der Magen um.

»Ding!« Trinas übertrieben fröhliche Stimme riss sie aus ihren unerfreulichen Gedanken.

Erin schauderte und schlang die Arme um sich. »Sieh du nach.«

Trina streckte ihr die Hand hin, und Erin ergriff sie, dankbar für die Unterstützung ihrer Freundin. Sie hielt den Atem an, und ihr Herz pochte so heftig, dass sie sicher war, man müsse es weithin hören können. Es war schwer zu sagen, ob der Kloß in ihrer Kehle von ihrer Panik herrührte oder von der Übelkeit.

»Und?«, fragte sie, als sie die Stille und die Anspannung nicht mehr aushielt.

»Er ist positiv«, flüsterte Trina. Ihr vorgetäuschter Optimismus war verflogen.

Jetzt konnte Erin den Brechreiz nicht mehr unterdrücken. Sie gab einen Laut von sich, der ihr selbst fremd war und hastete in die nächstbeste Kabine.

Kapitel 2

Als Cole erwachte, schien die Sonne in seine kleine Wohnung über Joe's Bar. Er begann den Tag mit einer Bestandsaufnahme seiner Gedanken und Gefühle, wie er es seit seinem letzten Auftrag stets tat, und stellte fest: Alles wie gehabt.

Also duschte er, zog sich an und begab sich ins Cuppa Café, das sich gleich um die Ecke befand und Joes Schwester Trisha gehörte. Dort holte sich Cole jeden Morgen seinen dringend benötigten Kaffee und tat, als würde er nicht bemerken, dass die Leute einen großen Bogen um ihn machten. Zugegeben, nicht alle – die charmante Trisha hatte, genau wie ihr Bruder, der Barbesitzer, jederzeit ein Ohr für die Sorgen und Nöte ihrer Gäste. Schon mehrfach hatte sie Cole in ein Gespräch verwickelt und versucht, in Erfahrung zu bringen, wo er sich im vergangenen Jahr herumgetrieben hatte oder warum er sich so lange nicht mehr hatte blicken lassen. Ihre Bemühungen hatten nichts gefruchtet, und mittlerweile hatte sie es aufgegeben und wollte ihn stattdessen zu einem Date mit einer ihrer Freundinnen überreden. Sie meinte es bestimmt gut, stieß bei Cole damit aber auf taube Ohren.

Normalerweise unternahm er nach Beendigung einer Mission mit einem seiner Kollegen eine Reise oder erholte sich in den Bergen von Montana, wo einer der anderen Agenten eine Hütte hatte, doch diesmal hatte er beschlossen, mal wieder einen Heimaturlaub einzulegen.

Er war eine Ewigkeit nicht mehr in Serendipity gewesen, und er hatte Sehnsucht nach der Stadt gehabt, in der er aufgewachsen war, wenngleich er das nur widerstrebend zugegeben hätte. Wobei sich diese Sehnsucht beileibe nicht auf alle Bewohner erstreckte.

Da war er also wieder, in seiner guten alten Heimatstadt, in der es einige Leute gab, die er mochte, während er auf andere gut und gern hätte verzichten können. Aber der nächste Auftrag würde bestimmt nicht allzu lange auf sich warten lassen. Cole liebte seine Arbeit als Undercover Cop, liebte es, dem Abschaum dieser Welt das Handwerk zu legen, wenngleich sein Vater überzeugt war, dass Cole keinen Deut besser war als die Männer, die der hinter Gitter brachte.

Sie waren eben sehr verschieden, und daran würde sich auch nichts mehr ändern. Es lag nicht nur an Coles Berufswahl, dass Jed Sanders enttäuscht von seinem Sohn war und kein gutes Haar an ihm ließ. Cole hatte sich längst daran gewöhnt, dass sein Vater eine schlechte Meinung von ihm hatte, aber die ständigen Sticheleien seines alten Herrn nervten ihn trotzdem. Genau deshalb war er so selten in Serendipity.

Hm. Wenn ihm Jeds Meinung so viel Kopfzerbrechen bereitete, hatte ihm seine letzte Mission wohl doch mehr zugesetzt als zunächst angenommen.

Sein Handy klingelte, und er ging sofort ran. Es war sein Cousin Nick Mancini.

»Tut mir leid, aber heute wird nicht gearbeitet, weil der Brandschutzgutachter kommt.«

Seit seiner Rückkehr war Cole seinem Cousin gelegentlich bei diversen Bauvorhaben und Renovierungsarbeiten zur Hand gegangen. Er fand es sehr beruhigend zu wissen, dass er sich auf diese Weise immer ein paar Kröten verdienen konnte, wenn er mal auf dem Trockenen saß. Schon früher hatte er gelegentlich in der Firma von Nicks Vater ausgeholfen, teils, um Jed aus dem Weg zu gehen, aber auch, um finanziell unabhängig zu sein. Er hätte wohl noch mehr ackern sollen, statt ständig Ärger zu machen, aber die Vergangenheit konnte man nun einmal nicht ändern. Und im Endeffekt hatten seine diversen Eskapaden im Grunde doch noch etwas Gutes gehabt, denn sie hatten schließlich dazu geführt, dass seine Mutter mit ihm aus Serendipity weggezogen war. Was ihm sein Vater übrigens heute noch übel nahm.

»Kein Problem«, sagte Cole. »Kannst du mich für eines der anderen Projekte brauchen?«

Nick schwieg, und Cole konnte sich schon denken, weshalb. Sein Cousin hatte bereits erwähnt, dass es Leute gab, die Cole nicht im Haus oder auf ihrer Baustelle haben wollten. Schlimm genug, wenn man ihm Diebstahl ganz allgemein zutraute, aber ihm zu unterstellen, er würde Freunde und frühere Nachbarn beklauen? Herrgott noch mal! Andererseits war es kein Wunder, dass man ihm misstraute, denn er musste sich, bedingt durch seine Arbeit, bedeckt halten und konnte nicht viel tun oder sagen, um die Bedenken der Leute zu zerstreuen. Also musste er wohl oder übel mit den Konsequenzen leben.

»Mach dir deswegen keine Gedanken«, beruhigte er seinen Cousin. »Ruf einfach an, wenn du mich brauchen kannst.«

»Meine Mutter hat erwähnt, dass es an Onkel Jeds Haus einiges zu tun gäbe«, sagte Nick. »Wenn du willst, kümmere ich mich am Wochenende darum.« Er war stets hilfsbereit und zur Stelle, wenn Not am Mann war, genau wie seine Mutter Gloria. Diese hatte ihrer Schwester, Coles Mutter, unter die Arme gegriffen, als sie es am dringendsten benötigt hatte. Sie hatte ihr Geld geliehen, damit sie Jed verlassen konnte, und Cole rechnete es seiner Tante bis heute hoch an.

»Lass mal«, winkte er ab. Er wusste das Angebot zu schätzen, fand es aber nicht angebracht, Nick seine Aufgaben zu überlassen. »Kümmere dich lieber um deine hübsche Ehefrau«, fuhr er fort. Er hatte aus beruflichen Gründen nicht dabei sein können, als Nick vor ein paar Monaten endlich seine Kate geheiratet hatte. Das war einer der wenigen Momente gewesen, in denen Cole seine Arbeit zum Teufel gewünscht hatte.

Denn im Allgemeinen gab es für ihn nichts anderes als seine Arbeit. Sie definierte ihn. Er hatte kein echtes Leben. Freunde, Alltagsrituale, Routine oder regelmäßige Freizeitaktivitäten, all das war ihm fremd. Er hatte seine Aufträge und dazwischen jeweils eine kurze Pause, bevor er wieder untertauchte.

»Ich tu's gern«, versicherte ihm Nick. »Und im Gegensatz zu dir muss ich mich von Jed nicht ständig beleidigen lassen.«

»Danke, aber solange ich in Serendipity bin, komme ich meinen Pflichten als Sohn selbst nach«, sagte Cole.

Nick schnaubte hörbar. »Warum willst du dich grundlos seinen Tiraden aussetzen?«

»Weil er mein Vater ist. Ich werde nicht zulassen, dass ihm andere ihre Zeit opfern. Aber danke.«

»Wie du meinst.« Nick räusperte sich. »Komm doch am Wochenende zu uns rüber, wenn du Lust hast.«

»Mal sehen.« Das war Coles Standardantwort, und sie wussten beide, dass er einen Besuch bei Nick und Kate nicht ernsthaft in Erwägung zog. Nick lud ihn trotzdem immer wieder ein.

Er verabschiedete sich, schnappte sich seinen Becher und verließ das Café. So gern er seinen Cousin mochte, Coles Familiensinn war nicht sehr ausgeprägt. Was »Familie« bedeutete, hatte er eigentlich erst erfahren, als seine Mutter schließlich Brody Williams geheiratet hatte, und da war Cole schon fast siebzehn gewesen, selbstständig und unabhängig. Er hatte sich selbst genügt und sich angewöhnt, nicht nach etwas zu streben, das er nicht haben konnte. Diese Einstellung hatte sich auch in seinem Arbeitsumfeld bewährt, und er sah keinen Grund, etwas daran zu ändern.

Als er auf den Bürgersteig trat, überquerten gerade zwei Frauen die Hauptstraße, von denen er die eine im ersten Moment für Erin hielt. Doch sie war es nicht. Seine Wahrnehmung hatte ihm beim Anblick der rotbraunen Haare einen Streich gespielt. Kein Wunder, schließlich musste er ständig an Erin denken.

Als sie sich nach dem One-Night-Stand zum ersten Mal über den Weg gelaufen waren, hatte er sich ihr gegenüber reserviert, ja, geradezu feindselig verhalten, um ihr zu signalisieren, dass sie sich das freundliche Winken und das fröhliche Lächeln sparen konnte. Ja, die Nacht mit ihr war bislang das einzig Gute, das ihm seit seiner Rückkehr nach Serendipity widerfahren war, aber er wusste, er musste jeden weiteren Kontakt zu ihr unterbinden, so schwer es ihm auch fiel. Sie auf Abstand zu halten war besser, als ihr den Eindruck zu vermitteln, dass es womöglich irgendwann ein *Wir* geben könnte. Denn Erin war eine Frau, die sich all das wünschte, was zum Leben in einer Kleinstadt dazugehörte. Genau das verdiente sie auch, doch Cole konnte es ihr nicht bieten.

Bei der Ladie's Night in Joe's Bar vor ein paar Tagen hatte sie sich dann mit geröteten Wangen und einem aufgeräumten Lächeln zu ihm gesellt, und er hatte sich gezwungen, ein bisschen höflichen Smalltalk mit ihr zu betreiben. Der Duft ihres Parfüms hatte sogleich Erinnerungen an ihre erotische gemeinsame Nacht geweckt, nach der er noch wochenlang jede Nacht mit einem Dauerständer wachgelegen und sich nach Erin gesehnt hatte, bis sich ihr Geruch endlich so weit aus seinem Bett und seiner Wohnung verflüchtigt hatte, dass er wieder in Ruhe hatte schlafen können.

Während er auf sein Bier gewartet hatte, war ihm nichts anderes übriggeblieben, als sich mit ihr zu unterhalten. Sie hatte ihm eine Hand auf den Arm gelegt, und bei der Berührung hatte er unwillkürlich daran denken müssen, wie sich ihre geschickten Finger um diverse andere Körperstellen geschmiegt hatten.

Erin hatte sichtlich gekränkt gewirkt, als Cole Reißaus genommen hatte und in seine Wohnung geflüchtet war, sobald ihm Joe seinen Drink über die Bar gereicht hatte. Wahrscheinlich hielt sie ihn für ein arrogantes Aas. So war er sich nach dieser Aktion jedenfalls vorgekommen. Dabei wollte er ihr bloß den Ärger ersparen, den sie sich unweigerlich einbrocken würde, wenn man sie mit Cole Sanders in Verbindung brachte.

Ja, das anständige Mädchen mit der weichen, weißen Haut reizte ihn. Erin hatte ihn völlig überrumpelt mit ihrem Sex-Appeal, ganz zu schweigen von ihrem hellen Lachen, das seine dunkle, erkaltete Seele wärmte.

»Schluss damit«, knurrte er mit zusammengebissenen Zähnen und stieg in seinen alten Mustang, um sich auf den Weg zu seinem Vater zu machen.

Gott steh ihm bei.

Er war gespannt, in welcher Gemütsverfassung er seinen alten Herrn heute antreffen würde.

Nachdem Cole und seine Mutter aus Serendipity weggezogen waren, hatten sich seine Eltern scheiden lassen, ein Umstand, für den in Jeds Augen sein Sohn verantwortlich war. Jed war allein geblieben und verbittert, während Coles Mutter in Brody Williams schließlich einen guten zweiten Ehemann gefunden hatte.

Bis vor kurzem hatte sich Cole von seinem Vater wohlweislich ferngehalten, doch Jed wurde nun einmal nicht jünger, und solange Cole in der Stadt war, würde er tun, was er konnte, um seinem alten Herrn zu helfen, ob es diesem nun passte oder nicht.

Er parkte vor dem Haus, in dem er aufgewachsen war, und betrachtete es mit kritischem Blick. Das lose Brett an der Verandatreppe war noch das geringste Problem. Die Farbe blätterte allenthalben ab, die Fenster gehörten dringend geputzt, und wenn man das Dach nicht noch vor dem Winter reparierte, würde es wohl demnächst reinregnen.

Nun, Cole würde sich vorläufig auf die kleineren Reparaturen konzentrieren, und falls die Stimmung einigermaßen friedlich war, würde er versuchen, seinen Vater davon zu überzeugen, dass es klüger wäre, sich eine Eigentumswohnung zuzulegen. Eine, die etwas kleiner und einfacher sauber zu halten war, vorzugsweise in einem Wohnblock mit Hausmeister. Als Cole ihm diesen Vorschlag vor einer Weile zum ersten Mal unterbreitet hatte, wäre ihm sein Vater beinahe an die Gurgel gegangen.

Sobald er um die Ecke bog, sah er zu seiner Verwunderung einen sportlichen royalblauen Jeep vor der Garage stehen. Er wusste, wem das Auto gehörte: Erin.

Cole fluchte verhalten. Er hatte weiß Gott alles getan, um ihr aus dem Weg zu gehen, hatte sich sogar bemüht, nicht einmal an sie zu denken, doch wie es aussah, würde er sich ihr nun wohl oder übel stellen müssen.

Erin deponierte einen der beiden Aufläufe, die ihre Mutter Ella für Jed Sanders gemacht hatte, in der Tiefkühltruhe und den anderen im Kühlschrank. Jed hatte sich den Arm gebrochen, und weil er jahrelang der Stellvertreter von Erins Vater Simon Marsden, dem ehemaligen Polizeichef von Serendipity gewesen war und für Erins Eltern quasi zur Familie gehörte, hatte Ella für Jed allerlei vorgekocht, ehe sie mit Simon zu einer einmonatigen Rundreise durch Alaska aufgebrochen war. Sie hatte Erin gebeten, dafür zu sorgen, dass Jed immer etwas zu essen vorrätig hatte, solange sie weg waren.

Gestandenen Männern wie Jed Sanders oder Simon Marsden waren körperliche Beeinträchtigungen aufgrund von Alter oder Krankheit erfahrungsgemäß ein Graus. Bei Simon war im Vorjahr ein bösartiger Tumor des Lymphsystems entdeckt worden, und nach seiner Heilung hatte er den Job an den Nagel gehängt, um die Jahre, die ihm noch blieben, mit Ella gebührend genießen zu können. Jed hatte hohen Blutdruck und bereits einen Herzinfarkt hinter sich, und wegen seines eingegipsten Armes war er zurzeit noch griesgrämiger als sonst. Trotzdem machte es Erin nichts aus, sich um ihn zu kümmern, schließlich war er seit ihrer Kindheit eine feste Institution in ihrem Elternhaus und auf dem Polizeirevier gewesen.

Deshalb hatte sie gerne eingewilligt, ihn mit Essen zu versorgen; doch seit sie wusste, dass sie von Cole schwanger war, fühlte sie sich hier äußerst unwohl.

Sie drehte sich zu Jed um und sagte: »Also, du schaltest den Backofen auf 180 Grad ein und stellst den Auflauf etwa eine halbe Stunde rein. Du kannst dir aber auch einzelne Portionen in der Mikrowelle wärmen.« Sie schloss die Kühlschranktür. »Noch Fragen?«

»Nein. Ich weiß es zu schätzen, Erin, aber ich hätte mir genauso gut was vom Family Restaurant kommen lassen können.«

Jed saß am Küchentisch und trank seinen Frühstückskaffee. Den eingegipsten Arm hatte er auf dem Tisch abgelegt.

»Du weißt genau, dass Mom das niemals zulassen würde. Schließlich muss jemand darauf achten, dass du dich salzarm ernährst.«

»Ich nehme blutdrucksenkende Tabletten, da kann ich doch essen, was ich will«, brummte Jed. Er hatte die Stirn in Falten gelegt, was seinem guten Aussehen jedoch keinen Abbruch tat.

Er hatte volles, silbergraues Haar, und seine klar geschnittenen, maskulinen Gesichtszüge erinnerten Erin sehr an Cole.

Sie schüttelte den Kopf, ließ sich aber auf keine Diskussionen ein. »Darüber reden wir ein andermal. Ich muss ins Büro.«

»Macht er dir etwa das Leben schwer?«, ließ sich in diesem Augenblick eine Männerstimme hinter ihr vernehmen.

Erin fuhr herum. »Cole! Wo kommst du denn plötzlich her?« Ihr Herz raste, als sie ihm so plötzlich gegenüberstand.

»Durch den Hintereingang.«

»Dieser Nichtsnutz hat noch immer einen Schlüssel«, knurrte Jed. »Was zum Teufel willst du hier?«, fuhr er Cole an.

Erin krümmte sich innerlich. Sie konnte nicht fassen, wie aggressiv sich Jed seinem Sohn gegenüber verhielt. Es war gute zwanzig Jahre her, seit sie den rauen Umgangston, der zwischen den beiden herrschte, zuletzt erlebt hatte. Cole war ein ziemlicher Wildfang gewesen. Er hatte früh angefangen, Alkohol zu trinken, hatte Ärger gemacht und war in der Schule des Öfteren vom Unterricht ausgeschlossen worden. Irgendwann hatten ihre Eltern sogar erzählt, Jed habe Cole damit gedroht, ihn auf eine Militärschule zu schicken, aber sie hatte angenommen, die beiden hätten das Kriegsbeil längst begraben.

Cole ignorierte die Worte seines Vaters. »Auch dir einen schönen guten Morgen, Dad.« Er war fast eins achtzig groß, und die Küche wirkte kleiner, als er näher trat.

Er lehnte sich an die Anrichte. »Was treibst du denn hier?«, fragte er Erin. Der aufmerksame Blick seiner wunderschönen tintenblauen Augen ruhte auf ihr.

»Mom hat mich gebeten, Jed mit Essen zu versorgen, während sie mit Dad durch Alaska tingelt.« Und nun, da sie ihre Pflicht getan hatte, sollte sie schleunigst das Weite suchen. Sie schnappte sich ihre Tasche und den Autoschlüssel, der daneben lag. »Ich muss los.«

»Lass dich von dem da nicht vertreiben«, sagte Jed.

Cole ließ sie nicht aus den Augen, und Erin schluckte und versuchte, ihr Unbehagen zu verbergen.

Sie hatte schon besser ausgesehen. Die Sorge wegen ihrer ungeplanten Schwangerschaft raubte ihr den Schlaf und die Übelkeit, die sie zu den unmöglichsten Zeiten überfiel, tat ein Übriges. Sie war hin- und hergerissen, hätte sich gern Rat geholt, wusste jedoch nicht, an wen sie sich wenden sollte. Wenn der- oder diejenige sich verplapperte, erfuhren womöglich ihre Eltern oder ihre Brüder davon, oder – schlimmer noch – Cole. Erin war also alles andere als in Topform, und sie wollte nicht, dass Cole Verdacht schöpfte. Die Vorstellung, dass sie früher oder später mit der Wahrheit würde herausrücken müssen, war schon schlimm genug. Sie unterdrückte den Impuls, sich nervös durch die Haare zu fahren und umklammerte stattdessen den Schlüsselbund etwas fester. »Tu ich nicht. Meine Arbeit wartet.«

»Jetzt ergreifen sogar schon die Frauen die Flucht vor dir«, sagte Jed verächtlich zu Cole. Es schwang kein Fünkchen Humor in seinen Worten mit.

Oh Gott, nun lass endlich gut sein, dachte Erin. Sie hätte schrecklich gern interveniert, wusste aber, dass keiner der beiden Streithähne es zu schätzen gewusst hätte, wenn sie sich einmischte. Also begnügte sie sich damit, Jed einen strafenden Blick zuzuwerfen, um ihm unmissverständlich klarzumachen, was sie von seinen Kommentaren hielt. Wenn er seinen Sohn schon unbedingt abkanzeln musste, dann sollte er es gefälligst ohne Zuhörer tun.

Es entging ihr nicht, dass Cole die Schultern straffte und tat, als würden die Worte seines Vaters an ihm abprallen. Doch sosehr er sich gegen Jeds Angriffe rüstete, sie trafen ihn trotzdem, wie an seiner angespannten Miene unschwer zu erkennen war. Und seine geröteten Wangen verrieten deutlich, dass ihm die Szene genauso peinlich war wie Erin.

Höchste Zeit, einen Abgang zu machen, ehe die Sache noch mehr aus dem Ruder lief. Erin verabschiedete sich von den beiden und suchte hastig das Weite.

»Das hast du ja toll hingekriegt«, stellte Jed zynisch fest, sobald Erin gegangen war. »Sie konnte gar nicht schnell genug abhauen.«

Cole schüttelte den Kopf. »Das hast du dir schon selbst zuzuschreiben, Dad.« Er war an die Beleidigungen seines Vaters gewöhnt und sogar stolz darauf, dass es ihm meist gelang, sie einfach zu überhören, doch es war offensichtlich gewesen, dass sich Erin äußerst unwohl in ihrer Haut gefühlt hatte.

»Von wegen. Sie hatte es erst eilig, nachdem du hier aufgekreuzt bist.«

Cole ballte die Fäuste. »Nun hör schon auf damit. Wo ist die Liste der Dinge, die repariert werden müssen?«

»Ach, hat dein Cousin etwa endlich eingesehen, dass er einen Taugenichts wie dich nicht auf die Häuser respektabler Kunden loslassen kann?«

Erin war zwar inzwischen fort, aber Cole hatte trotzdem nicht vor, auf die Provokationen seines Vaters einzusteigen. Wortlos marschierte er aus der Küche, um den Werkzeugkoffer aus seinem Wagen zu holen.

Als er nach draußen trat, bemerkte er überrascht, dass Erins Auto noch in der Einfahrt stand.

Der Motor lief zwar, doch Erin saß einfach nur da, die Stirn ans Lenkrad gelehnt. Hm. Cole hatte beileibe nicht die Absicht, sich in ihre Privatangelegenheiten einzumischen, aber er musste zumindest versuchen herauszufinden, was mit ihr los war.

Er klopfte an die Scheibe.

Erin fuhr erschrocken zusammen, dann ließ sie das Fenster hinunter.

Cole bückte sich zu ihr runter. »Alles okay?«, fragte er und musterte sie prüfend. Sie wirkte blass und hatte dunkle Ringe unter den Augen, die ihm vorhin gar nicht aufgefallen waren.

»Mir war bloß etwas ... schwindlig, aber jetzt geht es wieder.« Mit zitternden Fingern strich sie sich die Haare aus dem Gesicht.

Sie war rot angelaufen, und in ihren Augen spiegelte sich ein Ausdruck, der fast schon an Panik grenzte. Cole runzelte die Stirn.

»Ich muss los.« Sie machte Anstalten, sich anzuschnallen, aber noch ehe sie den ersten Gang einlegen konnte, hatte Cole die Fahrertür geöffnet.

»Vergiss es.«

»He, was soll das?«, fragte sie mit erhobener Stimme.

»Wann hast du zuletzt etwas gegessen?«

Sie wich seinem Blick aus.

»Lass es mich anders formulieren. Hast du heute schon gefrühstückt?«

Sie sah ihn noch immer nicht an, konnte aber auch die Autotür nicht schließen, weil er ihr im Weg stand. *Wollen wir doch mal sehen, wer von uns beiden den längeren Atem hat*, dachte Cole. Seine Sturheit war unübertroffen.

»Nein«, sagte sie schließlich.

»Darf ich fragen, warum?«

»Darf ich fragen, was dich das angeht?«, konterte sie.

Cole musste unwillkürlich grinsen. Was für eine Schlagfertigkeit, selbst in körperlich geschwächtem Zustand! »Weil ich nicht vorhabe, dich einfach losfahren zu lassen, solange dir schwindlig ist. Wir gehen jetzt wieder da rein, und ich mache dir etwas zu essen.«

»Das ist sehr liebenswürdig, aber nein danke. Ich habe einen Müsliriegel dabei.« Sie kramte in ihrer Tasche und hielt schließlich triumphierend einen eingeschweißten Riegel in die Höhe. »Voilà.«

Er nickte. »Okay, und warum hast du den nicht schon vorher gegessen?«

»Weil ich vorhin so ein flaues Gefühl im Magen hatte. Hör zu, ich muss los, ich komme zu spät ins Büro.«

»Erst isst du deinen Riegel, sonst wirst du womöglich unterwegs ohnmächtig und kommst von der Straße ab.«

Erin verdrehte die Augen, riss jedoch artig die Verpackung auf und nahm einen Bissen. Cole verfolgte, wie sie kaute, schaffte es nicht, den Blick abzuwenden, obwohl er spürte, dass er sie damit irritierte.

»Du siehst müde aus. Schläfst du auch genug?«

Sie verschluckte sich fast an ihrem Riegel. »Was soll das werden, die spanische Inquisition?«

Er hatte keine Ahnung. Er wusste nur, dass irgendetwas nicht in Ordnung war, und er machte sich Sorgen. Ja, das war untypisch für ihn, zumal ihm das Debakel mit Vincent Maronis Frau Victoria noch in den Knochen steckte.

Er verdrängte die Erinnerungen an seine letzte Mission und konzentrierte sich wieder auf Erin, die sich soeben den letzten Bissen in den Mund schob, dann eine Flasche Wasser aus ihrer Tasche zutage förderte und ein paar kräftige Schlucke daraus nahm. »So, jetzt geht es mir schon viel besser.«

Das war garantiert gelogen, und Cole hatte nach wie vor ein ungutes Gefühl bei der Sache, aber nun musste er sie wohl oder übel ziehen lassen. »Gut. Und du bist wirklich fit genug, um Auto zu fahren?«

»Ja. Danke.« Sie nickte und musterte ihn so eingehend, als wollte sie seine Gedanken lesen. Tja, allzu viel Lesestoff gab es da nicht.

»Na dann ... pass auf dich auf.« Er klopfte mit der flachen Hand auf das Autodach.

»Du auch.« Sie zögerte. »Ähm, und achte gar nicht auf das, was dein Vater sagt. Er ist bloß mies gelaunt, weil er sich den Arm gebrochen hat.«

»Von wegen. Er hat dieselbe schlechte Meinung von mir wie eh und je.« Kaum war es heraus, hätte sich Cole am liebsten auf die Zunge gebissen. Er brauchte ihr Mitleid nicht.

Doch ihre schmalen Augen und ihr angespanntes Gesicht verrieten nicht Mitleid, sondern Wut. »Und das total zu Unrecht.«

Sie verteidigte Jed nicht. Sie war auf seiner Seite.

Cole spürte, wie ihm warm ums Herz wurde, doch

er verdrängte das angenehme Gefühl sogleich. Er war nicht auf ihre Unterstützung angewiesen, und er wollte auch nicht, dass sie ihn mochte. Er würde ihr nur schaden. Ihr und ihrem Ruf als anständiges Mädchen.

»Ich dachte, du hast es eilig«, knurrte er bloß und ignorierte den Anflug von Enttäuschung, der über ihr Gesicht huschte.

Es war nur in ihrem eigenen Interesse, wenn er sie auf Abstand hielt, aber irgendwie fühlte es sich trotzdem nicht so an, als hätte er ihr einen Gefallen getan.

Nachdem er kurze Zeit später ein loses Brett an der Veranda festgenagelt hatte, nahm er sich eine Schublade in der Küche vor, die nicht mehr ordentlich schließen wollte. Danach hatte er vorerst die Nase voll und beschloss, seinem ehemaligen Kumpel Mike Marsden, dem neuen Polizeichef der Stadt, einen Besuch abzustatten. Mike war ebenfalls als Undercover-Agent tätig gewesen, wenn auch in weit weniger intensivem Maße als Cole, aber er wusste zumindest, wie in diesem Berufszweig der Hase lief; und Cole hatte nach dem unerfreulichen Vormittag mit seinem Vater das Bedürfnis, sich mit jemandem auszutauschen. Bislang hatte er die Begegnung mit Mike aufgeschoben, denn dieser hatte Coles wilde Jugendjahre live miterlebt, genau wie Jed. Aber wenn er längere Zeit in dieser Stadt leben wollte, musste er irgendwann anfangen, unter die Leute zu gehen. Allmählich hing ihm das Alleinsein nämlich zum Hals raus. Er brauchte soziale Kontakte – und zwar mehr als bloß einen Plausch mit einem von Nicks Bauarbeitern dann und wann. Cole war gespannt, wie der Empfang auf dem Revier ausfallen würde. Er brauchte dringend einen Realitätscheck, und wenn er ganz ehrlich sein sollte, brauchte er außerdem einen Freund. Auch wenn dieser Freund ein Bruder von Erin Marsden war.

Mist, Mist, Mist! Erin hätte sich am liebsten mit der flachen Hand an die Stirn geschlagen – allein, sie ließ es bleiben, weil ihr auch so bereits der Schädel dröhnte.

Tief durchatmen, ermahnte sie sich und bemühte sich verzweifelt, zu ignorieren, dass der Müsliriegel, den sie eben gegessen hatte, drohte, wieder hochzukommen.

Was hatte sie sich bloß dabei gedacht, sich vorhin in der Einfahrt von Jed Sanders derart gehen zu lassen, nur weil ihr ein bisschen übel war? Immerhin, Cole schien ihre Ausrede von wegen »nichts gefrühstückt« gefressen zu haben. Sie musste ihm von ihrer Schwangerschaft erzählen, selbst wenn es ihr noch so sehr widerstrebte und sie keine Ahnung hatte, wie sie es am geschicktesten anstellen sollte. Sie stöhnte.

Da heute Vormittag keine Besprechungen in ihrem Terminkalender standen, beschloss sie, einen kleinen Zwischenstopp beim Family Restaurant einzulegen, das sich am Stadtrand befand, und ihrer Freundin Macy Donovan einen Besuch abzustatten. Sie musste sich einen Schlachtplan zurechtlegen. Nichts gegen Trina, aber Macy kannte sie eben schon viel länger.

Sie stellte den Wagen auf dem Parkplatz ab und betrachtete das alte Gebäude. Macy und ihre Geschwister hatten mehrfach versucht, ihren Vater zu einigen Veränderungen am Interieur und an der Speisekarte zu überreden, doch bislang hatte er sich gegen jede Art der Modernisierung gesträubt. Trotzdem war das Restaurant eine feste Einrichtung in Serendipity, in die es über kurz oder lang jeden verschlug, sei es wegen des Essens, wegen der Gesellschaft oder wegen beidem.

Heute war es allerdings in erster Linie Macys Vernunft und Bodenständigkeit, deretwegen Erin hier einkehrte. Sie trat ein, setzte sich auf einen Hocker an der Bar und winkte ihrer Freundin, um auf sich aufmerksam zu machen. Macy geleitete ein älteres Paar an einen Tisch und gesellte sich dann zu ihr.

»Hallo, Erin! Lange nicht gesehen. Wie geht's, wie steht's?«, erkundigte sich Macy und klopfte mit den langen, leuchtend pink lackierten Fingernägeln, klappernd auf den Tresen.

»Also, wenn ich ehrlich sein soll ...« Erin hatte weder Zeit noch Lust, lange um den heißen Brei herumzureden.

»Natürlich. Was ist los?« Macy betrachtete sie prüfend. »Hätte ich mir ja eigentlich denken können, dass irgendetwas im Busch ist, nachdem du dich eine ganze Weile nicht gemeldet hast.«

Erin nickte und beugte sich über den Tresen. »Es muss aber unbedingt unter uns bleiben, okay?« Das fehlte ihr gerade noch, dass demnächst womöglich allerlei Gerüchte über sie und Cole kursierten.

Macy nickte mit ernster Miene. »Großes Indianerehrenwort«, sagte sie und hob eine Hand zum Schwur.

Erin schluckte schwer. »Ich bin schwanger«, flüsterte sie und presste Macy vorsichtshalber gleich eine Hand auf den Mund.

Macy riss die Augen auf, der erwartete entgeisterte Aufschrei blieb jedoch aus.

»Na, hast du dich unter Kontrolle?«, fragte Erin und ließ die Hand sinken, als Macy nickte.

»Wie zum Teufel konnte denn das passieren?«, wollte Macy mit der für sie typischen Unverblümtheit wissen. »Du hast doch behauptet, ihr hättet verhütet!«

»Nicht so laut!«

»Okay, okay, entschuldige.« Macy nickte. »Erzähl mir alles«, flüsterte sie.

»Es weiß niemand außer dir, Alexa und Trina, die mir den Schwangerschaftstest gekauft hat, weil ich es zuerst nicht wahrhaben wollte, dämlich, wie ich bin.«

Macy legte Erin eine Hand auf den Arm. »Puh. Und, wie geht es jetzt weiter?«

»Na, ich werde das Baby bekommen, was sonst?«

Macy lächelte. »Das dachte ich mir. Ich meinte eher das ganze Drumherum.«

»Ich mache einen Schritt nach dem anderen. Natürlich werde ich es Cole irgendwann sagen müssen, aber nicht vor der zwölften Woche. Du weißt schon, ab da ist es sicher.«

»Du bist jung und gesund, was soll schon groß schiefgehen? Und je länger du wartest, desto schwieriger wird es, ihm reinen Wein einzuschenken, stimmt's?«, sagte Macy.

Erin nickte und spürte, wie ihr Tränen in die Augen stiegen. »Entschuldige, zurzeit wirft mich jede noch so belanglose Kleinigkeit aus der Bahn, was die ganze Angelegenheit übrigens nicht einfacher macht.«

»Wie du weißt, gehören immer zwei dazu, ein Kind zu zeugen, also mach dir deswegen um Himmels willen nicht in die Hosen. Wenn auf einen Mann der Spruch ›Harte Schale, weicher Kern‹ zutrifft, dann auf Cole. Ich bin sicher, du wirst mir recht geben, schließlich hast du mit ihm geschlafen.«

»Schon, aber seitdem haben wir keine drei Worte gewechselt.« Erin weigerte sich, zuzugeben, wie sehr sie dieser Umstand bekümmerte. »Er geht mir aus dem Weg. Wenn wir wenigstens befreundet wären ...«

»Es gibt bestimmt Gründe für sein Verhalten. Denk nur mal daran, wie herablassend sein Vater mit ihm umgeht. Außerdem weiß keiner, was er vor der Rückkehr nach Serendipity so alles durchgemacht hat. Dir ist doch bestimmt auch nicht entgangen, wie ernst und nachdenklich er oft wirkt.«

Da war etwas dran. Nur damals, *in dieser unglaublichen Nacht*, hatte sich in seinen Augen nichts weiter gespiegelt als Lust und Leidenschaft. Erin schauderte.

Macy tätschelte ihr die Hand. »Erzähl es ihm.«

Erin nickte. »Ich muss mir bloß noch überlegen, wann und wie.«

Der Tee, den sie bestellt hatte, übte eine beruhigende Wirkung auf ihren Magen aus. Sie trank aus, bezahlte, umarmte Macy und begab sich ins Büro.

Die Staatsanwaltschaft war in dem Gebäude gegenüber des Polizeireviers untergebracht. Dazwischen befand sich der ganze Stolz von Serendipity – eine ordentlich gemähte Rasenfläche mit einem hübschen kleinen Pavillon in der Mitte. Ihr Büro war winzig, aber Erin liebte die Aussicht auf diese kleine Grünoase, denn sie versüßte ihr stets die Stunden, die sie am Schreibtisch verbringen musste.

Da sie so spät dran war, musste sie den Wagen in der hintersten Ecke des Parkplatzes abstellen. Erin stieg aus, klemmte sich ihre Aktentasche unter einen Arm, drapierte die Kostümjacke über den anderen und schloss die Autotür. Es war ein unverhältnismäßig kühler Augusttag, und eine leichte Brise strich sanft über ihre Haut. Auf halbem Weg zum Eingang vernahm sie plötzlich ein deutlich hörbares »Plopp!« und fuhr herum, konnte die Geräuschquelle jedoch nicht ausmachen. Im selben Augenblick durchzuckte ein brennender Schmerz, wie sie ihn noch nie verspürt hatte, ihren Oberarm.

Als sie verwundert an sich hinuntersah, erblickte sie einen roten Fleck auf ihrer Seidenbluse. Blut. Ihr Blut. Sie taumelte, von einem plötzlichen Schwindelgefühl erfasst.

Dann rief jemand ihren Namen, und Murray, der Wachmann, der vormittags Dienst am Empfang hatte, kam auf sie zugerannt. Sie öffnete den Mund, doch ehe sie ihm erklären konnte, was geschehen war, sank sie auch schon, vom Schmerz überwältigt, zu Boden.

Kapitel 3

Cole ignorierte die misstrauischen Blicke, die ihm folgten, als er das Polizeirevier von Serendipity betrat. All jene, die ihn nicht von früher kannten, hatten inzwischen ganz offensichtlich von ihm gehört. Er straffte die Schultern und marschierte geradewegs auf die Tür zu, hinter der er das Büro des Polizeichefs wusste. Als er die Hand hob, um anzuklopfen, vernahm er von drinnen Stimmen.

Eine Männer- und eine Frauenstimme. Gelächter.

Da er nicht stören wollte, trat er einen Schritt zurück, doch im selben Moment schwang die Tür auf und Cara Marsden kam heraus. Sie versuchte, sich nichts anmerken zu lassen, als sie Cole passierte, doch ihre zu einem Pferdeschwanz zusammengebundenen Haare waren von den Fingern ihres Ehemannes zerzaust, und die geröteten Lippen und Wangen ließen keinen Zweifel daran aufkommen, was sich da drin gerade abgespielt hatte.

Cole schüttelte den Kopf. Es fiel ihm schwer, sich den ernsten Mike Marsden als einen Mann vorzustellen, der in seinem Büro mit seiner Angetrauten herumknutschte. Cole nickte der hübschen jungen Frau wortlos zu und klopfte dann an die halb geöffnete Tür.

»Herein«, rief Mike.

Cole beschloss, gleich in die Offensive zu gehen. »Sieh an, sieh an, Mike Marsden, frischgebackener Ehemann und Polizeichef von Serendipity«, sagte er, während sich Mike die Krawatte geraderückte. »Und wie es scheint, zählt der Austausch von Zärtlichkeiten mit Untergebenen zu den großen Vorteilen des Jobs. Du hast ja echt das große Los gezogen, Mann.« Cole gluckste.

Mike stand auf, ging um den Schreibtisch herum und streckte Cole die Hand hin. »Hey, du redest hier über meine Ehefrau.« Er nahm ihm den kleinen Scherz also nicht übel, aber was Cara anging, war sein Beschützerinstinkt offenbar recht ausgeprägt. »Schön, dass du endlich mal etwas Zeit für einen alten Kumpel hast«, sagte Mike und schüttelte Cole mit festem Griff die Hand.

»Ich hatte eine Zeitlang beruflich in New York City zu tun, aber jetzt versuche ich, mich etwas zu entspannen.«

Sein letzter Auftrag war der unangenehmste in seiner gesamten Laufbahn als Undercover-Cop gewesen. Der Mafiaboss Vincent Maroni war ein Mörder, ein Drogendealer und ein richtiger Bastard gewesen – und seine Frau Victoria eine Klette, wohl, weil Maroni sie jahrelang ignoriert hatte. Während Cole versucht hatte, Maroni das Handwerk zu legen, hatte er Victoria gefährlich nahe an sich herangelassen in dem Bestreben, sie zu beschützen. Nach Maronis Verhaftung hatte er dann die Karten auf den Tisch gelegt und ihr offenbart, wer er wirklich war – und im Gegenzug hatte sie ihm ihre Gefühle offenbart. Ihre fixe Überzeugung, Coles Bemühungen um ihre Sicherheit seien mehr als nur beruflich motiviert gewesen, grenzte schon fast an eine Wahnvorstellung.

»Meine Fälle sind natürlich beileibe nicht mit den deinen zu vergleichen, aber ich weiß aus Erfahrung, wie lange es dauert, bis man sich nach einem monatelangen Undercover-Einsatz wieder daran erinnert, wer man eigentlich ist«, sagte Mike und betrachtete ihn mit ernstem, durchdringendem Blick.

Nun, diesbezüglich konnte Cole nicht klagen – er erinnerte sich stets haargenau daran, wer er war, und wenn nicht, dann erinnerte ihn Jed daran.

»Wie läuft's denn so mit deinem Vater?«, erkundigte sich Mike, als könnte er Gedanken lesen.

»Immer gleich. Seiner Ansicht nach bin ich Schuld daran, dass Mom ihn verlassen hat. Er sieht in mir nach wie vor den Rabauken und Tunichtgut, der ich mit sechzehn war.« Wer weiß, vielleicht lag Jed mit dieser Meinung ja gar nicht so weit daneben.

Er konnte den Jungen, der er im Teenageralter gewesen war, ja selbst nicht leiden, wenngleich es ihm nicht leichtfiel, sich das einzugestehen. Immerhin hatte er sich etwas zum Positiven entwickelt, nachdem seine Mutter Brody geheiratet hatte, der ihn mit offenen Armen aufgenommen hatte. Mit dem jungen Mann von damals konnte sich Cole einigermaßen identifizieren, ja, er konnte ihn sogar respektieren. Doch der negative

Einfluss seines Vaters machte sich selbst jetzt, nach all den Jahren, noch deutlich bemerkbar.

»Der alte Miesepeter nimmt es mir sogar übel, dass ich atme«, brummte Cole.

»Jed war seit jeher ein harter Brocken. Sonst hätte er seinem Beruf nicht so lange nachgehen können«, sagte Mike. »Aber das gibt ihm noch lange nicht das Recht, so mit dir umzugehen.«

»Lassen wir das«, sagte Cole mit einer wegwerfenden Handbewegung. Sollte je herauskommen, dass er mit Erin in der Kiste gewesen war, dann war er bei Mike garantiert genauso untendurch wie bei Jed.

Nur weil Mike über Coles beruflichen Hintergrund informiert war, bedeutete das nämlich noch lange nicht, dass er der Ansicht war, ein Mann wie Cole wäre gut genug für seine Schwester. Außerdem wusste Mike, mit welchen Gefahren die Arbeit als Undercover-Cop verbunden war.

Aber auch Cole selbst hatte Vorbehalte. Erin verdiente einen Mann, der in der Lage war, immer für sie da zu sein. Sie war in einem liebevollen Umfeld aufgewachsen, bei Eltern, denen sie wichtig war, und genau so eine Familie würde sie zweifellos auch selbst haben wollen. Coles Job hingegen erforderte es, dass er häufig für längere Zeit untertauchte. Sein letzter Auftrag hatte ihn gar ein ganzes Jahr seines Lebens gekostet, und da war das anschließende Gerichtsverfahren noch nicht mit eingerechnet. Für ihn stand die Arbeit im Mittelpunkt, und diese Arbeit war mit einem normalen Privatleben nicht kompatibel. Für Familie oder

Freunde hatte er noch nie viel Zeit gehabt. Er wusste gar nicht, wie so ein Leben funktionierte.

Und er wollte es auch gar nicht wissen. Herrje, was war nur mit ihm los? Warum zerbrach er sich über all das den Kopf? Wegen einer Frau, von der er wusste, dass sie die Falsche für ihn war – und er der Falsche für sie.

Ehe Mike antworten konnte, vernahmen sie draußen im Großraumbüro Geschrei. »Entschuldige«, sagte Mike und ging zur Tür. »Was ist denn hier los?«, rief er.

»Draußen auf dem Parkplatz wurde jemand angeschossen«, berichtete Cara, die gerade angelaufen kam und ihn an der Hand packte. »Los, los, du musst sofort da raus!«

Offenbar verlief das Leben in seiner kleinen Heimatstadt doch nicht so ruhig, wie Cole es in Erinnerung hatte. Er folgte den anderen, die hinausstürmten. Als er vor die Tür trat, fuhr gerade ein Krankenwagen vor. Es wimmelte vor Polizisten, dazwischen stand Mike und rief mit dröhnender Stimme: »Was zum Teufel soll das heißen, meine Schwester wurde angeschossen?«

Cole blieb vor Schreck fast das Herz stehen. Er spurtete los, wurde aber an der Absperrung, die soeben errichtet wurde, von einem Uniformierten aufgehalten. »Keine Schaulustigen, Kumpel. Bitte treten Sie zurück und lassen Sie die Leute hier ihre Arbeit tun.«

»Aber ... ich bin ...« Tja, was? Er war weder ein Angehöriger von Erin noch arbeitete er für die hiesige Polizei.

Mist.

Es war nicht seine Art, tatenlos rumzustehen und zuzusehen, aber wenn er sich über die Vorschriften hinwegsetzte, wurde er womöglich verhaftet, und damit war ihm genauso wenig gedient, als wenn er sein Verhalten Mike gegenüber erklären musste. Er zwang sich zu überlegen. Erin war angeschossen worden, und man würde sie bestimmt umgehend ins Krankenhaus bringen. Also würde er sich jetzt genau dorthin begeben, in der Hoffnung, mehr zu erfahren, sobald ihre Familie eingetroffen war.

In der Klinik herrschte Hochbetrieb. Menschen eilten in sämtliche Richtungen, vor allem, als der Krankenwagen eintraf. Cole stellte sich etwas abseits, während Erin auf einer fahrbaren Trage an ihm vorbeigerollt wurde. Zu seiner großen Erleichterung waren ihre Augen offen. Das war ein gutes Zeichen. Er rieb sich unwillkürlich die linke Seite des Unterbauchs, wo er in der entscheidenden Phase seines letzten Einsatzes von einer Kugel getroffen worden war. Diese Schmerzen hätte er nicht einmal seinem schlimmsten Feind gewünscht, geschweige denn einer unschuldigen Frau wie Erin.

Mike, der mit seiner Schwester im Krankenwagen gefahren war, folgte den Sanitätern durch die Schwingtüren, ohne sich noch einmal umzusehen. Cole war froh, dass er ihn nicht bemerkt hatte, sonst hätte er ihm womöglich Fragen gestellt, die er vermutlich nicht beantworten konnte. Fragen, die sich Cole selbst stellte, seit er wusste, wer das Opfer des unbekannten Schützen war. Warum hatte ihn der Anblick von Erin auf der Krankentrage derart aufgewühlt? Er wusste es nicht genau.

Er wusste nur, dass er ein scheußlich flaues Gefühl im Magen hatte, das sich erst legen würde, wenn er sicher sein konnte, dass ihre Verletzung nicht allzu ernst war.

Er wusste nicht, wie viel Zeit vergangen war, bis Mike endlich wieder auftauchte. Diesmal entdeckte er Cole sogleich.

»Hey, Cole, was suchst du denn hier?«

Cole schluckte. »Na ja, ich war doch bei dir im Büro, als es passiert ist, da wollte ich nicht einfach nach Hause fahren, ohne zu fragen, ob ich irgendetwas für dich tun kann.« Das war von der Wahrheit gar nicht allzu weit entfernt.

»Danke, ich weiß es zu schätzen.« Mike fuhr sich mit den Fingern durch das ohnehin schon ziemlich zerzauste Haar.

»Wie geht es ihr?«, erkundigte sich Cole, darum bemüht, sich nicht anmerken zu lassen, dass er halb krank war vor Sorge um Erin.

»Sie wird gerade untersucht.« Mike warf einen Blick auf sein Handy. »Weißt du was, Cole? Wo du schon mal da bist, kannst du tatsächlich etwas für mich tun, nämlich bei Erin Wache halten und mir Bescheid geben, sobald es etwas Neues gibt. Ich muss dringend Sam informieren, und Cara kann ich nicht darum bitten – sie ist gerade unterwegs, weil vorhin jemand einen Fall von häuslicher Gewalt gemeldet hat.«

Cole nickte. »Mach ich.« Hoffentlich sah man ihm nicht an, wie froh er über diese Bitte war, denn sie ermöglichte es ihm, persönlich mit Erin zu reden.

»Großartig. Komm mit, ich bringe dich hin.«

Mike führte Cole in die Notaufnahme, wo er auf die dritte der durch Vorhänge voneinander getrennten Kabinen deutete. »Sie ist da drin«, sagte er. »Ich gehe nur mal schnell vor die Tür und versuche noch einmal, Sam anzurufen. Ich will, dass er es von mir erfährt, aber hier drin ist der Empfang grottenschlecht.« Beide Marsden-Brüder waren stets um das Wohlergehen ihrer Schwester besorgt.

»Warte hier. Sobald der Arzt fertig ist, kannst du zu ihr rein. Sie ist bestimmt froh, wenn sie ein vertrautes Gesicht sieht und nicht allein ist.«

Da war sich Cole nicht so sicher, aber er nickte trotzdem. »Du hörst von mir, falls es irgendwelche Neuigkeiten gibt, ehe du zurück bist.«

Mike nickte. »Ich schulde dir was.«

Das sah Cole anders, sagte aber nichts darauf.

Sobald Mike weg war, postierte sich Cole direkt vor dem Vorhang, hinter dem Erin lag, verschränkte die Arme vor der Brust und wartete ab. Er schwitzte, sein Puls raste, und das Herz pochte heftig in seiner Brust. Er konnte nur hoffen, dass das Geschoss sich nicht in Erins Körper befand und womöglich operativ entfernt werden musste.

Was war das bloß für ein irrer Scheißkerl, der auf dem Parkplatz vor dem Polizeirevier auf unschuldige Menschen schoss?

Durch den schweren Vorhang vernahm er das leise Gemurmel des Arztes. »Sieht mir nach einem sauberen Durchschuss aus ... sobald wir die Untersuchungsergebnisse haben, wissen wir mehr.«

»Okay«, antwortete Erin leise. Vermutlich hatte sie der Blutverlust geschwächt.

»Aufgrund Ihrer Schwangerschaft ist die Auswahl der Antibiotika und Schmerzmittel, die wir Ihnen verabreichen können, beschränkt.«

Was?!? Cole schwindelte.

Ehe er sich wieder einigermaßen gefasst hatte, zerrte der Arzt auch schon den Vorhang beiseite.

Erin starrte Cole mit entsetzter Miene an.

»Wer sind Sie?«, fragte der Mann im weißen Kittel.

»Schon gut«, sagte Erin mit zitternder Stimme. Ihr Gesicht war blass und schmerzverzerrt. »Könnten Sie uns bitte einen Moment allein lassen?«

»Natürlich.« Der Arzt zog sich diskret zurück, und Cole zwang sich, näherzutreten. Beim Anblick ihrer aschfahlen Haut und ihrer verängstigten Miene war ihm sogleich klar, dass die Diskussion über die Schwangerschaft zweitrangig war.

»Wie fühlst du dich?«, fragte er.

»Ganz okay.«

Cole schnaubte ungläubig und voller Bewunderung zugleich. »Okay, jetzt mal im Ernst: Wie geht es dir?«

»Mein Arm tut höllisch weh.« Sie atmete vorsichtig ein, biss sich auf die Unterlippe. In ihren Augen schimmerten Tränen. Cole konnte ihre Schmerzen fast körperlich spüren.

»Kann ich mir vorstellen.« Er legte ihr eine Hand auf die heile Schulter, und zu seiner großen Erleichterung ließ sie ihn gewähren. Sie zuckte nicht zurück, versuchte nicht, seine Hand abzuschütteln.

»Warum bist du hier?«, fragte sie ihn.

»Ich war bei Mike im Büro, als es passiert ist. Wir sind nach draußen gelaufen ...« Er zuckte die Achseln. »Und als ich gehört habe, dass man dich angeschossen hat, bin ich gleich hierhergefahren.«

Cole fragte sich, was genau dieses Geständnis zu bedeuten hatte. In ihm herrschte ein Gefühlschaos sondergleichen, und die nun anstehende Unterhaltung würde es garantiert nicht besser machen. »Erin ...«

»Cole ...«, sagte Erin genau im selben Augenblick.

»Hättest du es mir irgendwann gesagt?« Oder war es ihr zu peinlich, öffentlich zuzugeben, dass sie von *Cole Sanders* ein Kind erwartete?

Er hätte es ihr nicht verdenken können, aber das änderte nichts daran, dass er für das Baby mitverantwortlich war.

Oh Gott. Ein Baby. Verantwortung. Du liebe Zeit.

»Ich habe auf den richtigen Zeitpunkt gewartet ... und darauf, dass mir die richtigen Worte einfallen.« Sie war feuerrot angelaufen. Bislang war sie seinem Blick ausgewichen, doch nun sah sie ihm zum ersten Mal in die Augen. »Du bezweifelst gar nicht, dass es von dir ist?«

Er hob überrascht eine Augenbraue. »Ich habe eine ganze Menge Zweifel, aber diesbezüglich nun wirklich nicht.«

Sie verzog das Gesicht. »Ach ja? Weil ich so ein braves, berechenbares Mädchen bin, oder wie?«

Nein, weil ihm zu Ohren gekommen war, dass sie in letzter Zeit keine weiteren Affären gehabt hatte. Seltsam – man möchte doch annehmen, sie wäre erleichtert, weil er seine Vaterschaft nicht in Frage stellte, doch nein, sie ärgerte sich über ihren tadellosen Ruf. Versteh einer die Frauen.

Cole schüttelte den Kopf. Jetzt war nicht der richtige Zeitpunkt, um sich über sie zu wundern oder lustig zu machen. »Also, wenn es dich tröstet, als wir miteinander im Bett waren, fand ich dich alles andere als brav und berechenbar«, sagte er und spürte, wie ihm bei der Erinnerung an die betreffende Nacht der Schweiß ausbrach.

Sie schnaubte belustigt, wie er es erhofft hatte. Gut, und nun zurück zum Ernst des Lebens. »Was das Baby angeht ...«

»Das lasse ich mir nicht wegnehmen.« Erin wollte trotzig die Arme vor der Brust verschränken und stöhnte prompt auf vor Schmerz. Jetzt konnte sie die Tränen nicht mehr zurückhalten.

Cole ballte die Fäuste, das Herz in seiner Brust krampfte sich zusammen. »Halt still, verflucht noch eins.« Er kam sich nutzlos vor, weil er ihr nicht helfen konnte.

»Hör gefälligst auf, mich so anzufahren!«

»Hör du gefälligst auf, so zu tun, als würde ich die Abtreibung meines eigenen Kindes von dir verlangen!«

Während sie einander mit bösen Blicken maßen, wurde Cole bewusst, dass sie soeben ihren ersten handfesten Streit gehabt hatten. Aber zumindest waren sie sich am Ende einig geworden.

Der Vorhang wurde beiseitegeschoben. »Was muss

ich da hören?«, fauchte Mike wutentbrannt und sah aufgebracht von Cole zu Erin und wieder zurück.

Erin wäre am liebsten im Erdboden versunken, als sie die entgeisterte Miene ihres Bruders erblickte. Was für ein Albtraum! Und damit meinte sie nicht, dass man sie angeschossen hatte. Angeschossen! In ihrer verschlafenen Heimatstadt Serendipity, noch dazu direkt vor dem Polizeirevier.

Ihrer Ansicht nach hätte sich ihr Bruder in erster Linie mit der Frage auseinandersetzen müssen, wer auf sie geschossen hatte und warum, doch Mike sah aus, als wollte er Cole jeden Moment den Kopf abreißen. Nun, das würde Erin auf gar keinen Fall zulassen.

»Mike!«, herrschte sie ihren Bruder an.

»Was?« Er drehte sich zu ihr um, und sein Tonfall war etwas weniger schneidend, als er sie fragte: »Wann hat dieser Mistkerl dich missbraucht und warum hast du mir nichts davon erzählt?«

Sie deutete auf seine geballte Faust. »Genau deswegen. Und er hat mich nicht missbraucht. Es ist im gegenseitigen Einverständnis geschehen.«

»Dann hättet ihr verflucht noch mal verhüten sollen!«, zeterte Mike, worauf Erin mit glühenden Wangen »Pssst!!« zischte.

Am liebsten wäre sie erneut vor Scham im Erdboden versunken.

»Hör auf, deine Schwester in Verlegenheit zu bringen!«, wies Cole ihren Bruder mit gedämpfter Stimme zurecht. »Und nur zu deiner Information: Wir haben verhütet – nicht, dass dich das irgendetwas angehen würde.«

Allerdings. Und zwar jedes einzelne Mal, dachte Erin, hielt aber wohlweislich den Mund. »So was kann passieren«, sagte sie stattdessen.

»Na, ich kann nur hoffen, dass er …«

Erin nahm ihre ganze Energie zusammen und keifte: »Mike! Es reicht!« Dann sank sie erschöpft nach hinten. »Das hier geht nur Cole und mich etwas an. Ich weiß, du meinst es gut, und ich verstehe, dass du aufgebracht bist, aber du wirst dich aus dieser Angelegenheit gefälligst raushalten.«

»Meinetwegen kannst du deine Wut gerne an mir auslassen, sobald wir allein sind. Aber lass Erin in Frieden«, befahl Cole.

Erin vernahm es mit Erstaunen. Zugegeben, bis vor fünf Minuten hatte sie keinen blassen Schimmer gehabt, wie er auf die Neuigkeit reagieren würde. In Anbetracht der Umstände war die Sache bislang ja einigermaßen glimpflich verlaufen.

»Sam und Cara sind bereits unterwegs«, sagte Mike, dem es sichtlich schwerfiel, sich zusammenzureißen, aber immerhin gab er sich Mühe.

Erin atmete tief durch. »Okay, ich erwarte nicht, dass du vor Cara Geheimnisse hast. Du kannst es ihr erzählen, sobald ihr allein seid. Aber ich wäre dir sehr dankbar, wenn ich es Sam selbst sagen könnte. Und Mom und Dad ebenfalls – und zwar erst, wenn sie wieder da sind.« Sie musterte Mike mit ihrem allerstrengsten Blick.

»Wie du willst. Was macht der Arm?«

»Er tut weh, und es ist noch nicht klar, was für ein Schmerzmittel ich nehmen darf, weil ich schwanger bin.« Bevor er sich erneut darüber aufregen konnte, wechselte sie rasch das Thema. »Haben deine Leute den Heckenschützen schon geschnappt?«

Mike schüttelte den Kopf. »Nein, sie arbeiten noch daran. Wir hoffen, dass wir die Kugel finden, damit hätten die Jungs von der Ballistik schon mal einen ersten Anhaltspunkt. Wir befragen gerade alle, die in der näheren Umgebung arbeiten. Fühlst du dich fit genug, mir ein paar Fragen zu beantworten?«

Sie nickte.

»Kann es jemand gewesen sein, der mit einem deiner aktuellen Fälle in Zusammenhang steht?«, fragte Cole.

»Ich ...«

»Das ist Sache der hiesigen Polizei, Sanders«, unterbrach Mike seine Schwester.

Sie verdrehte die Augen. »Es kann nicht schaden, wenn wir die Angelegenheit gemeinsam erörtern. Cole kann uns mit seinem Wissen und seiner Erfahrung bestimmt von Nutzen sein.«

»So, meinst du?«, ätzte Mike.

»Äh ...« Erin setzte zu einer Erwiderung an, ließ es dann aber bleiben. Mike hatte recht. Sie tat ja gerade, als wäre Cole die vergangenen Jahre für den Secret Service tätig gewesen, dabei wusste sie so gut wie gar nichts über Cole, sein Wissen und seine Erfahrung.

Cole und Mike tauschten einen Blick aus, der darauf schließen ließ, dass sie etwas wussten, was Erin nicht wusste. Sie kannte diesen Blick, hatte sie ihn im Laufe der Jahre doch unzählige Male bei ihren Brüdern beobachtet. Meistens, wenn sie ihr etwas vorenthalten hatten, mit dem Argument, es sei *nur zu ihrem Besten.*

»Ihr, ihr verschweigt mir doch etwas!«, echauffierte sie sich.

Cole nickte Mike zu, als wollte er ihm gestatten, sein Geheimnis zu lüften, was auch immer es sein mochte.

»Du hast recht«, räumte Mike ein, »Cole hat eine Menge Erfahrung. Er arbeitet seit Jahren undercover für das NYPD.«

Erin blinzelte verdattert. Dann hatte sie also mit ihren Vermutungen in Bezug auf Coles Beruf gar nicht so weit danebengelegen. Sie fragte sich, was er wohl schon so alles gesehen und erlebt haben mochte. Sie hatte nur eine sehr vage Vorstellung von seinem Job, aber das, was sie darüber wusste, erklärte zumindest die Schatten, die ihn umgaben. Sie unterdrückte ein Schaudern.

»Wann wirst du entlassen, Erin?«, fragte Mike und wechselte damit abrupt das Thema.

»Noch heute, aber der Arzt muss erst ein paar Untersuchungen machen und die Wunde säubern und ordentlich verbinden.«

Mike nickte. »Du kannst ein paar Tage bei uns wohnen. Cara holt dich dann ab.«

Cole trat näher. »Nicht nötig, das übernehme ich«, sagte er mit fester Stimme.

»Mir egal, wer mich abholt, aber ich will zu mir nach Hause«, sagte Erin.

»Aber nicht allein«, erwiderte Cole.

Erin zog die Nase kraus und sah zu ihm hoch. »Und warum um alles in der Welt nicht?«

Die beiden Männer wechselten erneut einen Blick, als wären sie sich einig. Das konnte ja heiter werden. »Hallo? Ich habe dich etwas gefragt!«

»Man hat dich angeschossen, und du hast Schmerzen. Oder haben die etwa urplötzlich aufgehört?«, fragte ihr Bruder.

»Nein.«

»Na also.« Mike musterte sie selbstgefällig. »Dann solltest du zu deiner eigenen Sicherheit nicht allein sein.«

Verdammter Quälgeist, dachte Erin undankbar.

»Das ist doch lächerlich. Ich bin sicher, ich war bloß zur falschen Zeit am falschen Ort. Ich kann mir beim besten Willen nicht vorstellen, dass jemand absichtlich auf mich geschossen hat. Zumindest arbeite ich zurzeit an keinem Fall, bei dem jemand auch nur ansatzweise einen Grund hätte, mir etwas anzutun.«

»Dass du es dir nicht vorstellen kannst, muss noch lange nichts heißen.« Mike setzte eine entschlossene, störrische Miene auf, die seine Schwester nur zu gut kannte.

»Wir können nicht hundertprozentig ausschließen, dass es vielleicht doch Absicht war, und deshalb hat deine Sicherheit vorerst oberste Priorität.« Cole war nicht nur derselben Meinung wie Mike, er setzte noch eins obendrauf. »Außerdem hast du gerade zugegeben, dass du Schmerzen hast, und die werden erfahrungsgemäß erst mal schlimmer, ehe sie besser werden. Falls du irgendwelche Schmerzmittel nehmen darfst, wirst du davon womöglich total groggy sein. Und ganz abgesehen davon wirst du den verletzten Arm in einer Schlinge tragen müssen und in deiner Mobilität eingeschränkt sein.« Er baute sich vor Mike auf. »Ich bringe sie nach Hause und bleibe ein paar Tage bei ihr. Bei mir ist sie sicher.«

»Vergiss es.« Jetzt wirkte Mike wieder genauso wütend wie vorhin. »Sie kommt mit zu uns, und da bleibt sie, bis *ich* mich davon überzeugt habe, dass ihr nichts passieren kann, sprich, bis wir wissen, wer auf sie geschossen hat und warum.« Er straffte die Schultern, bereit für eine Auseinandersetzung.

Nun hatte Erin die Nase gestrichen voll von den Machtkämpfen und dem verbalen Gerangel der beiden. »*Sie* liegt direkt neben euch, und *sie* wird selbst entscheiden, was das Beste für sie ist!«

Cole ergriff mit überraschender Zärtlichkeit ihre gesunde Hand. »Vergiss nicht, in deinem Bauch wächst *mein* Baby heran. Somit trage ich für dich die Verantwortung.«

»Ich kann sehr gut auf mich selbst aufpassen.«

Die beiden Männer wechselten erneut einen vielsagenden Blick, doch Erin würde um keinen Preis zulassen, dass sie über ihren Kopf hinweg eine Entscheidung trafen. Sie wollte selbst bestimmen, wo sie die nächsten Tage verbrachte.

»Ich will nach Hause«, sagte sie mit fester Stimme.

Mike schob das Kinn nach vorn. »Dann wird Cole eben ein paar Tage bei dir wohnen.«

Erin bedachte ihren Bruder mit einem bösen Blick. »Hast du nicht gerade noch daran gezweifelt, dass er in der Lage ist, mich zu beschützen?«

»Ich hatte dir vorgeschlagen, dass du zu Cara und mir ziehst, aber das wolltest du ja nicht, und ich weiß nur zu gut, was für ein Sturschädel du bist. Wenn du unbedingt nach Hause willst, gut, aber auf keinen Fall allein. Falls es dir lieber ist, kann auch Sam ein paar Tage zu dir ziehen.«

»Nein!«, riefen Erin und Cole wie aus einem Munde.

Erin liebte ihren Bruder, aber wenn sie gezwungen war, mit ihm unter einem Dach zu leben, würde sie garantiert binnen einer Stunde Mordgedanken hegen. »Mike, geh und tu deine Arbeit. Cole und ich müssen uns unterhalten.«

Ihr Bruder beugte sich über sie und sah ihr in die Augen. »Versprich mir, dass du das Krankenhaus nicht allein verlassen wirst.«

»Versprochen«, sagte Erin rasch, weil sie es Cole ohne Weiteres zutraute, dass er an ihrer Stelle antwortete.

Mike küsste sie auf die Stirn. »Ich komme später noch mal vorbei«, sagte er zu ihr, doch sein durchdringender Blick ruhte dabei auf Cole.

Dann wandte er sich zum Gehen und ließ Erin mit dem Vater ihres Kindes allein, der noch heute vorübergehend bei ihr einzuziehen gedachte. Wie kam es, dass ihr Leben auf einen Schlag so kompliziert geworden war?

Kaum war Mike weg, kehrte der Arzt zurück, weshalb die anstehende Unterhaltung mit Cole zur Erleichterung der erschöpften, von Schmerzen geplagten Erin vorerst warten musste. Doch sie wusste, aufgeschoben war nicht aufgehoben. Wenn sie erst zu Hause waren, würde ihnen der Gesprächsstoff bestimmt nicht allzu bald ausgehen.

Kapitel 4

Cole begab sich in den Warteraum und warf immer wieder einen Blick auf die Uhr. Wie er aus Erfahrung wusste, würde es eine Weile dauern, bis der Arzt das genaue Ausmaß von Erins Verletzung bestimmt und die Wunde desinfiziert und fachgerecht versorgt hatte.

Es überraschte ihn nicht, dass Mike schon bald wieder auftauchte und sich zu ihm gesellte.

»Wir müssen uns unterhalten«, knurrte er.

Cole nickte. »Ich bin ganz Ohr.«

Er würde Erins Bruder den gebührenden Respekt zollen, aber seine Entscheidung stand unwiderruflich fest. Mikes Ansichten zu Erins Schwangerschaft interessierten ihn nicht die Bohne. Jetzt war es ohnehin nicht mehr zu ändern – was geschehen war, war geschehen, und an den Folgen gab es nichts mehr zu rütteln.

Zu Coles Überraschung ließ sich Mike auf dem Stuhl neben ihm nieder, statt stehen zu bleiben und im wahrsten Sinne des Wortes weiter von oben herab mit ihm zu reden.

»Du warst eine ganze Weile nicht mehr in der Stadt und hast das Drama um meinen alten Herrn nicht mitbekommen«, sagte Mike.

Seine Worte trafen Cole unerwartet. »Simon?«, fragte er.

»Nein, Rex Bransom.«

Cole hob eine Augenbraue, dann fiel ihm wieder ein, dass ihm irgendwann zu Ohren gekommen war, Simon Marsden habe Mike adoptiert, als dieser noch ein Baby gewesen war. »Und?«, fragte er, weil er so gar nicht abschätzen konnte, in welche Richtung das Gespräch gehen würde.

Mike stöhnte. »Rex und meine Mutter waren noch nicht allzu lange zusammen, als sie von ihm schwanger wurde. Er war sehr charmant, aber leider ein eingefleischter Junggeselle und viel zu unverlässlich für ein dauerhaftes Zusammenleben.«

»Genau wie ich.« Cole konnte und wollte nicht leugnen, dass es da Parallelen gab, und er konnte sich denken, worauf Mike hinauswollte.

Mike musterte ihn eingehend. »Ich schätze, das Urteil darüber steht noch aus.«

Cole war erleichtert. Wie es aussah, war Mike ihm gegenüber nicht grundlegend negativ eingestellt.

Mike lehnte sich zurück. »Hör zu, ich weiß, wie es sich anfühlt, von seinem Vater abgelehnt zu werden. Simon hat zwar alles richtig gemacht, aber die Tatsache, dass Rex mich ganz offensichtlich nicht wollte, hat trotzdem seelische Narben hinterlassen. Klar so weit?«

»Ich stehe zu meinem Kind«, beteuerte Cole. Er konnte nicht viel mit Gewissheit sagen, aber das stand fest.

Er liebte seinen Job, obwohl er gefährlich war und ihm kein auch nur ansatzweise normales Leben ermöglichte. Aber er kannte nichts anderes, und Cole war damit zufrieden. Doch all das bedeutete nicht, dass er nicht für sein Kind sorgen würde.

Mike nickte. »Das ist immerhin etwas. Aber es geht mir auch um …«

Cole kam ihm zuvor. »Erin.« Er schluckte schwer.

Wieder nickte Mike. »Sie ist meine kleine Schwester, und ich weiß, welche Seelenqualen meine Mutter wegen Rex und ihrer vermeintlichen Liebe zu ihm durchleben musste.«

»Das mit Erin und mir ist etwas ganz anderes.«

Mike runzelte die Stirn. »Ganz recht. Bei einem One-Night-Stand ein Kind zu zeugen ist definitiv noch schlimmer.«

Cole öffnete den Mund, doch Mike hob die Hand. »Hör zu, sosehr ich meine Schwester auch liebe, ich akzeptiere die Tatsache, dass sie ihr eigenes Leben führen und ihre eigenen Entscheidungen treffen muss …«

Cole musterte ihn mit schmalen Augen. »Aber?«

»Aber um Entscheidungen treffen zu können, muss sie erst einmal eine Wahl haben.«

»Das wirst du schon Erin und mir überlassen müssen«, erwiderte Cole gepresst. Er würde die volle Verantwortung für das Kind übernehmen, abgesehen davon würde er sich jedoch von Erins besorgtem Bruder zu nichts zwingen lassen. Erstens hatte Cole selbst gerade erst von Erins Schwangerschaft erfahren, und zweitens ging den lieben Mike die ganze Angelegenheit einen feuchten Kehricht an, und deshalb sollte er sich gefälligst raushalten.

Mike erhob sich und sah auf Cole hinunter. »Erin hat eine Familie hinter sich, die sie bereitwillig unterstützen wird. Solltest du vorhaben, ihr das Herz zu brechen, dann gehst du lieber gleich.«

Cole blieb sitzen. Er hatte keine Angst vor Mike, und er dachte nicht daran, sich provozieren zu lassen. »Hast du nicht gerade von den seelischen Narben gesprochen, die bleiben, wenn man von seinem Vater abgelehnt wird?«

Mike starrte ihn finster an. »Es war weiß Gott kein Spaß, aber ich hab's überlebt, und das verdanke ich vor allem der Liebe einer Frau mit einem Herzen aus Gold. Wenn du dich der Herausforderung also nicht gewachsen fühlst, dann mach dich besser vom Acker, denn Erin findet bestimmt jemanden, der würdig ist, statt dir den Platz an ihrer Seite einzunehmen.«

Cole spürte, wie sein Magen einen Salto machte. »Ah, nun kommen wir also zum eigentlichen Problem. Ich bin nicht gut genug für deine Schwester«, schnarrte er und bedachte den Mann, den er für seinen Freund gehalten hatte, mit einem vernichtenden Blick.

»Das hast jetzt *du* gesagt.«

Cole biss die Zähne zusammen. Es kostete ihn einige Mühe, nicht die Fäuste zu schwingen. »Ich schlage vor, du gehst jetzt, bevor einer von uns womöglich etwas sagt, das er hinterher bereuen würde. Finde dich damit ab, dass ich der Vater dieses Kindes bin und mich darum kümmern werde – und zwar in genau dem Ausmaß, das Erin und ich gemeinsam festlegen werden.« Jetzt stand er ebenfalls auf.

»Ich werde meine Schwester genau im Auge behalten, Sanders, und dich ebenfalls«, fauchte Mike und stürmte aus dem Zimmer.

Cole starrte ihm nach, angespannt bis dorthinaus. Es spielte keine Rolle, dass ihm ein Teil dessen, was Mike gerade gesagt hatte, bereits selbst durch den Kopf gegangen war – nun, da er es aus dem Munde eines anderen Menschen gehört hatte, erschien es Cole um vieles realer. Zum Glück blieb ihm genügend Zeit, sich zu beruhigen, bis Erin endlich in einem Rollstuhl zu ihm gebracht wurde.

Bis dahin hatte er sich wieder einigermaßen im Griff, obwohl die Worte ihres Bruders noch in ihm nachhallten. Von all den Ungeheuerlichkeiten, die Mike vom Stapel gelassen hatte, erschreckte Cole am allermeisten die Vorstellung, Erin könnte irgendwann womöglich einen anderen Mann an ihrer Seite haben. Doch als er sie nun vor sich hatte und ihre benommene, schmerzverzogene Miene sah, war ihm klar, dass er sich jetzt erst einmal ganz auf die Gegenwart konzentrieren musste.

Auf der Fahrt war Erin schweigsam, und als Cole irgendwann zum Beifahrersitz hinüberspähte, stellte er fest, dass sie eingeschlafen war.

Bei ihrem Anblick musste er unwillkürlich schmunzeln. Genau so hatte er sie in Erinnerung – süß und unschuldig. Ja, sie war im Bett eine Wildkatze und ihm in jeder Hinsicht ebenbürtig gewesen, aber das bedeutete noch lange nicht, dass sie nicht trotzdem ein grundanständiges Mädchen war. Mike kannte sie in- und auswendig, ob es Cole passte oder nicht. Aber eines stand fest: Erin würde von nun an stets eine zentrale Rolle in Coles Leben spielen, genauso wie ihr gemeinsames Kind. Er hatte nicht geplant, sich eine derartige lebenslange Verpflichtung aufzuerlegen. Schon bei dem Gedanken daran brach ihm der kalte Schweiß aus.

Als sie vor Erins Haus angekommen waren, berührte er sie sanft an der Schulter, um sie zu wecken. Dann half er ihr beim Aussteigen und stützte sie auf dem Weg zu dem Reihenhaus, in dem sie wohnte. Dabei wurde ihm deutlich bewusst, was für ein ausgesprochen appetitliches Exemplar des weiblichen Geschlechts er im Arm hielt. Unter der elfenbeinweißen Seidenbluse trug sie ein weich fallendes, ärmelloses Top, das ihren schlanken Körper umschmeichelte. Durch den dünnen Stoff hindurch zeichneten sich deutlich ihre Brüste ab, deren Knospen wegen der kühlen Temperaturen erigiert waren. Cole schämte sich dafür, dass er ihrem bedauernswerten Zustand zum Trotz auf so etwas achtete.

Tja, er war eben ein Mann, und wenn sie sich so an ihn lehnte, fielen ihm all die kleinen Details, die sie ausmachten, noch deutlicher auf als sonst – angefangen von dem offenen Haar, das ihr Gesicht umspielte, bis hin zu ihrem Körpergeruch, vermischt mit dem vertrauten Duft ihres Parfums. Sie wirkte so zerbrechlich, dass Cole den unbändigen Drang verspürte, sie zu umsorgen und gesund zu pflegen.

Er erschrak, als er sich bei diesem Gedanken ertappte und wäre beinahe gestolpert, also verharrte er einen Augenblick und atmete tief durch.

»Das Schlafzimmer ist oben«, sagte Erin, die sein Stehenbleiben völlig falsch interpretierte.

Cole hatte nicht vor, sie über den wahren Grund des kurzen Zwischenstopps aufzuklären. »Danke«, sagte er und bugsierte sie über die Treppe eine Etage höher. Im Schlafzimmer angelangt, half er Erin, sich auf dem Bett auszustrecken und sah sich um. Der Raum hatte einen unverkennbar femininen Touch – helle Holzmöbel, dazwischen allenthalben Seidenblumen und diverse andere Accessoires.

Erin schlug die Augen auf. »Cole?«

»Ja?«

»Ich ... danke«, murmelte sie und sah mit so viel Vertrauen im Blick zu ihm hoch, dass er förmlich dahinschmolz.

»Gern geschehen«, sagte er. »Und jetzt ruh dich aus.«

Noch ehe er das Zimmer verlassen hatte, war sie eingeschlafen.

Cole ging nach unten und fuhr sich mit den Fingern durch die Haare. Das Gefühl, er müsste träumen, verstärkte sich mit jeder Minute, die verging. Da oben lag eine schwangere – und reichlich dickköpfige – Frau, zu der er sich unwiderstehlich hingezogen fühlte, selbst jetzt, in ihrer derzeitigen angeschlagenen Verfassung, von Schmerzen gezeichnet. Mehr noch: Ihre offensichtliche Verletzlichkeit weckte in ihm Gefühle, die er noch nie zuvor empfunden hatte.

Herrje. Es war ein Fehler gewesen, vorübergehend hier einzuziehen.

Doch er musste bleiben. Er hatte gar keine andere Wahl.

Als Erin erwachte, registrierte sie als Erstes die grauenhaften Schmerzen in ihrem Arm. Von unten drangen mehrere Männerstimmen an ihr Ohr. Schwerfällig wälzte sie sich aus dem Bett und ging ins Bad.

»Ach du liebe Zeit«, stöhnte sie beim Anblick ihres Spiegelbilds und versuchte, sich einhändig abzuschminken und die Zähne zu putzen. Dann ging sie nach unten, um sich den Männern in ihrem Leben zu stellen.

In ihrer gemütlichen Küche mit den lavendelfarbenen Akzenten da und dort saßen Sam und Mike am Tisch, auf dem sich Ordner und Unterlagen stapelten. Cole drückte sich im Hintergrund herum. Erin gesellte sich zu ihren Brüdern und traute ihren Augen kaum: Es waren Akten aus ihrem Büro, in denen Mike da blätterte, und so einige davon waren vertraulich!

Sie räusperte sich. »Würdest du mir bitte mal verraten, was du da machst?«, fragte sie aufgebracht.

Mike hob den Kopf. Seine Miene wirkte kein bisschen zerknirscht. »Ich hab mir die Akten deiner aktuellen Fälle bringen lassen, damit ich mir ein Bild davon verschaffen kann, wer es eventuell darauf abgesehen haben könnte, dich aus dem Weg zu räumen.«

Der hatte ja echt Nerven! Über ihrer Wut vergaß sie sogar kurz ihre Schmerzen. »Und das konnte nicht warten, bis ich wieder wach bin?«

Sam erhob sich. »Wie fühlst du dich?«, wollte er wissen. Der besorgte Blick seiner hellbraunen Augen ruhte auf ihr.

Erin liebte ihren kleinen Bruder, aber mit seinem Beschützerinstinkt schoss er, genau wie Mike, nur allzu oft übers Ziel hinaus. »Es ging mir bestens, bis ich feststellen musste, dass ihr in meinen geheimen Arbeitsunterlagen herumschnüffelt.«

»Nun reg dich doch nicht so auf«, sagte Mike beschwichtigend.

»Wir tun hier nur unsere Arbeit«, fügte Sam hinzu.

»Ach ja? Solltet ihr nicht erst einmal versuchen, das Geschoss zu finden? Und wenn ihr etwas über die Fälle wissen wollt, an denen ich arbeite, dann hätte ich da eine revolutionäre Idee: *Fragt mich*!«

Sie stöhnte auf. Es kostete ganz schön viel Kraft, sich so aufzuregen, und allmählich machten sich ihre malträtierten Armmuskeln und die Stiche, mit denen die Wunde genäht worden war, wieder bemerkbar.

Cole hatte das Geschehen bis jetzt mit Argusaugen verfolgt, ohne einzugreifen. Seine Anwesenheit in ihren vier Wänden machte Erin nervös, aber mit dieser Tatsache konnte sie sich auch noch auseinandersetzen, nachdem sie ihren Brüdern begreiflich gemacht hatte, dass sie von ihrer Einmischung ganz und gar nicht begeistert war.

Zu ihrer Überraschung kam Cole ihr zu Hilfe. »Okay, das reicht«, sagte er. »Ihr habt gehört, was sie gesagt hat. Ihr habt genug Unruhe gestiftet, und das tut Erin nicht gut.«

Nun hatten die meisten Männer, die Erin kannte, einen Heidenrespekt vor ihren herrischen Brüdern, zumal sie beide bei der Polizei waren, doch nicht so Cole Sanders. Seine Haltung ließ keinen Zweifel daran aufkommen, dass er sich nicht von ihnen einschüchtern ließ. Sein überbordender Beschützerinstinkt stand dem von Mike und Sam zwar um nichts nach, das war Erin klar, doch im Augenblick zog sie seine Gesellschaft der ihrer Brüder eindeutig vor. Außerdem hatte er recht – sie brauchte Ruhe.

»Nun hör mir mal gut zu: Die Tatsache, dass du Erin geschwängert hast, gibt dir noch lange nicht das Recht, uns – oder sie – rumzukommandieren.« Mike baute sich vor Cole auf, doch dieser wich keinen Zentimeter zurück.

Jetzt schaltete sich Sam ein. »Was zum Teufel soll das heißen?«

»Vielen Dank auch, Mike«, zischte Erin, die Sam die Neuigkeit gern etwas schonender beigebracht hätte.

Cole schob kampfeslustig das Kinn nach vorn. »Also erstens gefällt es mir nicht, wie respektlos du über deine Schwester redest, und zweitens versuche ich nur, ihr zu helfen, denn sie hat klipp und klar gesagt, dass ihr sie in Ruhe lassen sollt. Schließlich bin ich hier, um sie zu beschützen und für ihr Wohlergehen zu sorgen, und wenn das bedeutet, dass ich euch zwei dafür vor die Tür setzen muss, dann werde ich das tun.« Er verschränkte die Arme vor der Brust.

Das eisige Schweigen, das nun folgte, war fast mit Händen greifbar. Erin kannte ihre Brüder und wusste, wenn sie nicht einschritt, würden gleich die Fetzen fliegen. »Okay«, sagte sie. »Wir sollten jetzt mal alle tief durchatmen. Am besten vertagen wir dieses Gespräch auf morgen Abend. Und in der Zwischenzeit gehe ich meine Fälle durch, und ihr macht euch wieder an die Arbeit.«

»Du bist schwanger?«, fragte Sam sichtlich geschockt. »Von dem da?«

Erin nickte. »Ja, und auch darüber reden wir lieber ein andermal. Ich werde euch alles erklären, versprochen. Aber ich wäre euch sehr dankbar, wenn ihr mich ... uns ... jetzt alleinlassen würdet.«

Sam straffte die Schultern, doch dann gab er sich geschlagen und ergriff ihre Hand. »Das kann ich nachvollziehen, und deshalb werde ich jetzt auch gehen. Aber wir haben so einiges zu besprechen. Du bist meine Schwester, und ich werde immer um dein Wohl besorgt sein.«

»Okay. Und danke.« Sie küsste ihn auf die Wange, dann drehte sie sich zu ihrem älteren Bruder um. »Mike?«

»Ja, ja, ich geh ja schon«, brummte dieser missmutig.

»Danke.« Erin nahm sich vor, gleich seine Göttergattin anzurufen und sie vor seiner miesen Laune zu warnen. Wenn es jemandem gelang, den erbosten Mike zu besänftigen, dann Cara.

»So, das hätten wir«, sagte sie zu Cole, sobald die beiden weg waren.

»Jep.«

»Und was jetzt, Mister Bodyguard?«, fragte Erin.

Er zuckte die Achseln. »Wenn du vor die Tür gehst, gehe ich mit.«

Sie nickte. »Und wenn ich zu Hause bleibe und fernsehe?«

»Dann tue ich dasselbe.«

Kurz und bündig, dachte sie. »Okay ... Und über Nacht gehst du nach Hause, und morgens holst du mich ab und bringst mich ins Büro?«

Cole musterte sie mit schmalen Augen. »Das haben wir doch im Krankenhaus schon alles durchgekaut. Ich bleibe hier bei dir.«

»Na ja, ich dachte, wenn ich erst mal hier bin und du dich etwas beruhigt hast, wird dir bestimmt klar, dass das nicht nötig ist. Wenn du der Ansicht bist, mich beschützen zu müssen, sobald ich das Haus verlasse, bis der Heckenschütze gefunden worden ist, meinetwegen ... Aber hier?« Sie beschrieb mit dem unverletzten Arm einen Halbkreis. »Hier bin ich absolut sicher.«

Cole runzelte die Stirn. »Die Alarmanlage, die du von Cara übernommen hast, ist nicht gerade auf dem neuesten Stand.«

Erin zuckte die Achseln. »Und? Sie erfüllt ihren Zweck – bei einem Einbruch klingelt im Polizeihauptquartier das Telefon. Wenn diese Alarmanlage für Cara gut genug war, wird sie es wohl auch für mich sein.«

»Ich bleibe trotzdem hier.«

Beim Anblick seiner finsteren, entschlossenen Miene wusste Erin, dass jeglicher Widerspruch sinnlos war. »Mal sehen, was ich zum Essen dahabe«, brummte sie und öffnete den Kühlschrank.

Cole trat hinter sie, und sein warmer, maskuliner Körpergeruch hüllte sie ein. Sie wusste nicht, warum er eine derartige Anziehungskraft auf sie ausübte, aber schon seine bloße Nähe erregte sie, obwohl sie nach wie vor Schmerzen hatte. Dabei war genau diese Erregung Schuld daran, dass sie überhaupt schwanger war. Wie kam es, dass sie ihn trotz dieser drastischen Wende in ihrem Leben nach wie vor begehrte?

Er spähte über ihre Schulter in den Kühlschrank. »Das ist alles?«, fragte er entgeistert.

Sie ließ den Blick über den Inhalt gleiten. Ein Becher griechischer Joghurt, eine Packung Orangensaft, Eier, fettarme Milch und etwas Obst. Ach ja, und nicht zu vergessen die XXL-Packung Oreo-Kekse, auf die sie ganz versessen war, wenn sie mal zur Abwechslung nicht gegen die Übelkeit ankämpfen musste. Schön kalt, hart und knusprig mussten sie sein. »Was ist los?«

»Da ist nichts drin, was für mich in die Kategorie ›nahrhaftes Essen‹ fällt. Kein Wunder, dass du vor Hunger einer Ohnmacht nahe warst«, brummte er.

Sie blinzelte. »Das lag an der Schwangerschaftsübelkeit.«

Er hob eine Augenbraue. »Kann ja jeder sagen.«

Verdammter Sturschädel. »Also gut, meinetwegen kannst du gerne nach Herzenslust Lebensmittel ankarren.«

»Genau das habe ich vor. Und du wirst mich begleiten. Ich lasse dich nämlich keine Sekunde aus den Augen, schon vergessen?«

Sie beschloss, diese Bemerkung einfach geflissentlich zu überhören.

»Heute werden wir uns was zu essen bestellen, damit du dich noch etwas erholen kannst, und morgen gehen wir dann einkaufen. Schließlich bist du bis nächste Woche krankgeschrieben, und der Arzt hat gesagt, du sollst dich nicht überanstrengen.«

Erin verdrehte die Augen. Er hatte ja recht, aber sie hasste es, wenn man ihr Vorschriften machte. »Hast du sonst noch irgendwelche Anweisungen oder Verhaltensregeln für mich?«

Er schloss den Kühlschrank und drehte sich mit finsterer Miene zu ihr um. »Im Bett hattest du doch auch nichts dagegen, wenn ich dir Anweisungen erteilt habe.«

Ihr Herzschlag setzte einen Takt aus. Der Kerl hatte ja echt Nerven.

»Es ist unhöflich, mir das so unter die Nase zu reiben.«

Er gluckste, und sie wirbelte herum und marschierte hinaus.

»Wo willst du hin?«

»Ich werde jetzt eine Schmerztablette einwerfen und mich vor die Glotze setzen.«

»Keine Schmerztabletten auf leeren Magen. Ich mache uns ein Spiegelei.«

Sie blieb wie angewurzelt stehen und drehte sich zu ihm um. »Wie, du kochst?« Sie selbst verweigerte das Kochen hartnäckig.

»Mir bleibt wohl nichts anderes übrig, wenn ich etwas essen will, oder? Gut, bis gestern konnte ich mich auch so über Wasser halten, denn Joe's Bar ist direkt unter meiner Wohnung, und Trishas Coffee Shop gleich um die Ecke, aber solange ich hier wohne, gedenke ich zu kochen, ja. Kochst du etwa nicht?«

Ihre Mutter hatte ihr stets prophezeit, dass sie es eines Tages bereuen würde, nicht mehr Zeit bei ihr in der Küche verbracht zu haben, aber Erin hätte nie gedacht, dass sie ihr irgendwann recht geben würde. »Ähm ...«

Cole hob ungläubig eine Augenbraue. »Im Ernst? Und wovon ernährst du dich?«

»Meine Mom wohnt fünf Autominuten von hier, und meine beste Freundin arbeitet im Family Restaurant. Es besteht also keine Gefahr, dass ich verhungere.«

»Trotzdem bist du ziemlich mager, und jetzt musst du für zwei essen.«

Cole suchte in den Schränken und Schubladen ihrer Küche nach der Bratpfanne und diversen weiteren Kochutensilien. »Hinsetzen.« Er deutete mit dem Pfannenwender auf einen Stuhl.

Sie nahm bereitwillig darauf Platz, denn sie fühlte sich wegen der Schmerzen, die von ihrem Arm ausgingen, so schwach und benommen, dass ihr die Beine fast den Dienst versagt hätten, doch das behielt sie wohlweislich für sich.

»Wollen mal hoffen, dass du meinen Befehlen auch weiterhin so artig Folge leistest«, sagte er und grinste.

»Träum weiter«, brummte sie, obwohl sie plötzlich wieder Schmetterlinge im Bauch hatte.

»Dafür, dass du nicht kochst, ist deine Küche aber ziemlich gut ausgestattet«, bemerkte er.

»Tja, was soll ich sagen? Meine Mutter gibt die Hoffnung nicht auf.« Ihre Mutter, der sie demnächst gestehen musste, dass sie schwanger war.

Die Übelkeit, die bei dieser Vorstellung in ihr aufstieg, war weder auf Hunger noch auf ihre Schwangerschaft zurückzuführen. Sie ließ den Kopf auf die Tischplatte sinken und wartete ergeben auf das Essen.

Erin überstand die erste Nacht mit ihrem neuen Mitbewohner problemlos, indem sie auf der Couch vor dem Fernseher einschlief und tags darauf erst spät erwachte. Sie lag im Bett, konnte sich aber nicht entsinnen, wie sie dorthin gelangt war – Cole musste sie ins Schlafzimmer getragen haben. *Sieh mal einer an, der Knabe kann ja ein richtiger Kavalier sein*, dachte sie.

Ein Kavalier, der einen Gutteil seines Lebens im Verborgenen zugebracht hatte. Und niemand wusste, was er dort so alles getrieben hatte … und vor allem, mit wem. Ganz offensichtlich hatte er in dieser Zeit so einige seelische Wunden davongetragen. Wobei er schon als Teenager ein schwermütiger Rebell gewesen war. Und nun? Sie hatte nicht die leiseste Ahnung, was in ihm vorging und was er von der augenblicklichen Situation hielt, aber er hatte zumindest nicht versucht, sich vor seiner Verantwortung zu drücken, im Gegenteil – er legte eine erstaunliche Fürsorglichkeit an den Tag.

In ihrem derzeitigen Zustand fand sie es schön, so auf Händen getragen zu werden, zumal ihr bislang noch nie ein Mann so deutlich das Gefühl gegeben hatte, dass sie etwas Besonderes für ihn war. Zugleich verspürte sie bei diesen Überlegungen den Drang, möglichst bald wieder auf die Beine zu kommen.

Sie durfte sich gar nicht erst daran gewöhnen, dass sich Cole um sie kümmerte. Wenn das hier ausgestanden war, würde sie allein für sich und ihr Kind sorgen müssen. Natürlich würde sie Cole ein Mitspracherecht einräumen, und sie hatte auch nichts gegen eine angemessene finanzielle Unterstützung. Sie war schließlich nicht dumm. Aber ihr war auch bewusst, was diese Schwangerschaft im Endeffekt bedeutete: Sie musste sich von dem Traum verabschieden, dass ihr die gleiche Art von Liebe und Ehe vergönnt war wie ihren Eltern. Und Mike und Cara. Und Alexa und Luke. Einen anständigen Mann zu ergattern war schon schwer genug – wie groß war da die Chance, dass sie einen fand, der auch noch gewillt war, den Nachwuchs eines anderen zu akzeptieren?

Cole hatte ihr unmissverständlich klargemacht, dass sie seine Fürsorge nicht fälschlicherweise als Zuneigung interpretieren durfte, denn sie galt einzig und allein seinem Baby.

Der Gedanke versetzte ihr einen Stich, und der dumpfe Schmerz in ihrem Oberarm machte die Sache auch nicht besser, aber irgendwie schaffte sie es trotzdem, sich aus dem Bett zu quälen. Sie schlurfte ins Bad, putzte sich umständlich mit einer Hand die Zähne und wollte sich gerade in die Küche begeben, als es klingelte.

Cole hatte schon die Tür geöffnet, als sie noch auf der Treppe war. Sie sah, wie er prüfend einen Blick nach rechts und links warf, ehe er den Besucher eintreten ließ.

Es war Macy. Sie drängte sich an ihm vorbei und wirbelte herum. »Was machst du hier und wo ist Erin?«, fragte sie, während Cole die Tür schloss.

»Ich bin hier«, sagte Erin. Die beiden fuhren herum, und Macy stürzte auf sie zu. Erst als sie sich davon überzeugt hatte, dass es ihrer Freundin den Umständen entsprechend gut ging, wich der panische Ausdruck aus ihrem Gesicht. »Du Ärmste«, sagte sie mit einem Blick auf den Verband und die Schlinge. »Komm, wir setzen uns ins Wohnzimmer.«

»Du hast also schon gehört, was passiert ist«, stellte Erin fest.

»Tja, du weißt ja, gute Neuigkeiten verbreiten sich wie ein Lauffeuer«, erwiderte Macy sarkastisch.

Cole hatte die Daumen in die Gürtelschlaufen gehakt und betrachtete Erin mit diesem eindringlichen Blick, bei dem ihr stets etwas mulmig zumute war. »Du bist ja schon wach«, bemerkte er.

Er trug ein schwarzes T-Shirt, in dem seine Muskeln hervorragend zur Geltung kamen, und er wirkte mit seinem Dreitagebart geradezu unverschämt attraktiv, während sie vermutlich zum Davonlaufen aussah. Erin wollte sich lieber gar nicht ausmalen, was für einen Anblick sie abgab und versuchte, bei dem Gedanken daran nicht das Gesicht zu verziehen.

»Was macht der Arm?«, erkundigte sich Cole.

»Tut immer noch höllisch weh«, erwiderte sie, worauf er kaum merklich die Augen verengte.

»Darfst du denn überhaupt Schmerztabletten nehmen, wo du doch schwanger bist?«, fragte Macy und zuckte gleich darauf zusammen.

Sie hatte doch glatt vergessen, dass sie Gesellschaft hatten. Unfassbar, was dieser Mann alles zustande brachte.

Macy hatte erschrocken die Augen aufgerissen und räusperte sich. Erin unterdrückte ein Grinsen. »Keine Sorge, er weiß inzwischen Bescheid«, sagte sie.

»Oh. Puh.« Macy sah zu Cole hinüber, der wie üblich ein Pokerface aufgesetzt hatte und sich nicht das Geringste anmerken ließ. »Und, darfst du etwas nehmen oder nicht?«

»Paracetamol ist okay, und dann hat mir der Arzt noch etwas Stärkeres verschrieben, das ich sporadisch nehmen dürfte, aber ich versuche, ganz darauf zu verzichten.«

Macy drückte ihr die Hand. »Dann ist es bestimmt umso wichtiger, dass du dich nicht anstrengst und dich möglichst wenig bewegst.«

Cole nickte. »Sie hat recht, Erin. Geht schon mal ins Wohnzimmer. Gleich gibt es Frühstück.«

Macy musterte ihn argwöhnisch. Sie wusste offenbar noch nicht so recht, was sie von ihm halten sollte. »Ich habe haufenweise Essen draußen im Auto. Meine Mom hat mir einiges mitgegeben, das du dir in den nächsten Tage aufwärmen kannst.«

Macys Mutter Sonya war eine herzensgute Frau, die die Freunde ihrer Kinder umsorgte, als wären sie ihr eigen Fleisch und Blut.

»Wie süß. Sag ihr schöne Grüße von mir und danke.«

»Mach ich.«

»Jetzt brate ich dir aber erst mal ein paar Eier. Es steht schon alles bereit«, sagte Cole und fuhr dann, zu Macy gewandt, fort: »Leg den Autoschlüssel auf die Kommode hier, dann hole ich die Sachen rein, sobald ich fertig bin.« Damit wandte er sich ab und marschierte in Richtung Küche, ohne sich noch einmal umzusehen.

»Ist er immer so gesprächig?«, fragte Macy mit unverhohlenem Sarkasmus.

»Also, für Coles Verhältnisse war das grad eine regelrechte Charme-Offensive.«

Sie gingen ins Wohnzimmer.

»Wie ist es denn gelaufen, als du ihm erzählt hast, was Sache ist?«, wollte Macy wissen, während sie sich auf einem der Fauteuils niederließ.

Erin zog die Nase kraus. »Nicht so toll. Er hat das Gespräch zwischen dem Arzt und mir mitgehört und stand natürlich erst einmal unter Schock. Und dann ging es erst einmal um die Tatsache, dass ich angeschossen worden bin. Über die Schwangerschaft haben wir bislang kaum geredet.« Erin biss sich auf die Unterlippe.

»Na ja, er ist hier und kümmert sich um dich. Heißt das jetzt, dass ihr ... zusammen seid?«

Erin schüttelte den Kopf. »Keineswegs. Er ist mein Bodyguard. Mike und Cole hätten sich beinahe geprügelt, als es darum ging, wer mich von der Klinik abholt und wo ich die nächsten Tage verbringen soll. Ich wollte unbedingt nach Hause, und Mike hat nur unter der Bedingung eingewilligt, dass Cole für mich den Wachhund spielt.« Und sie fand es grauenhaft, ihm so zur Last zu fallen. Genauso grauenhaft wie die Tatsache, dass er durch die Vaterschaft nun ein Leben lang an sie – und ihr gemeinsames Kind – gebunden war.

Wenn sich Erin ihre Zukunft ausgemalt hatte, war darin stets ein Mann vorgekommen, den sie vergötterte und der ihre Gefühle erwiderte. So wie bei ihrer Mutter und ihrem Vater. Es mochte albern und altmodisch sein, aber sie wollte genau so geliebt werden, wie ihr Bruder seine Frau liebte – Mike scheute weder Kosten noch Mühen, um Cara glücklich zu machen. Auf gar keinen Fall wollte sie einen Mann, für den sie nur eine Last war.

»Was hat denn dieser brunnentiefe Seufzer zu bedeuten?«, wollte Macy wissen. Mist. Ihr entging aber auch gar nichts!

»Was? Ich habe nicht geseufzt. Es ist alles bestens.«

Das nahm ihr Macy ganz offensichtlich nicht ab, denn sie runzelte die Stirn. »Für einen Bodyguard gibt er sich jedenfalls ganz schön viel Mühe.«

»Ja, aber auch nur, weil er sich dazu verpflichtet fühlt.« Erin verzog das Gesicht. »Aber sobald ich meinen Arm wieder bewegen kann und diese Schlinge nicht mehr brauche, bin ich nicht mehr darauf angewiesen, dass er mir jeden Wunsch von den Augen abliest.«

»Verstehe. Und, ist schon irgendetwas über den Typen bekannt, der dich angeschossen hat? Es geht das Gerücht um, dass es ein dämlicher Teenager war, der den Umgang mit Schusswaffen lieber bleiben lassen sollte.«

Erin hob eine Augenbraue. »Tatsächlich? Soweit ich weiß, tappt die Polizei noch im Dunkeln, und solange das so bleibt, haben drei äußerst besorgte Männer in meinem Leben das Sagen.«

Sie lachte, und Macy verdrehte die Augen. »Cole ist unfassbar sexy, das ist dir schon klar, oder?«, sagte sie mit gesenkter Stimme.

»Jep. Und schwermütig und launisch obendrein«, gab Erin im Flüsterton zurück. Ja, hin und wieder präsentierte er sich durchaus charmant und liebevoll, aber sie gedachte nicht, das Macy auf die Nase zu binden. »Und außerdem sehr geheimnisumwoben und verschlossen.«

»Na ja, aber du bist die Mutter seines Kindes, und zurzeit wohnt ihr unter einem Dach. Wenn jemand seine harte Schale knacken kann, dann am ehesten meine süße, sanfte, schlaue beste Freundin.« Macy wackelte mit den Augenbrauen.

»Wie, du warnst mich nicht vor ihm?«, fragte Erin überrascht. »Meine Brüder sind nämlich stinksauer auf ihn, meine Eltern werden garantiert ausflippen, und die Leute aus dem Ort reden kein Wort mit ihm, außer vielleicht Nick Mancini und seine Schwester April.«

»Und du«, erinnerte Macy sie prompt. »Außerdem hat dir das doch auch kein Kopfzerbrechen bereitet, als du mit ihm geschlafen hast.« Sie grinste. »Ich vertraue seit jeher blind auf dein Urteil. Oder hast du etwa deine Meinung geändert, was Cole angeht?«

»Nein.« Sie würde ihr nicht erzählen, was sie gestern über Cole erfahren hatte, aber Macy hatte recht. Sie hatte Cole schon immer für einen Menschen gehalten, der das Herz am rechten Fleck hatte, ganz egal, was er in den vergangenen Jahren erlebt oder getan haben mochte, und bislang war sie mit ihrer Menschenkenntnis gut gefahren. Sein geändertes Verhalten ihr gegenüber war der Beweis.

Erin trommelte mit den Fingerspitzen auf die Armlehne des Fauteuils. »Zugegeben, er hat versprochen, die volle Verantwortung für das Baby zu übernehmen, aber ich erwarte mehr vom Leben, von einer Beziehung. Und das weißt du auch.«

Macy nickte mit ernster Miene. »Dann solltest du nichts unversucht lassen, damit du genau das vom Vater deines Kindes bekommst.«

Ehe Erin etwas entgegnen konnte, rief Cole aus der Küche: »Essen ist fertig!«

»Er kocht«, sagte Macy und seufzte. »Den solltest du dir warmhalten. Wer weiß, vielleicht taugt er ja doch zum Ehemann.«

Erin rappelte sich auf, ohne ihrer Freundin zu widersprechen. Doch Cole Sanders war garantiert alles andere als prädestiniert für die Ehe. Er hatte auch ganz augenscheinlich keinerlei Ambitionen, was Familie oder trautes Heim, Glück allein anging, und am allerwenigsten interessierte er sich für die Liebe.

Kapitel 5

Macy leistete Erin nicht nur beim Frühstück Gesellschaft, sondern half ihr auch beim Duschen und Haarewaschen, denn der Verband durfte nicht nass werden.

Nach dem Haareföhnen plumpste Erin erschöpft aufs Bett. »Danke. Was täte ich nur ohne dich?«

Macy grinste. »Gern geschehen. Dein Mr. Bodyguard mag ja seine Qualitäten haben ...« – Sie hob vielsagend eine Augenbraue –, »aber bei der Körperpflege kann einem doch am besten eine Frau helfen. Es sei denn, du willst ihn wieder nackt sehen ...«

Erin spähte zu ihrer Freundin hoch. »Bist du verrückt? Genau deswegen bin ich doch schwanger!«, brummte sie.

»Tja, sein Sperma ist wohl genauso potent wie er selbst.« Macy gluckste. »Kann ich noch etwas für dich tun, bevor ich gehe?«

»Nein, danke, du hast wirklich schon genug für mich getan. Erst das Essen von deiner Mom und dann noch die Hilfe im Bad ...« Erin konnte gar nicht mit Worten ausdrücken, wie froh sie war, dass sie eine so gute Freundin hatte.

»Hey, ich weiß, du würdest dasselbe für mich tun. Ich komme später noch mal vorbei.« Macy hauchte ihr einen Kuss auf die Wange und schickte sich an zu gehen, drehte sich jedoch an der Tür noch einmal um. »Ach ja, falls dein Interesse an Cole doch über seine Qualitäten als Beschützer hinausgehen sollte, dann nütze deine Chance, solange du ihn genau da hast, wo du ihn haben willst«, sagte sie und stürmte hinaus, ehe Erin noch etwas darauf antworten konnte.

Nicht, dass dieser spontan eine Erwiderung eingefallen wäre. Aber Spontaneität war ohnehin nicht das Gebot der Stunde. Ab jetzt war wohlüberlegtes Handeln angesagt. Sie legte die Hand auf ihren Bauch, der nicht mehr lange so flach bleiben würde. Nicht zu fassen, dass dort drin neues Leben heranwuchs. Was auch immer zwischen ihr und Cole geschehen mochte, sie würde ihn zu nichts zwingen, nicht mehr von ihm verlangen, als er zu geben bereit und in der Lage war, selbst wenn Macy mit ihrem Hang zur Märchenromantik die Fantasie durchging.

Ach herrje. Macy. Allein dort unten mit Cole. Erin schoss aus dem Bett hoch und stöhnte sogleich vor Schmerz auf. »Mist!«

Trotzdem eilte sie nach unten. Sie durfte nicht zulassen, dass sich ihre Freundin Cole vorknöpfte. Doch schon auf der Treppe hörte sie, wie Macy sagte: »Also, ich will mich ja nicht einmischen, aber wenn du meiner besten Freundin das Herz brichst, dann knalle ich dich ab.«

»Da wirst du dich wohl hinter ihren Brüdern anstellen müssen.« Cole hatte die Arme vor der Brust verschränkt, konnte sich ein amüsiertes Grinsen aber nicht verkneifen.

Erin wusste nicht recht, was es da zu lachen gab. Am liebsten wäre sie vor Scham im Erdboden versunken.

»Hey, wir sind hier nicht auf der Highschool«, zischte sie ihrer besten Freundin zu.

»Warum liegst du nicht im Bett? Eben hast du noch behauptet, du wärst todmüde.« Macy bedeutete ihr mit einer entsprechenden Handbewegung, sich wieder ins Schlafzimmer zu trollen.

Doch Erin dachte nicht daran. »Ich wollte nur sichergehen, dass du hier keine peinliche Show abziehst, aber wie ich sehe, komme ich bereits zu spät.«

»Sei doch froh, dass du eine Freundin hast, die so besorgt um dein Wohlergehen ist«, sagte Cole zu ihrer Überraschung.

»Wobei es ganz den Anschein hat, als hättest du bereits jemanden, der sich diesbezüglich sehr ins Zeug legt«, sagte Macy zu Erin und deutete mit dem Kopf auf Cole.

Dieser tippte sich an die Stirn. »Aye, Käpt'n.«

Erin verdrehte die Augen und schnaubte. »Zieh Leine, Macy.«

Ihre Freundin schickte ihr ein Luftküsschen und flötete: »Bis später!« Dann winkte sie, öffnete die Tür und entschwand.

»Na, kleine Ruhepause vor dem Fernseher?«, schlug Cole vor.

Erin nickte.

Sie setzten sich ins Wohnzimmer, und nach einer halben Stunde wurden Erin die Augenlider schwer.

»Geh nach oben und leg dich wieder hin«, befahl Cole, und statt sich daran zu stören, dass er sie herumkommandierte, stand sie auf, um seinen Rat zu befolgen. Sie benötigte dringend etwas Abstand von ihrem begehrenswerten Bodyguard, dessen sexy Ausstrahlung nach wie vor eine so anziehende Wirkung auf sie ausübte.

Kaum war sie am Fuße der Treppe angelangt, klingelte es erneut an der Tür. Sie drehte sich um, doch Cole hob eine Hand.

»Ich geh schon. Bleib, wo du bist.«

Sie runzelte die Stirn, ließ ihn aber gewähren. Sie war fix und fertig, und die Wunde an ihrem Oberarm brannte und pochte, da war es einfacher, ihn machen zu lassen. Vorläufig jedenfalls.

Wieder spähte Cole erst durch das Fenster neben dem Eingang, ehe er die Tür einen Spaltbreit öffnete. Seine Hand ruhte auf der Waffe.

Meine Güte, dachte Erin. War das nicht etwas übertrieben?

Im selben Moment öffnete er die Tür etwas weiter, um einen großen Strauß gelber Rosen samt Vase entgegenzunehmen.

»Wow!«, rief Erin, die sich wie alle Frauen riesig freute, wenn man ihr Blumen schenkte. »Meine Lieblingsblumen! Ich bin gespannt, von wem die sind«, sagte sie.

Cole stellte das Bouquet auf die Kommode im Flur

und verfolgte mit finsterem Blick, wie sie nach der Karte griff und las.

Pass auf dich auf und komm erst wieder ins Büro, wenn du auch wirklich fit bist!
Gruß, Evan

»Und?«, fragte Cole. Er klang irgendwie angesäuert.
»Nicht so wichtig.«
Er streckte den Arm aus und entwand ihr die Karte.
»Hey! Schon mal was von Briefgeheimnis gehört?«
»Was ist, wenn der Strauß vom Heckenschützen kommt?« Mit schmalen Augen las er, was in der Karte stand. »Wer zum Geier ist Evan?«
»Evan Carmichael ist mein Boss«, erklärte Erin, um einen möglichst friedlichen Ton bemüht
Cole brummte etwas Unverständliches.
»Was murmelst du da in deinen Dreitagebart?«, hakte sie nach. Wenn das so weiterging, würde einer von ihnen die nächsten vierundzwanzig Stunden nicht unbeschadet überstehen.
»Nichts.« Ohne ein weiteres Wort ließ er sich wieder auf die Couch vor dem Fernseher plumpsen.
Erin verdrehte die Augen. Cole erweckte ja beinahe den Eindruck, als wäre er eifersüchtig. Doch nein, das konnte nicht sein. Sein Verhalten nach dem One-Night-Stand hatte ihr deutlich signalisiert, dass er auf niemanden in Erins Leben eifersüchtig war und es auch niemals sein würde.

Als Erin ein paar Tage später wieder einigermaßen hergestellt war, fiel ihr siedend heiß ein, dass sie einen wichtigen Termin wahrnehmen musste.

Sie klopfte an die Tür des Gästezimmers. »Herein.«

Cole machte gerade Liegestütze. Er trug lediglich eine schwarze Jogginghose, und bei jeder Bewegung zeichneten sich die Muskeln seines nackten Oberkörpers unter der Haut ab.

Erin schluckte. »Ähm, ich … hätte fast vergessen, dass ich heute Abend einen Termin habe.«

Er erhob sich mit einer einzigen geschmeidigen Bewegung. »Das seh ich«, sagte er und ließ den Blick über ihr Outfit gleiten. Jeans, schwarzes Seidentop, Ballerinas. »Wohin gehen wir denn?«

Das »Wir« hallte in ihrem Kopf nach. »In eine Kanzlei in der Stadt, in der ich jeden Donnerstagabend Sprechstunde habe.«

»Du bist eine Woche krankgeschrieben«, erinnerte er sie. »Es ist bloß heute Abend, und ich lasse mich nicht davon abbringen, also versuch's gar nicht erst.«

Cole hob eine Augenbraue. »Und wo genau ist diese Kanzlei?«

»Gleich neben Lynette's Diner.«

Jetzt verschränkte er die Arme vor der Brust. »Das ist am anderen Ende der Stadt, und zwar in einem Viertel, in dem du dich nachts lieber nicht aufhalten solltest.«

»Tja, ich muss auf jeden Fall hin, was dann wohl bedeutet, dass wir uns beide auf den Weg machen werden. Es ist schon schlimm genug, dass ich tagsüber nicht zur Arbeit gehe, aber heute Abend bin ich unabkömmlich. Komm einfach runter, sobald du dich umgezogen hast.« Sie wandte sich ohne eine weitere Erklärung zum Gehen, blieb dann aber noch einmal stehen. »Bitte.«

Er hatte nicht erwartet, dass sie heute noch das Haus verlassen würden, aber beim Anblick ihrer entschlossenen Miene wurde ihm klar, dass es klüger war, wenn er sich fügte. Wenig später parkte er Erins Jeep auf einem schwach beleuchteten Parkplatz und begleitete sie zu der kleinen Kanzlei direkt neben Lynette's Diner.

Ehe sie eintraten, streifte sein Blick das Schild neben der Tür. »Kostenlose Rechtsberatung«, las er. Das erklärte natürlich einiges.

Erin bedachte ihn mit einem stolzen Grinsen und öffnete die Tür, ehe er das für sie übernehmen konnte.

Der Warteraum war bereits voll. Die meisten Anwesenden waren Frauen, viele von ihnen in Begleitung kleiner Kinder. Manche Frauen musterten Cole misstrauisch, andere hoben gar nicht erst den Kopf, aber die Kinder erwachten allesamt zum Leben, als sie Erin erblickten.

»Erin!« Ein kleines Mädchen stürzte sich mit einem strahlenden Lächeln auf sie.

»Hi, Merry!« Erin ging in die Knie, um mit dem Kind auf Augenhöhe zu sein. Die Kleine hatte anstelle der Schneidezähne eine riesige Zahnlücke. »Wie geht's?«

»Gut. Mommy sagt, wenn du meinen Dad dazu kriegst, dass er uns Geld gibt, können wir bald aus dem Frauenhaus ausziehen und uns eine richtige Wohnung suchen.«

»Ich gebe mein Bestes«, gelobte Erin.

Bei den ernsten Worten der kleinen Merry zog sich Coles Herz zusammen. So viel Hoffnung, trotz der deprimierenden Lage. Und bei dem vertrauensvollen Blick, mit dem das Kind zu Erin hoch sah, war selbst Cole geneigt, ihr zuzutrauen, dass sie Wunder vollbringen konnte.

Da die Gespräche mit ihren Klientinnen streng vertraulich waren – umso mehr, als es hier meist um recht unerfreuliche Fälle ging –, bat sie Cole, vor ihrer Bürotür Platz zu nehmen. Dort saß er dann die nächsten vier Stunden, während sie sich für jeden Menschen, der ihren Rat suchte, Zeit nahm. Nicht einen von ihnen schickte sie fort, selbst dann nicht, als ihr vor Müdigkeit schon fast die Augen zufielen. Als sie die vorletzte Klientin zur Tür begleitete, ertappte er Erin dabei, wie sie herzhaft gähnte.

Cole wusste, dass es die vorletzte Klientin war, weil er vorhin die Eingangstür abgesperrt hatte. Erin war rekonvaleszent und schwanger, und sie durfte sich nicht überanstrengen. Sie würde ihm bestimmt nicht böse sein, vorausgesetzt, sie bemerkte es überhaupt. Bis jetzt war es ihr zum Glück noch nicht aufgefallen.

»Tut's sehr weh?«, fragte er und deutete auf ihren Arm, als sie endlich fertig war und mit ihm nach draußen zum Wagen ging.

»Ja, leider.«

Das kommt davon, wenn man sich übernimmt, dachte er, als er einstieg, schluckte den Tadel jedoch unausgesprochen hinunter.

»Diese Frauen sind echt auf deine Dienste angewiesen«, sagte er und fuhr los.

»Ja, das sind sie.« Erin lehnte den Kopf an die Scheibe.

»So eine Einrichtung hätte meine Mom auch ganz gut brauchen können«, murmelte er, den Blick starr auf die Straße geheftet, während sie durch die Finsternis brausten.

Erin hob den Kopf. »Was hast du gesagt?«

»Ach, nichts.« Er sprach nicht gern über diese Zeit.

Erin betrachtete ihn aufmerksam. »Wenn mir als Jugendliche etwas stets bewusst war, dann die Tatsache, dass ich es echt gut erwischt hatte. Genau wie meine Mom. Mein Vater war damals zur Stelle, als sich Rex Bransom, Mikes leiblicher Vater, vor seinen Pflichten gedrückt hat. Aber was wäre gewesen, wenn es meinen Vater nicht gegeben hätte? Wie wäre es meiner Mutter wohl ergangen – eine schwangere Frau, die allein war und nicht wusste, an wen sie sich in ihrer Not wenden sollte? Ich will Frauen in solchen Situationen das Gefühl geben, dass sie nicht allein sind. Dass es jemanden gibt, der für sie da ist.«

Oh, Mann, sie war echt zu gut für diese Welt. Seine Mutter würde sie lieben. »Diese Frauen haben ein Riesenglück, dass es dich gibt.«

»Danke, das ist nett von dir.« Sie lächelte ihn an und gähnte.

»Ich bin nicht nett.«

Sie legte den Kopf schief. »Oh doch. Gelegentlich.«

Zum Glück waren sie in diesem Moment vor ihrem

Reihenhäuschen angelangt, sodass er nichts darauf erwidern musste.

Irgendwie überstand Erin die erste Woche mit Cole. In punkto Beziehung traten sie auf der Stelle, ihr Verhältnis zueinander war nach wie vor angespannt, was Erin Sorgen bereitete, wenn sie an die Zukunft dachte. Das Thema Schwangerschaft sprachen sie beide nicht an. Erin hatte den Eindruck, dass Cole noch etwas Zeit benötigte, um sich an den Gedanken zu gewöhnen, und die konnte und wollte sie ihm nicht verwehren, schließlich hatte es auch bei ihr eine Weile gedauert, bis sie sich in der neuen Situation zurechtgefunden hatte.

Im Augenblick war sie ohnehin anderweitig beschäftigt, zum einen mit ihrem lädierten Arm und den daraus resultierenden Bewegungseinschränkungen, zum anderen mit den Schmerzen, die sich jedoch allmählich etwas besserten. Um das Baby zu schonen nahm sie möglichst wenig Medikamente, was jedoch zur Folge hatte, dass sie auch nicht allzu viel schlief.

Trotzdem ging sie nach einer Woche wieder arbeiten. Es war schön, das Haus zu verlassen und noch schöner, wieder im Büro zu sein.

Trina empfing sie mit einem Kuchen mit der Aufschrift *Welcome Back*, und Erin war zu Tränen gerührt, was sie auf die Hormone schob. Aber auch sonst gestalteten sich die ersten zwei Arbeitstage mühsamer als erwartet. Die Schmerzen, der Heilungsprozess und die Schwangerschaft forderten ihren Tribut, weshalb sie rasch ermüdete.

Dies entging auch ihrem Boss, dem stets aufmerksamen Evan nicht. Er versprach ihr, einige ihrer Aufgaben auf ihre Kolleginnen und Kollegen umzuverteilen, bis sie wieder in der Lage war, hundert Prozent zu geben. Erin wusste es zu schätzen und nahm die Unterstützung dankbar an. Sie hatte gar keine andere Wahl. Die unerwartete Schwangerschaft hatte ihr klar ihre Grenzen aufgezeigt, und sie wusste, es war sinnlos, wenn sie so tat, als wäre sie Superwoman.

Ihr größtes Problem im Büro war Cole. Alle zerrissen sich das Maul über den Hünen, der vor ihrer Tür Wache hielt. Vor allem unter der weiblichen Belegschaft kursierten allerlei Gerüchte und Spekulationen. Erin, die seit jeher großen Wert auf ihre Privatsphäre legte, hatte lediglich verkündet, er fungiere als ihr Bodyguard, bis feststand, wer sie angeschossen hatte und warum. Aber sie konnte sich lebhaft vorstellen, wie die anderen reagieren würden, wenn ihr Bauch erst wuchs und die Wahrheit über Cole und sie ans Licht kam.

Am meisten Kopfzerbrechen bereitete ihr Evan mit seinem Machogehabe, wobei Cole ihm diesbezüglich um nichts nachstand. Und das alles nur, weil sie sich von Evan nach dessen Rückkehr nach Serendipity mal zum Essen hatte ausführen lassen. Kurz danach hatte er die Leitung der Bezirksstaatsanwaltschaft übernommen und war damit ihr Boss geworden.

Damals hatte es kein bisschen zwischen ihnen gefunkt, weshalb Erin die Sache ad acta gelegt hatte, was Evan jedoch nicht davon abhielt, weiterhin mit ihr zu flirten. Er betrachtete Erin als Herausforderung und genoss es, auf diese Weise seinen Jagdinstinkt auszuleben. Es war mittlerweile eine Art Spiel geworden, denn ihre Gefühle füreinander gingen über eine gegenseitige Anerkennung ihrer beruflichen Fähigkeiten nicht hinaus. Allerdings hatte Cole noch nicht durchschaut, dass dieses Geplänkel zwischen ihnen völlig harmlos war.

Seit Erin den Rosenstrauß erhalten hatte, führte er sich auf, als wäre Evan sein Feind, ein direkter Konkurrent, den es in die Flucht zu schlagen galt. Leider benahm sich Evan Cole gegenüber nicht minder albern. Dabei hatte in Wahrheit keiner der beiden Männer irgendeinen Anspruch auf sie, und ganz allmählich trieben die ständigen Reibereien zwischen den beiden sie fast in den Wahnsinn.

Immerhin hatte man in einem Auto auf dem Parkplatz inzwischen die Patrone aus der Waffe gefunden, mit der man sie angeschossen hatte, und die Patronenhülse hatte man in der Nähe des Wäldchens entdeckt. Damit hatte die Polizei nun zumindest einen ersten Anhaltspunkt. Die Tatsache, dass der Täter Beweisstücke hinterlassen hatte, deutete darauf hin, dass es sich um einen Amateur handelte. Mike hatte beides zur Analyse an ein kriminaltechnisches Labor geschickt, wo man die Untersuchung jedoch sehr zu Mikes Empörung »zugunsten wichtigerer Fälle vorübergehend auf Eis gelegt« hatte. Um die Zeit zu überbrücken und ihn etwas zu besänftigen, hatte Erin schließlich doch eingewilligt, mit ihm jeden einzelnen ihrer Fälle durchzugehen, obwohl das ihrer Ansicht nach vollkommen überflüssig war. Trotzdem hatte die hiesige Polizei begonnen, Leute zu befragen, für deren Verurteilung sie verantwortlich zeichnete. Ohne Ergebnis, wie Erin vorausgesagt hatte.

Zu allem Überfluss waren Mike und Sam chronisch schlecht gelaunt, seit Erin und Cole nur noch im Doppelpack auftraten, und außerdem versetzte die Gegenwart ihres Bodyguards Erin in einen Zustand anhaltender Erregung. Der Mann war einfach unwiderstehlich sexy, selbst morgens, wenn er noch ganz verschlafen war, oder abends vor dem Zubettgehen, wenn er vor Müdigkeit kaum mehr die Augen offenhalten konnte. Kein Wunder also, dass sie sich Nacht für Nacht stundenlang schlaflos im Bett herumwälzte, wohl wissend, dass er im Nebenzimmer lag.

Wenigstens musste sie den Arm nun nicht mehr in der Schlinge tragen, sondern durfte ihn bewegen, solange sie dabei keine Schmerzen hatte. Damit besserten sich ihre Mobilität und infolgedessen auch ihre Laune ganz erheblich.

Erin sah auf ihre Armbanduhr, dann trat sie vor die Tür und stupste ihren Bodyguard mit dem Ellbogen an.

»Ich habe um drei einen Termin. Komm mit.«

»Wohin?«

»Das ist eine lange Geschichte«, sagte sie, während sie das Büro verließen und sich auf den Weg zum Aufzug machten.

»Erzähl, sonst gehen wir nirgendwohin«, sagte Cole.

Erin seufzte. »Ich tue Macys Tante Lulu einen Gefallen. Lulu hat sich nämlich mit ihrer Schwester, Macys Großmutter, wegen der Kuchen für das Family Restaurant gestritten, und danach hat Lulu beschlossen, ihre Kuchen künftig im neu eröffneten Supermarkt zu verkaufen.«

Sie spähte zu Cole hoch, um festzustellen, ob er ihr auch zuhörte. Und siehe da, seine Augen ruhten aufmerksam auf ihr, als wollte er sich kein Wort von dem, was sie sagte, entgehen lassen. Sie zuckte die Achseln und trat hinter ihm in den Aufzug. Cole drückte auf den EG-Knopf, und auf der kurzen Fahrt nach unten fuhr Erin fort.

»Tja, dummerweise ist just in dem Moment, als Lulu ihre ersten Torten im Supermarkt in eine Glasvitrine gestellt hat, ein Teil des Daches eingestürzt. Sie hat geklagt, weil sie eine Gehirnerschütterung und ein paar Blutergüsse davongetragen hat, und im Grunde hätte die Angelegenheit in null Komma nichts geklärt sein müssen. Doch dann hat die Supermarktkette eine große Kanzlei eingeschaltet, die Lulus Anwalt gleich mal mit haufenweise Papierkram bombardiert hat, um sie dazu zu bewegen, dass sie die Klage zurückzieht.« Erin schüttelte missbilligend den Kopf. Sie konnte nicht fassen, dass ein Großkonzern mit solchen Einschüchterungstaktiken gegen eine hilflose alte Dame vorging.

»Und was hast du damit zu schaffen? Du bist doch im Bereich Strafrecht tätig«, sagte Cole, während sie den Empfangstresen im Foyer ansteuerten.

Erin zuckte die Achseln. »Ich hab ihr versprochen, mich mal umzuhören, warum sich ein so unbedeutender Fall plötzlich zu einem juristischen Albtraum auswächst. Diese David-gegen-Goliath-Geschichte ergibt überhaupt keinen Sinn. Vielleicht kann ich ihr ja helfen. Ein paar Erkundigungen einholen.« Erin hatte die Zentrale der Supermarktkette bereits mehrfach kontaktiert, bevor sie angeschossen worden war, bislang jedoch keinen Rückruf erhalten.

»Verstehe.« Cole nickte und wandte sich dann zu Edgar um, der an diesem Nachmittag am Empfang seinen Dienst tat. »Na, alles ruhig?«

Edgar nickte und tätschelte das Logbuch, das vor ihm lag. »Es sind kaum Leute gekommen und noch weniger gegangen. Wie fühlen Sie sich heute, Miss Erin?«

Sie schenkte dem großväterlich anmutenden Edgar, der hier schon gearbeitet hatte, als sie noch minderjährig gewesen war, ein Lächeln. »Jeden Tag ein bisschen besser, danke der Nachfrage.«

Als sie ihm zum Abschied zuwinkte, ging ihr flüchtig durch den Kopf, dass bei dem Vorfall mit dem Heckenschützen vor gut einer Woche nicht Edgar, sondern Murray Dienst gehabt hatte. Und sosehr sie sich bemühte, den Gedanken daran zu verdrängen, an der kugelsicheren Tür verweigerten ihr die Beine plötzlich den Dienst. Sie hatte sich geschworen, nicht zuzulassen, dass ihre Angst die Oberhand gewann, und doch kostete es sie jedes Mal eine unheimliche Überwindung, den Parkplatz zu überqueren, auch wenn sie es sich nicht eingestehen wollte.

Reiß dich zusammen, dachte sie und umklammerte den Türgriff, doch sie konnte keinen Schritt weitergehen. Sie schaffte es noch nicht einmal, die Tür zu öffnen, geschweige denn, hinaus auf den Parkplatz zu treten, auf dem man sie angeschossen hatte.

»Erin?«

Wie aus weiter Ferne drang Coles Stimme an ihr Ohr. Sie wurde übertönt vom Zwitschern der Vögel, das sie an jenem Morgen vor einer Woche ebenfalls gehört hatte, unterbrochen von dem ominösen Plopp!, mit dem sich das Projektil aus der Waffe gelöst hatte.

Ihr schwindelte, vor ihren Augen tanzten dunkle Punkte. Obwohl ihr bewusst war, dass ihr ihre Sinne einen Streich spielten, war sie gefangen in ihrer Erinnerung und konnte sich nicht vom Fleck rühren. Dann sackte sie ohne Vorwarnung in sich zusammen.

Starke Arme fingen sie auf, und als sie wieder einigermaßen klar denken konnte, registrierte sie, dass sie an einen warmen, muskulösen Männerkörper geschmiegt war. Der maskuline Geruch, der sie umgab, ließ vor ihrem geistigen Auge Szenen einer unvergesslichen Nacht ablaufen.

»Cole?« Sie blinzelte zu ihm hoch. Sein Gesicht war direkt über dem ihren, seine Lippen nur Zentimeter von den ihren entfernt. Er musterte sie besorgt.

»Alles okay?«, fragte er.

Wie es aussah, hatte er sie gerade noch rechtzeitig erwischt und zu der Couch in der Ecke der Lobby gebracht. »Jetzt schon, ja.« Sie kämpfte gegen die Verlegenheit an, die sie empfand, weil sie beinahe in Ohnmacht gefallen war, und genoss stattdessen das Gefühl, auf seinem Schoß zu sitzen und sich in seinen Armen sicher und geborgen zu fühlen.

»Panikattacke, hm?« Er sah ihr mit ernster Miene in die Augen.

Sie zuckte die Achseln. »Wahrscheinlich.«

»Kann ich gut nachvollziehen.«

Ach ja?, dachte sie. Es konnte doch genauso gut sein, dass dieser kleine Schwächeanfall mit ihrer Schwangerschaft zusammenhing.

Ehe sie ihn auf diesen Umstand hinweisen konnte, vernahm sie Edgars Stimme. »Miss Erin? Ist alles in Ordnung?«

»Es geht ihr gut«, entgegnete Cole barsch.

»Kann ich Ihnen irgendetwas bringen?«, fragte Edgar.

Erin nickte. »Etwas Wasser, bitte. Vielen Dank.«

»Kommt sofort.«

Cole betrachtete sie erneut. »Na, hat der Schwindel nachgelassen?«

»Ja.« Sie leckte sich über die trockenen Lippen. Er hielt sie immer noch in den Armen und machte keine Anstalten, sie von sich zu schieben. Nun, ihr kam es ganz gelegen, noch ein wenig in den Genuss seiner tröstlichen Wärme zu kommen. Sie würde erst wieder aufstehen, wenn es unbedingt sein musste. »Ich habe Angst, über den Parkplatz zu gehen«, gestand sie leise.

»Ach herrje«, murmelte Cole und drückte sie etwas fester an sich. Er hatte vorhin die Lage mit einem einzigen Blick in ihr blasses, von Panik gezeichnetes Gesicht erfasst und sie aufgefangen, ehe sie zu Boden gegangen war. »Dir kann nichts mehr passieren«, versprach er, wild entschlossen, sich jedem in den Weg zu stellen, der versuchte, ihr auch nur ein Haar zu krümmen.

Sie schenkte ihm einen vertrauensvollen Blick. Blieb nur zu hoffen, dass er sie nicht enttäuschen würde. Es war ein zweischneidiges Schwert, für den Schutz einer Frau zuständig zu sein, die ihm nicht gleichgültig war. Die Situation barg zweifellos Risiken, doch er war überzeugt, dass ihn die besonderen Umstände nicht bei der Erfüllung seiner Aufgabe behindern, sondern im Gegenteil noch mutiger, wachsamer und vorsichtiger machen würden.

Zu wissen, dass Erin ihn brauchte, ob sie es wollte oder nicht, verlieh ihm schier ungeahnte Kräfte. *Meins*, dachte er und zog sie unwillkürlich noch etwas näher an sich. Nein, korrigierte er sich sogleich, *meine Schutzbefohlene*. Ihm war klar, was für einen riesigen Unterschied das machte, schließlich musste er nicht nur für ihre Sicherheit sorgen, sondern auch dafür, dass er in ihrem Herzen keine Spur der Verwüstung hinterließ, wenn er nach New York zurückkehrte, um sich seinem nächsten Fall zu widmen. Deshalb war ein vernünftiges Maß an Abstand von größter Wichtigkeit.

»Ich weiß, dass meine Angst irrational ist.« Sie schlug die Augen nieder. Ihre langen Wimpern wirkten auf ihren blassen Wangen noch dunkler als sonst.

»Klingt verdächtig nach einer posttraumatischen Belastungsstörung«, konstatierte Cole, um eine distanzierte Haltung bemüht, die allerdings nur vorgeschützt war. Er hatte nach seinem ersten Undercover-Einsatz selbst mit schweren PTBS-Symptomen zu kämpfen gehabt, und es hatte ihn unheimlich viel Kraft gekostet, dieses äußerst hinderliche Problem in den Griff zu bekommen.

»Und was bedeutet das?«, wollte Erin wissen.

»Nun, rein rational betrachtet weiß man, dass alles in Ordnung ist, aber die Erinnerungen sind so überwältigend, dass man die Kontrolle über den Körper und seine Reaktionen verliert«, dozierte er. Er ballte die Fäuste, denn auch bei ihm lauerte die Erinnerung noch gefährlich nah unter der Oberfläche, und erst, als Erin ein leises Stöhnen von sich gab, bemerkte er, dass er die Finger in den Stoff ihrer Bluse und damit auch in die darunter liegende Haut krallte.

Entschuldigend strich er ihr mit dem Daumen über den gesunden Arm.

»Wie kommt es, dass du darüber so gut informiert bist?«

In diesem Augenblick trat Edgar zu ihnen und hielt Erin eine Flasche Wasser hin. »So, einmal Wasser für die Lady.«

Sie bedankte sich, und Cole schraubte die Flasche auf. Da hatte er ja noch einmal Glück gehabt, dachte er, während sie trank. Er redete nicht gern über seine Arbeit. Teils, weil es ihm untersagt war, aber vor allem, weil vieles davon äußerst unerquicklich war. Wenn er sich trotzdem einmal etwas von der Seele reden musste, so tat er dies in den verordneten psychotherapeutischen Sitzungen, und er hatte sich angewöhnt, mit jedem Fall mental abzuschließen, sobald er beendet war. Doch er kannte Erin – sie ließ sich nicht so leicht abwimmeln.

Wie lange würde es wohl noch dauern, bis sie anfing, nachzubohren und Antworten zu fordern, die er zu geben nicht bereit war? Und wie lange würde es dauern, bis er dem Reiz, der von ihr ausging, erlag?

Natürlich führte sie ihn nicht bewusst in Versuchung. Im Gegenteil – bislang hatte sie stets Abstand gewahrt, jedenfalls bis vorhin, als er sie auf seinen Schoß gezogen und in die Arme genommen hatte, um sie vor ihren eigenen Ängsten zu beschützen. Ihre anziehende Wirkung rührte zu einem Gutteil genau daher, dass sie so darauf bedacht war, sich ihre Würde und ihren Stolz zu bewahren. Und seit er mit ihr unter einem Dach lebte, für sie sorgte und sie quasi rund um die Uhr um sich hatte, fiel es ihm von Tag zu Tag schwerer, ihr zu widerstehen.

Kapitel 6

Der Rest der Woche verlief ereignislos. Erin erlitt keine weiteren Panikattacken, obwohl sie das Gefühl der Hilflosigkeit genauso wenig vergessen konnte wie den Verdacht, dass Cole mehr über das Thema posttraumatische Belastungsstörungen wusste, als er zugeben wollte. Sie hatte ihn danach gefragt, die Sache aber vorerst auf sich beruhen lassen, nachdem er ihr die Antwort schuldig geblieben war. Sie hatte auch nicht weiter nachgehakt, als er halblaut bemerkt hatte, seine Mutter hätte die kostenlose Rechtsberatung damals ebenfalls gut gebrauchen können.

Sie konnte nur hoffen, dass sie eines Tages mehr erfahren würde. Sicher war sie sich da allerdings nicht, so verschlossen, wie er war.

Erin war es nicht gewohnt, eingesperrt zu sein, aber weder Cole noch ihre Brüder wollten, dass sie unnötig oft das Haus verließ – Joe's Bar und andere Orte, an denen sie ein leichtes Ziel abgab, waren also vorerst für sie tabu. Dafür hatte sie zumindest Gesellschaft, wenn sie unruhig wurde, weil ihr die Decke auf den Kopf fiel.

Sie machte sich bettfertig – Katzenwäsche, Zähneputzen, Feuchtigkeitscreme auftragen – und betrachtete dann im Spiegel ihren nackten Bauch. Es war bereits eine leichte Wölbung zu erkennen, und ihre Brüste waren etwas voller und empfindlicher als sonst. Erin schluckte. Sie fühlte sich weiß Gott noch nicht bereit dafür, ein Kind zu bekommen, und das musste sich schleunigst ändern. Am Mittwoch kamen ihre Eltern zurück, und sie hatte so einiges zu berichten – von der Schwangerschaft über die Schussverletzung bis hin zu ihrem neuen Mitbewohner und Bodyguard.

Sie stieg ins Bett und lauschte den Geräuschen, die aus dem Nebenzimmer an ihr Ohr drangen. Vertraute Geräusche, an die sie sich längst gewöhnt hatte. Die knarzenden Bodendielen, als Cole hinaus in den Flur ging, dann das Geräusch der Badezimmertür, die geöffnet und wieder geschlossen wurde. Damit er nebst Situps und Liegestützen auch Klimmzüge machen konnte, hatte er am Türrahmen des Gästezimmers eine Stange befestigt.

Wenn er abends trainiert hatte, duschte er normalerweise vor dem Zubettgehen noch. Erin wusste nicht, was sie schlimmer fand – das Spiel der Muskeln zu verfolgen, die sich unter der Haut seines nackten Oberkörpers abzeichneten, wenn er sich an der Stange hochzog oder zu wissen, dass er nur ein paar Meter weiter nackt in ihrer Dusche stand. Es war noch nicht lange her, dass sie diesen Körper mit Händen, Lippen und Zunge erkundet hatte.

Ja, die verwegene Erin schlummerte dicht unter der Oberfläche und bettelte in letzter Zeit häufiger darum, rausgelassen zu werden, zumal die morgendliche Übelkeit nun, in der vierzehnten Schwangerschaftswoche, allmählich nachließ, wie der Arzt es ihr prophezeit hatte. Zu allem Überfluss war damit auch ihre Lust auf Sex zurückgekehrt, stark wie nie zuvor, was natürlich auch daran liegen konnte, dass sie Cole ständig um sich hatte. Noch vor nicht allzu langer Zeit war sie so neben der Spur gewesen, dass sie es nur mit Mühe geschafft hatte, sich auf alltägliche Aufgaben zu konzentrieren, doch inzwischen war in ihrem Leben wieder Normalität eingekehrt – bis auf die Tatsache, dass Cole bei ihr eingezogen war.

Immer wieder kreisten ihre Gedanken um ihre Panikattacke und Coles Reaktion darauf. Nicht genug damit, dass er sogleich erkannt hatte, was Sache war, er hatte weit mehr getan, als ein Bodyguard in einer derartigen Situation normalerweise tun würde oder sollte. Er hätte sie auch nur auf die Couch setzen und ihr den Kopf zwischen die Knie drücken können. Doch nein, er hatte sie auf den Schoß genommen, an seinen warmen Körper gepresst und ihr mit jedem Atemzug das Gefühl gegeben, dass er sie beschützte.

Die Zärtlichkeit, mit der er sich um sie gekümmert hatte, hatte sie noch mehr aus der Fassung gebracht als seine Erregung, denn sie hatte, während sie auf seinem Schoß saß, deutlich die Beule in seiner Hose spüren können. Seither war nichts mehr so wie es vorher gewesen war. Ihre Hormone spielten verrückt, von ihren Gefühlen ganz zu schweigen. Die Leidenschaft loderte in ihr wie ein Feuer. Kein Wunder also, dass sie sich Nacht für Nacht schlaflos in ihrem Bett herumwälzte und nicht einschlafen konnte. Und wenn es ihr doch irgendwann gelang, wurde sie von Albträumen geplagt.

Sie war im Einkaufszentrum und wurde von jemandem verfolgt. Während sie zu ihrem Auto rannte, entging sie nur mit knapper Not dem nächsten Angriff. Sie raste zur Polizei, doch auch dort lauerte auf dem Parkplatz jemand, der auf sie schoss. Mit einem Schreckensschrei fuhr sie hoch und sah sich mit heftig pochendem Herzen im dunklen Zimmer um.

Dann ging ohne Vorwarnung das Licht an, und Cole stürmte herein, die Waffe im Anschlag, worauf Erin erneut vor Schreck nach Luft schnappte.

Er ließ sogleich die Pistole sinken. »Keine Panik«, sagte er und legte die Waffe auf der Kommode ab.

Erin nickte.

»Alles okay?«, fragte er und trat ans Bett.

»Ja. Ich habe bloß schlecht geträumt«, flüsterte sie und schämte sich für ihre Überreaktion. Sie hatte eine Gänsehaut und zitterte wegen des unheimlichen Traums am ganzen Körper.

Cole ließ sich auf der Bettkante nieder, und erst da wurde Erin bewusst, dass er lediglich eine enge Boxershorts trug und sonst nichts. Es kostete sie ihre ganze Kraft, den Blick nicht unter die Gürtellinie gleiten zu lassen. Stattdessen starrte sie geradeaus auf seine breite, muskulöse Brust, was die Sache allerdings auch nicht besser machte. Schließlich konzentrierte sie sich auf sein attraktives Gesicht, das von Sorgenfalten durchzogen war.

»Willst du darüber reden?«, fragte er.

Sie nickte. »Jemand ist mir auf Schritt und Tritt gefolgt, und ich konnte ihm nicht entkommen. Es hat auch jemand auf mich geschossen. Ich weiß, es war nur ein Traum, aber es kam mir so vor, als würde wirklich jemand Jagd auf mich machen«, murmelte sie und schämte sich in Grund und Boden, als ihr plötzlich eine Träne über die Wange lief.

Er beugte sich nach vorn und wischte sie fort. »Vielleicht solltest du dich mal an einen Therapeuten wenden«, schlug er vor.

Erin schüttelte den Kopf. »Nein, so schlimm ist es nicht. Das wird schon wieder. Es ist ohnehin keiner hinter mir her. Ich glaube immer noch, dass ich das Opfer eines Missgeschicks war, aber so richtig sicher werde ich mich wohl erst wieder fühlen, wenn die polizeilichen Untersuchungen abgeschlossen sind und ich nicht mehr auf deinen Schutz angewiesen bin.« Trotzdem fühlte sie sich noch ganz benommen von dem realistischen Traum; hin- und hergerissen zwischen dem Gefühl, in Sicherheit zu sein und der Angst davor, dass es womöglich doch ein gezielter Anschlag auf sie gewesen war.

Erin schauderte, kuschelte sich tiefer unter die Daunendecke und überlegte, wie sie Cole am besten beibringen sollte, dass sie jetzt auf keinen Fall allein sein wollte. Sie fühlte sich furchtbar verletzlich – wenn sie ihn bat, bei ihr zu bleiben, und er gab ihr einen Korb, brach sie womöglich in Tränen aus.

Sie holte tief Luft und atmete zitternd aus. Als Cole ihr eine Hand auf die Schulter legte, spürte sie die Berührung bis ins tiefste Innere.

Okay. Sie hob den Kopf und sah zu ihm hoch, dann nahm sie all ihren Mut zusammen und sagte: »Bleib bei mir. Bitte.«

Er schnappte überrascht nach Luft, und Erin hielt gespannt den Atem an, dachte aber gar nicht daran, ihre Worte zurückzunehmen. Seit sie herausgefunden hatte, dass sie schwanger war, hatte sie mit jedem ihrer Probleme allein fertigwerden müssen – erst mit dem Schock der Erkenntnis, dann mit der morgendlichen Übelkeit, und dass sie von einem Unbekannten angeschossen worden war, hatte ihr dann den Rest gegeben. Ihre Kräfte waren aufgezehrt, vor allem jetzt, nach dem Albtraum. Sie brauchte Trost, und zwar von Cole. Selbst wenn es nur für eine Nacht war.

Diesbezüglich waren sie ja beide Experten.

Sie biss sich auf die Unterlippe, als er die Decke zurückschlug und sich ins Bett legte, allerdings so weit von ihr entfernt, dass sie nicht einmal seine Körperwärme spüren konnte. Hm, so hatte sie sich das nicht vorgestellt. Sie räusperte sich und drehte sich auf die Seite, um ihm in die Augen zu sehen.

»Es wird bestimmt eine ganze Weile dauern, bis ich wieder einschlafen kann. Erzähl mir etwas«, bat sie und entlockte ihm damit ein Glucksen.

Sie mochte sein Lachen, schon deshalb, weil sie es so selten zu hören bekam und so hart dafür arbeiten musste.

Er drehte sich ebenfalls auf die Seite, den Ellbogen aufgestützt. »Was willst du denn wissen?«

»Wie wär's damit, wenn du mir verrätst, was du in den

vergangenen Jahren so getrieben hast?«, sagte Erin, obwohl ihr klar war, dass dieser Vorschlag bei ihm auf wenig Gegenliebe stoßen würde. »Nur so ganz allgemein, falls du nicht ins Detail gehen kannst oder darfst.«

Seiner gerunzelten Stirn nach zu urteilen hatte sie ihr Gefühl nicht getrogen. »Ich rede nicht gern über meinen Job.«

»Tja, aber ich möchte mehr über den Vater meines Kindes erfahren. Ist doch nachvollziehbar, dass ich etwas über deine Vergangenheit wissen will, nicht? Also, du hast erwähnt, dass du als verdeckter Ermittler gearbeitet hast – das klingt nach einer beträchtlichen körperlichen und seelischen Belastung.«

»Genau das ist es auch, wenn ich gerade mittendrin bin, aber sobald eine Mission beendet ist, habe ich auch emotional damit abgeschlossen.«

Sie sah ihm fest in die Augen. Ihr Wissensdurst war noch nicht gestillt. »Das kann ich mir nicht vorstellen. Nicht bei dir.«

Er hob eine Augenbraue. »Sollten wir nicht eher über dich reden und das, was dich so aufgewühlt hat, dass es dich sogar bis in den Schlaf verfolgt?«

Erin biss sich auf die Innenseite der Wange. »Guter Versuch, aber jetzt geht es erst einmal um dich. Wie kommt es, dass du so viel über Panikattacken und posttraumatische Belastungsstörungen weißt?«

»Ich habe lediglich die Vermutung geäußert, dass du daran leiden könntest«, brummte er.

»Während die meisten anderen Menschen mein hysterisches Verhalten mit der Schwangerschaft in Verbindung gebracht hätten. Komm schon, Cole, ich bin nicht dämlich. Ich spüre doch, dass dich irgendetwas quält.«

Er schüttelte den Kopf und stöhnte. »Du bist echt verdammt stur.«

»Tja, das liegt zum einen wohl an meinem Job, zum anderen will ich dich einfach besser kennenlernen.«

»Da musst du aber verdammt gut sein«, sagte er, und da wusste sie, dass sein Widerstand schon beinahe gebrochen war.

»Das bin ich. Also, erzähl.«

»Da gibt es nicht viel zu erzählen. Mein Job ist gefährlich und alles andere als glamourös – man führt einen Großteil der Zeit ein fiktives Leben, und dabei verwischen schon mal die Grenzen zwischen dem Menschen, der man tatsächlich ist und der Rolle, die man spielt. Manchmal muss man, um dem übergeordneten Wohl zu dienen, Dinge tun, die … rechtlich und moralisch falsch sind. Da sind Stressreaktionen eine ganz normale Folgeerscheinung.«

Erin wusste, diese Beschreibung seiner Tätigkeit war lediglich eine nüchterne Darstellung der Fakten, ohne auf die emotionale Seite einzugehen, aber das war immer noch besser als gar nichts. »Erzähl weiter«, forderte sie ihn leise auf, in der Hoffnung, noch mehr zu erfahren, nun, da er sich endlich dazu durchgerungen hatte, sich ihr etwas zu öffnen.

Er starrte an die Decke, während er fortfuhr. »Man hat uns beigebracht, nach beendeter Mission zur Lösung etwaiger Probleme gegebenenfalls einen Therapeuten zu konsultieren, und zwar so oft, bis dieser zu dem Schluss kommt, dass die nötige emotionale Stabilität für den nächsten Undercover-Auftrag wiederhergestellt ist. Aus diesem Grund kann ich nachvollziehen, was du empfindest, und genau deshalb habe ich vorhin angeregt, dass du dir von jemandem helfen lässt, der diesbezüglich Ahnung hat.«

Sie schluckte hörbar. »Das tu ich bereits.«

Er hob eine Augenbraue, fragte aber nicht nach.

»Na, du hörst mir zu und hast bereits deine Diagnose gestellt.« Sie grinste. »Deine Erklärung hat mir geholfen, meine überzogene Reaktion zu verstehen, und seit du mich neulich nach der Panikattacke in den Arm genommen hast, ist es mir auch nicht wieder passiert.« Sie betrachtete das Gesicht des Mannes, zu dem sie so viel Vertrauen hatte, und stieß einen zufriedenen Seufzer hervor. »Du siehst ja selbst, es geht mir schon viel besser.«

Er kniff ein klein wenig die Augen zusammen, als würde er überlegen, ob sie die Wahrheit sagte, aber Erin war vollkommen offen und ehrlich ihm gegenüber. Sie konnte sich selbst nicht so recht erklären, warum seine bloße Anwesenheit eine so beruhigende Wirkung auf sie ausübte, und das, obwohl er für sie nüchtern betrachtet eine Gefahr für Herz, Leib und ihr zukünftiges Leben darstellte.

»Kann ich sonst noch irgendetwas für dich tun?«, fragte er.

Mittlerweile war der Albtraum von vorhin schon fast vergessen, verdrängt von dem unbändigen Verlangen nach Cole. Er hatte sich ihr geöffnet, und sie fühlte sich ihm emotional etwas näher, aber das genügte nicht. Seit sie unter einem Dach lebten, hatten sie so getan, als hätte es die gemeinsame Nacht nie gegeben, hatten das Begehren unterdrückt und so getan, als würden sie das Knistern nicht spüren.

Sie war eine unabhängige Frau, und das würde sie auch bleiben, sowohl während seines Aufenthaltes als auch nach seiner Abreise, aber jetzt hatte sie Bedürfnisse, die nur er stillen konnte.

Er war hier, und er hatte ihr seine Hilfe angeboten – wobei er garantiert nicht *diese* Art von Hilfe gemeint hatte. Tja, sie begehrte ihn, und sie war entschlossen, sich zu nehmen, was sie brauchte.

Der Blick ihrer großen grünen Augen mit der goldgesprenkelten Iris ruhte auf ihm, während er darauf wartete, bis sie mit ihrem Wunsch herausrückte.

»Du könntest mich in die Arme nehmen«, sagte sie schließlich.

Er zögerte, geschockt von ihrer Unverblümtheit, und sie grinste. »Wie, ist das etwa zu viel verlangt?«

»Frechdachs«, brummte er, darum bemüht, die Antwort noch etwas hinauszuzögern, obwohl ihn alles an ihr magisch anzog. Sie war stark, schön, selbstbewusst und eigenständig.

Und sie war Single und schwanger und beschwerte sich nicht darüber. Sie ließ sich weder von ihm noch von ihren Brüdern herumkommandieren, und Momente der Schwäche – die doch etwas absolut Menschliches und Normales waren – gestattete sie sich nur dann, wenn sich gelegentlich ganz unvermittelt ihr Unterbewusstsein zu Wort meldete.

Und Cole hatte großes Verständnis für diese seltenen Momente. Wie also konnte er ihr ein wenig tröstliche Nähe verweigern?

Vor allem, wenn er sich selbst danach sehnte?

»Dreh dich um«, befahl er, weil er spürte, dass er sich einer Grenze näherte, die er besser nicht überschreiten sollte, zumal sie ein kurzes Nachthemd mit transparenten Spitzeneinsätzen trug, das ihre seidenweiche Haut nur spärlich verhüllte.

Ihre Augenlider flatterten, aber sie gehorchte und drehte sich um, und dann rutschte sie näher und kuschelte sich seufzend an ihn. Sein bestes Stück reagierte umgehend, als sie den Rücken an seine Brust und den Hintern an seinen Unterleib presste. Mist, bis gerade eben noch hatte sich Cole in ihrer Gegenwart einigermaßen im Griff gehabt, aber jetzt war er steinhart. Jeder Muskel, jede Zelle seines Körpers stand unter Strom.

Erin dagegen entspannte sich spürbar und genoss es sichtlich, mit ihm Löffelchen zu spielen.

»Ich schlafe schon die ganze Zeit schlecht«, gestand sie leise.

Er umarmte sie etwas fester. »Wahrscheinlich, weil du Angst hattest.«

»Bei dir fühle ich mich sicher.« Sie schmiegte sich noch fester an ihn.

Bei ihren Worten wurde ihm flau. Er fühlte sich überfordert von ihrem grenzenlosen Vertrauen in ihn, was früher oder später nur dazu führen würde, dass er sie enttäuschte. Trotzdem brachte er es nicht über sich, auf Abstand zu gehen. Im Gegenteil – er legte ihr sogar die Hand auf den Bauch.

Nicht zu fassen, dass da drin sein Kind heranwuchs. Bei der Vorstellung regte sich ein nie gekanntes Gefühl in ihm, fremd und neu und … irgendwie behaglich. Er fragte sich, was für einen Vater er wohl abgeben würde. Sein alter Herr war ihm nicht gerade mit leuchtendem Beispiel vorangegangen. Im Grunde hatte er ihm bloß gezeigt, wie man es nicht machen sollte. Tja, immer noch besser als gar nichts.

»Und, wie geht's dir so?«, erkundigte er sich.

»Mir wird kaum noch übel, ich bin bloß immer ziemlich erschöpft.« Wie auf ein Stichwort gähnte sie.

Entspann dich, sagte sich Cole, während er ihren tiefer werdenden Atemzügen lauschte. Minuten später war sie eingeschlummert, während es bei Cole noch eine gute Stunde dauerte, bis sich sein Puls einigermaßen normalisiert hatte. Irgendwann überkam ihn dann ebenfalls die Müdigkeit, und etwa eine halbe Stunde später schlief er ein.

Als Erin mitten in der Nacht erwachte, registrierte sie als Erstes, dass ihre Beine um einen harten Männerkörper geschlungen waren. Und zwar nicht um irgendeinen – es war Cole, der da neben ihr im Bett lag, in ihrem Schlafzimmer. Dann bemerkte sie, dass ihr seidiges Nachthemd nach oben gerutscht war. Herrje, wie peinlich. Sie hatte sich im Schlaf an seinem Oberschenkel gerieben! Auf einen Schlag war sie hellwach und erstarrte, obwohl es sich göttlich angefühlt hatte.

Während die Miniexplosionen in ihrer Leibesmitte, die bereits vom nahenden Orgasmus gekündet hatten, verebbten, verfluchte sie sich für ihre Prüderie.

Sex mit Cole war einfach überirdisch. Warum bemühte sie sich, der Versuchung zu widerstehen, obwohl es praktisch unmöglich war? Sie lebten unter einem Dach, und dass sie sich bei ihm sicher fühlte, war nicht nur so dahergeredet gewesen. Ja, es war eine Affäre mit Ablaufdatum, aber das war ihr egal. Sie begehrte ihn, und dieses Begehren beruhte ganz augenscheinlich auf Gegenseitigkeit. Und sie hatte sich ihrer sonstigen Tugendhaftigkeit zum Trotz bereits damit abgefunden, dass sie früher oder später übereinander herfallen würden.

Warum also nicht jetzt gleich?

Ihr von Hormonen manipulierter Körper sehnte sich nicht bloß nach Sex, sondern nach Sex *mit Cole*, und Erin sah nicht ein, warum sie sich noch länger zurückhalten sollte. Sie holte tief Luft und ließ probehalber Hände und Lippen über seine nackte Brust wandern, in der Hoffnung, dass er davon aufwachen und sich nicht allzu lange gegen ihre Avancen sträuben würde.

Während sie den männlichen Geruch inhalierte, der seiner Haut anhaftete, stürmten die Erinnerungen an ihre erste und bislang einzige gemeinsame Nacht auf sie ein. Damals hatte er die Zügel in der Hand gehalten, hatte sie hart und schnell genommen.

Diesmal bestimmte sie. Behutsam schob sie die Finger unter den Gummibund seiner Boxershorts und schloss sie um seinen harten Schaft. Was für ein Prachtstück – innen hart, außen seidig weich. Das war genau das, was sie wollte. Was sie brauchte.

Sie ließ den Daumen über die Eichel gleiten, die schon vom ersten Lusttropfen benetzt war, und begann sich erneut an seinem Oberschenkel zu reiben.

Cole reagierte prompt. »Hey, was soll denn das werden?« Er richtete sich auf und sah sie an, worauf sie wortlos mit der freien Hand die Decke zurückschlug und an seiner Unterhose zerrte.

»Erin!«, sagte er warnend, doch sie wusste, sein ruppiger Tonfall war einzig und allein darauf zurückzuführen, dass er mit sich rang.

»Hmmm?«

»Wir sollten das lieber bleiben lassen«, sagte Cole, aber seine Stimme klang belegt vor Erregung.

Erin hielt inne und sah zu ihm hoch. »Wieso denn? Ist ja nicht so, als könntest du mich noch mal schwängern.«

Seine Pupillen weiteten sich. »Du bringst mich noch ins Grab.«

»Aber das wird dann garantiert ein schöner Tod«, neckte sie ihn und zog erneut an seiner Boxershorts. »Hopp, hopp! Etwas weniger Gelaber und mehr Action bitte schön.«

Er setzte sich zur Wehr. »Du weißt, ich werde für dich und das Baby da sein, aber das bedeutet noch lange nicht, dass wir ...«

»Jaja, schon klar, es wird keine Märchenhochzeit und kein ›Sie lebten glücklich miteinander bis ans Ende ihrer Tage‹ geben«, fiel sie ihm ins Wort.

»Genau.« Er atmete erleichtert auf und wandte den Blick ab. »Meine Arbeit ist gefährlich, und ich muss beruflich bedingt oft monatelang untertauchen. Da kann ich unmöglich …«

Doch Erin wollte seine Erklärungen und Rechtfertigungen nicht hören. »Wie kommst du eigentlich darauf, dass ich das überhaupt will?«, unterbrach sie ihn mit gespielter Gleichgültigkeit. Ihr Stolz wirkte wie ein Schutzschild.

Außerdem bildeten weder Lust noch gemeinsamer Nachwuchs eine ausreichend solide Basis für eine lebenslange Verbindung.

Dennoch kränkte sie die Tatsache, dass er eine Zukunft mit ihr nicht einmal theoretisch in Betracht zog.

Nun, solche Empfindungen durfte sie sich auf keinen Fall gestatten. Also verdrängte sie den Gedanken daran und konzentrierte sich ganz auf die Gegenwart und auf ihn.

»Hintern hoch!«, befahl sie und war mehr als erstaunt, als er gehorchte.

Sie schob die Shorts an seinen durchtrainierten Beinen entlang nach unten und warf sie auf den Boden. Als sie sich wieder zu Cole umdrehte, lag er auf der Seite, einen Ellbogen aufgestützt, und wartete. Auf sie.

Nun, da er endlich nackt war, hatte sie freie Sicht auf seinen beeindruckend großen, prallen Penis. Und er gehörte ganz ihr.

»Ich hoffe, du hast dir das gut überlegt«, sagte er und sah ihr in die Augen. Ihr wurde heiß unter seinem Blick.

Dachte er etwa, sie würde ihre Meinung ändern? Aus Schüchternheit einen Rückzieher machen? Tja, da hatte er sich getäuscht. Oder schon vergessen, wie forsch sie sein konnte. Von Erinnerungen ermutigt, ließ sie die Finger an seinem langen, heißen Schaft entlanggleiten und grinste.

Als sie sich über ihn beugte, streiften ihre Haare seine Lenden, und ihr warmer Atem kitzelte seine Haut. Es verfehlte seine Wirkung offenbar nicht, denn er stöhnte auf, dabei hatte sie ihn noch gar nicht berührt. Nicht so richtig. Nicht so, wie sie ihn berühren wollte. Sie schloss die Augen und leckte einmal, zweimal über die Eichel. Dann erkundete sie den Schaft mit der Zunge, ließ sie daran auf und ab wandern, genau so, wie sie es vorhin mit der Hand gemacht hatte. Er bäumte sich unter ihr auf, was ihr ein zufriedenes Seufzen entlockte. Schließlich umschloss sie seinen Schwanz mit einer Hand, stülpte die Lippen darüber und nahm ihn in sich auf, so tief es ging.

Und verlor sich dabei vollkommen in seinem Geschmack, seinem Geruch ... in ihm.

Eine kurze Berührung mit der Zunge, und Coles Körper stand in Flammen. Und als sie ihn noch tiefer in ihre warme, nasse Mundhöhle zog, war ihm, als wäre er im Himmel gelandet. Sein Arm zitterte, und er ließ sich nach hinten sinken, was Erin offenbar als Startsignal interpretierte, schwerere Geschütze aufzufahren.

Geschickt bearbeitete sie ihn mit Händen und Mund zugleich – mit diesem unglaublichen Mund, in dem immer noch mehr von seinem besten Stück verschwand. Er hätte schwören können, dass er mit der Eichel bereits an ihre Kehle stieß. Dann schaltete sie plötzlich einen Gang zurück, zog mit der Zungenspitze sanfte Kreise, kitzelte seinen Schaft und ließ dazu unablässig die Hand daran auf und ab gleiten. Cole bewegte im Rhythmus dazu die Hüften, und bald – viel schneller als erwartet – spürte er, wie sich seine Hoden zusammenzogen und der Orgasmus nahte. Schon sah er die Sterne.

Er tastete nach ihrem Kopf, zog sanft an ihren Haaren, um ihr zu signalisieren, dass er gleich kommen würde, doch statt von ihm abzulassen, saugte sie weiter, und als sie ihn dann auch noch mit den Zähnen reizte, war es mit seiner Selbstbeherrschung endgültig vorbei. Seine Hüften zuckten, und er erlebte den intensivsten Orgasmus seines gesamten Lebens. Erin verlangsamte ihre Bewegungen, molk ihn bis auf den letzten Tropfen und nahm alles in sich auf.

Cole hatte jegliches Zeitgefühl verloren. Als sein letztes Schaudern verklungen war und er seine fünf Sinne wieder einigermaßen beisammenhatte, stellte er fest, dass ihn Erin mit glasigen Augen betrachtete und ein zufriedenes Lächeln ihre geröteten Lippen umspielte.

Warum zum Teufel mussten sie sexuell nur so perfekt zueinanderpassen? Er hätte sich von ihr fernhalten müssen, hätte nicht noch einmal mit ihr schlafen dürfen. Aber nein, er hatte es doch getan.

Und es war noch nicht vorbei. Noch lange nicht. Genau das war das Problem – Cole wollte gar nicht, dass es vorbei war. Welcher Mann konnte schon einer Sexbombe wie Erin widerstehen?

»Du bist dran«, sagte er und bedeutete ihr mit dem Zeigefinger, näher zu kommen.

»Ähm, ich wage zu bezweifeln, dass du schon wieder so weit bist«, murmelte sie und errötete vor Verlegenheit.

Cole schloss die Augen und stöhnte. Genau das war der Grund, warum er unbedingt die Finger von Erin Marsden lassen sollte: Sie hatte ihm gerade den geilsten Orgasmus seines Lebens beschert, aber im Grunde ihres Herzens war sie ein sittsames, wohlerzogenes Mädel und schämte sich für das, was sie getan hatte. Cole war Finsternis, wo Erin Licht war, er hatte eine dunkle, hässliche Vergangenheit, während sie der Inbegriff von Schönheit und Anmut war. Und das würde sie auch bleiben, wenn er längst wieder in die New Yorker Unterwelt abgetaucht war. Vorausgesetzt, er brach ihr nicht vorher noch das Herz.

Wie auch immer, er hatte ihnen das hier alles eingebrockt, und damit meinte er nicht nur die Tatsache, dass sie gemeinsam im Bett lagen. Zwischen ihnen bestand eine Verbindung, die über die sexuelle Komponente weit hinausging. Doch solange ihr klar war, dass sie sich keine falschen Hoffnungen machen durfte, war alles im grünen Bereich. Diese Unterhaltung hatten sie ja bereits hinter sich. Somit konnte er sich nun einfach seinem Verlangen überlassen.

»Komm her«, befahl er.

Ihr Blick wirkte benommen, aber sie gehorchte und

legte sich neben ihn. Er schob ihr die Haare aus dem Gesicht. Ohne Make-up sah sie noch süßer aus, noch unschuldiger.

Er war schon einmal in den Genuss dieser süßen Unschuld gekommen, und jetzt war er im Begriff, diese Erfahrung zu wiederholen. »Leg dich auf den Rücken.«

Sie hob fragend eine Augenbraue, gehorchte aber widerspruchslos. Mit zitternden Händen und reichlich ungeschickt zog er ihr das seidene Nachthemd aus, unter dem sie vollkommen nackt war.

»Das machst du doch absichtlich, um mich zu quälen«, knurrte er.

»Unsinn, ich schlafe immer so.«

»So, so.« Er hatte bereits beschlossen, sie mit ihren eigenen Waffen zu schlagen und ihr so richtig einzuheizen.

Also schob er ihre Oberschenkel auseinander, senkte das Haupt und blies seinen heißen Atem über ihren entblößten Venushügel.

Kaum stieg ihm ihr weiblicher Geruch in die Nase, reagierte sein gesamter Körper, und in Rekordzeit war er wieder einsatzbereit. Aber er wollte nichts überstürzen. Er wollte sie verwöhnen in dem Bewusstsein, dass das, was sich hier zwischen ihnen abspielte, nicht von Dauer sein konnte; er wollte sich alles genauestens einprägen, damit ihm wenigstens ein paar schöne Erinnerungen blieben.

Denn das war vermutlich das Einzige, was ihm bleiben würde, wenn sie später um ihres gemeinsamen

Kindes willen so taten, als wären sie Freunde. Wenn sie erst den richtigen Cole Sanders kennengelernt hatte – den, zu dem ihn sein Vater gemacht hatte.

Aber jetzt, in diesem Moment, wollte er, dass sie ihn bettelte, sie zu vögeln.

Ihre Beine zitterten, als er sich rechts und links von ihrer Hüfte mit den Händen abstützte und den Kopf senkte, um ihr den heißersehnten Genuss zuteilwerden zu lassen. »Mmm, lecker«, murmelte er, nachdem er die Zunge zwischen die feuchten Falten ihres Geschlechts getaucht und ihren einzigartigen Geschmack gekostet hatte. Er wusste genau, wie er es anstellen musste, damit sich Erin vor Verlangen stöhnend unter ihm wand und ihm das Becken entgegenreckte, wusste, wie und wo er lecken und saugen musste, und wann er seine neckenden Liebkosungen unterbrechen musste, um die Spannung zu steigern.

Erst als sie am ganzen Körper bebte vor Lust und sich ihm mit aller Kraft entgegendrängte, erlöste er sie von ihren Qualen und gab ihr, was sie brauchte: Er schob einen Finger in ihre warme, feuchte Spalte und begann zugleich, ihre empfindlichste Stelle sanft mit den Zähnen zu bearbeiten. Binnen Sekunden hörte das Zittern auf, jeder Muskel ihres Körpers wurde steif, und sie kam. Sie schrie seinen Namen, laut und langgezogen, während er an ihrer Klitoris saugte, bis der Orgasmus abgeklungen und das Zucken verebbt war. Erst dann ließ er endlich von ihr ab.

»Cole«, flüsterte sie heiser, als sie wieder einigermaßen bei Sinnen war.

»Ja, Süße?«, fragte er und legte sich neben sie.

»Das war der Hammer, aber noch nicht genug. Ich brauche dich in mir.«

Oh Gott, diese Frau war wirklich wie für ihn geschaffen. Als Betteln konnte man das zwar noch nicht bezeichnen, aber er ließ es trotzdem gelten, denn sein Körper stand kurz vor der Explosion.

»Zu Befehl.« Er wälzte sich über sie, dann hielt er inne und überlegte, wie lange es wohl dauern würde, wenn er kurz ins Bad lief.

»Wir müssen nicht verhüten«, murmelte sie da zu seiner Überraschung. »Ich meine, nicht nur, weil ich schwanger bin, sondern ... Ich kann dir versichern, dass ich ... Du weißt schon.«

Wieder errötete sie.

Ja, er wusste, dass er von ihrer Seite nichts zu befürchten hatte. »Ich ebenfalls. Nach meinem letzten Einsatz habe ich mich von Kopf bis Fuß durchchecken lassen.«

»Na gut, dann ...« Sie nickte. Ihr Blick war benommen, aber entschlossen.

»Okay«, sagte er und sah sie zum ersten Mal richtig an. Sobald er den Blick in ihren weit aufgerissenen Augen sah, überwältigten ihn die Gefühle, die er mit aller Macht im Zaum zu halten versucht hatte.

Ja, er hatte schon mit ihr geschlafen, aber diesmal war alles anders. Und zwar nicht nur deshalb, weil er kein Kondom verwenden musste. Diesmal war sie schwanger. Von ihm.

Herrje.

Er betrachtete ihren blassen Bauch. Die leichte Wölbung, die sich dort abzeichnete, war ihm bislang nicht aufgefallen. Er riss den Kopf hoch, und sie lachte.

»Keine Sorge, du kannst weder mir noch dem Baby schaden«, beruhigte sie ihn, als könnte sie Gedanken lesen. Dass nichts geschehen konnte, war ihm zwar auch so klar gewesen, aber es war trotzdem hilfreich, es aus ihrem Mund zu hören.

»Willst du es denn überhaupt?«, fragte sie leise, ohne ihn anzusehen. Ihre Augenlider waren halb geschlossen.

Er hatte noch nie mit einer schwangeren Frau Sex gehabt, aber er hatte genügend Kollegen, die sich schon einmal in dieser Situation befunden hatten und war bestens informiert über verrücktspielende Hormone und über die weiblichen Selbstzweifel, die quasi mit dem Babybauch mitwuchsen. Cole hatte diese unter reichlich Alkoholeinfluss geführten Gespräche nicht eben genossen, aber jetzt war er doch froh darüber.

»Du bist so wunderschön, Süße. Natürlich will ich mit dir schlafen.« Er ließ den Blick nach oben gleiten, vom Bauch über die Brüste, denen er sich gleich widmen würde, bis hinauf zum Mund.

Erst jetzt wurde ihm bewusst, dass sie sich noch gar nicht geküsst hatten. Das würde er nun schleunigst nachholen. Vielleicht konnte er ihr damit ja unmissverständlich zeigen, dass er sich im Augenblick nichts sehnlicher wünschte als die körperliche Vereinigung mit ihr, selbst wenn er ihr für die Zukunft keinerlei Garantien geben konnte.

Also beugte er sich über sie und drückte ihr die Lippen auf den Mund. Doch was als zärtliche Verführung gedacht war, geriet unversehens zum flammenden Inferno. Er verschlang sie förmlich, wohl wissend, dass sie dabei nicht nur ihn, sondern auch sich selbst schmecken konnte. Sie stöhnte unter ihm und erwiderte den Kuss mit einer leidenschaftlichen Erregung, die der seinen um nichts nachstand, wobei sie ihm mit den Fingern durch die Haare fuhr und ihn noch näher zu sich herunter zog.

Er rieb die Hüften an ihr, spürte, wie seine Männlichkeit beim Kontakt mit den weichen Falten ihres Geschlechts noch praller und fester wurde.

»Mmm«, seufzte sie, ohne den Kuss zu unterbrechen, während sein bestes Stück langsam, liebkosend an ihren Schamlippen entlangglitt.

Dann begann er, sich seitwärts zu bewegen, von rechts nach links und wieder zurück. Sie presste sich an ihn, wollte mehr, doch da würde sie sich noch gedulden müssen, denn er hatte vor, sie noch etwas auf die Folter zu spannen.

Während er sich von ihrem Mund über die Wange und den Hals nach unten küsste, hielt er immer wieder inne, um über ihre Haut zu lecken und sie zu kosten.

»Ich will dich in mir«, murmelte sie und zog an seinen Haaren. »Und zwar jetzt.«

»Immer mit der Ruhe.« Er gluckste. »Wer wird denn gleich so gierig sein?«

Er rutschte tiefer, bis hinunter zu ihrem Busen, ließ die Zunge darüber gleiten und schmiegte dann die

Hand um einen der weichen Hügel. Sie waren größer als beim letzten Mal. Nicht allzu viel, aber doch so, dass der Unterschied auffiel. Und empfindlicher offenbar auch, denn als er nun die harte Knospe in den Mund nahm, stöhnte Erin auf. Da es jedoch keine Klage und kein Schmerzenslaut gewesen zu sein schien, machte er weiter und leckte mit der Zunge über den steifen Nippel.

»Bitte!«, flehte Erin und zog die Beine an, um ihm das Eindringen zu erleichtern.

Er genoss es, wie sie sich unter ihm wand und ihm die Beine um die Hüften schlang, um ihn noch näher an sich heranzuziehen, sodass sein Schaft schon ganz feucht war von ihrem Liebessaft. Grinsend wandte er sich der zweiten Brust zu, um sie ebenso hingebungsvoll zu liebkosen. Diesmal setzte er allerdings auch die Zähne ein.

Erin bäumte sich unter ihm auf, während er sanft an der empfindlichen Knospe knabberte. »Nun mach schon, Cole«, bettelte sie. »Bitte. Ich brauche dich.«

»Genau das wollte ich hören.« Er rollte sich auf sie und betrachtete sie, die Ellbogen rechts und links von ihrem Oberkörper abgestützt.

Mit ihren vor Begierde glänzenden Augen und dem schweißnassen, geröteten Gesicht war sie schöner denn je. Verdammt.

Es war weiß Gott schon alles kompliziert genug, aber obwohl er wusste, es würde alles nur noch komplizierter machen, war er nicht in der Lage, den Blick abzuwenden, als er nun seinen Schwanz an die richtige

Stelle dirigierte und in sie eindrang. Er sah, wie sich ihre Augen weiteten, als er bis zum Anschlag in sie hineinglitt und ihre Enge spürte, die weiche Wärme, die ihn umfing.

»Oh Gott«, keuchte sie und spannte ihre inneren Muskeln an.

Er wusste genau, was sie meinte. Es war anders ohne Kondom. Direkter Kontakt, wie er ihn noch nie zuvor erlebt hatte. Bisher hatte er bei keiner Frau auf den Gebrauch eines Präservativs verzichtet, doch bei Erin wollte er nie wieder eines verwenden.

Er war unfähig, noch länger still zu halten, und als er nun begann, sich in ihr zu bewegen, stellte sein Gehirn das Denken ein. Seine Konzentration galt nur noch dem, was er fühlte. Eine wahre Lawine von Sinneseindrücken stürmte von allen Seiten auf ihn ein, riss ihn mit sich fort, schneller als je zuvor. Erin parierte jeden Einzelnen seiner Stöße, schob ihm ihren Körper immer noch weiter entgegen, und ihr Stöhnen und Keuchen signalisierte Cole, dass sie sich wie er auf dem Weg zum Gipfel der Lust befand. Er wollte nicht ohne sie kommen, aber diesbezüglich musste er sich wohl keine Sorgen machen. Ihr Orgasmus nahte genauso rasch wie der seine. Schon bohrte sie ihm die Fingernägel in den Rücken und explodierte unter ihm, und Sekunden später, während sie noch seinen Namen rief, kam auch er.

Kapitel 7

Als Erin am nächsten Morgen erwachte, lag sie noch immer an Cole geschmiegt da. Ihr war warm, und sie spürte in jedem Muskel ihres Körpers die köstlichen Nachwirkungen ihrer nächtlichen Aktivitäten. Sie spähte auf den Wecker und stellte fest, dass es schon fast Zeit war, aufzustehen und zur Arbeit zu fahren. Doch ein paar Minuten hatte sie noch, ehe der Wecker klingelte.

Sie nützte die Zeit, um die Ereignisse der vergangenen Nacht noch einmal Revue passieren zu lassen. Eine Nacht, die sie auf keinen Fall missen wollte. Noch schlummerte Cole wie ein Baby neben ihr. Er hatte im Schlaf die Arme um sie geschlungen, doch sie wusste bereits, was sie erwartete: Sobald er erwachte und sich an das Geschehene erinnerte, würde er sich wieder in sein emotionales Schneckenhaus zurückziehen. Sie schluckte schwer und kam zu dem Schluss, dass es wohl das Klügste war, Gleichgültigkeit vorzuschützen. Wenn sie in seiner Liga spielen wollte, musste sie wohl oder übel auch seine Regeln akzeptieren.

Zu dumm, dass sie allmählich Gefühle entwickelte für diesen Mann, der sie nachts umarmte, tagsüber jedoch keinerlei Nähe zulassen wollte. Ihr war bereits klar, dass sie zu den Frauen gehörte, die nicht in der Lage waren, Sex und Gefühle zu trennen. Sie konnte nicht anders. So war sie erzogen worden. Man hatte ihr eingetrichtert, dass Sex eine ernstzunehmende Sache war. Wenn sie mit einem Mann schlief, dann deshalb, weil sie bereit war, die Beziehung zu ihm zu vertiefen.

Nur bei Cole hatte sie eine Ausnahme gemacht. Zumindest beim ersten Mal. Diesmal hatte sie Zeit gehabt, sich darauf einzustellen, und inzwischen kannte sie ihn auch schon etwas besser. Zwar wusste sie nach wie vor nicht allzu viel über seine Vergangenheit, aber sie hatte einen Einblick in seine Psyche bekommen und festgestellt, dass ihre Menschenkenntnis sie nicht getrogen hatte. Er verfügte über einen ausgeprägten Beschützerinstinkt und verstand sich darauf, sie zu umsorgen – und er tat es, ohne sich zu beschweren. Mehr noch, er las ihr praktisch jeden Wunsch von den Augen ab.

War es ein Wunder, dass sie all das zu schätzen wusste? Doch sie hatte seine Bedingung akzeptiert, die da lautete: Sex ja, Beziehung nein. Dass sie miteinander ein Kind gezeugt hatten, brachte ohnehin jede Menge Verbindlichkeiten mit sich, über die sie noch gar nicht genauer nachgedacht hatte. Geteiltes Sorgerecht, ein Besuchsrecht für die Zeit, in der Cole in Serendipity war ...

Wie auch immer, jetzt musste sie erst einmal einen kühlen Kopf bewahren und sich stets aufs Neue in Erinnerung rufen, dass seine Fürsorge lediglich seinem

Verantwortungsbewusstsein entsprang. Der Gedanke, dass er darüber hinaus keinerlei Gefühle für sie hegte, schmerzte, aber es war eine Tatsache, die sie auf keinen Fall vergessen durfte.

Sie schlug die Decke zurück und machte sich behutsam von Cole los, in dem Versuch, das Bett zu verlassen, bevor er erwachte. Leider machte ihr der Wecker einen Strich durch die Rechnung.

»Na, mal wieder auf der Flucht?«, murmelte er mit verschlafener Stimme.

Sie schaltete den Wecker aus. »Ich wohne hier, schon vergessen? Und ich muss ins Büro.«

»Ist alles okay?«, fragte er.

Sie hob überrascht eine Augenbraue. »Ja, wieso?«

»Na, weil du meinem Blick ausweichst zum Beispiel.«

Sie zwang sich, ihm ins Gesicht zu sehen und wusste sogleich, es war ein Fehler gewesen. Cole Sanders sah nämlich schon am frühen Morgen zum Anbeißen aus. Sein Haar war zerzaust und stand ihm in sämtlichen Richtungen vom Kopf ab, sein Kinn war von dunklen Bartstoppeln übersät, und wie er sie so mit seinen ernsten Augen betrachtete, musste sie sehr an sich halten, um sich nicht gleich rittlings auf ihn zu setzen und ihn zu küssen, bis er nicht mehr wusste, wo oben und unten war.

»Die Hormone«, murmelte sie ausweichend.

»Und das bedeutet?«

»Nichts, außer dass ich Hunger habe. Ich muss dringend duschen und etwas essen, ehe ich losstarte.«

»Okay, ich springe schnell unter die Dusche und mache uns Frühstück, während du dich anziehst.« Er warf die Decke ab und stieg splitterfasernackt aus dem Bett.

Er war ein richtiger Adonis mit seinen muskulösen Armen, dem Sixpack und den Tätowierungen am Oberarm und an der Schulter. Erin vermied es tunlichst, den Blick tiefer gleiten zu lassen, obwohl es dort noch so einiges zu sehen gegeben hätte. Stattdessen kroch sie wieder ins Bett und zog sich die Decke bis zur Nase hoch.

Sie gehörte schon an guten Tagen nicht zu den Frauen, die ihre Reize gern zur Schau stellten, und jetzt, da sie im vierten Monat war, schwand ihr körperliches Selbstbewusstsein rapide dahin. Ihr Körper wurde runder, fülliger, und von ihrer Wespentaille musste sie sich wohl schon bald verabschieden. Gestern Nacht war sie zu sehr ins Geschehen vertieft gewesen, um sich deswegen den Kopf zu zerbrechen, doch heute früh war alles anders.

»Nur zu.« Sie wedelte mit der Hand und bedeutete ihm, dass er gern vor ihr duschen konnte, solange er sich nur beeilte.

Sein Blick ruhte auf den Fingern, mit denen sie die Daunendecke umklammerte.

»Erin?«

»Ja?«, fragte sie mit aufgesetzter Fröhlichkeit.

»Du bist wunderschön, und wenn du nicht ins Büro müsstest, würde ich dir auf der Stelle die Decke wegziehen und da weitermachen, wo wir gestern Nacht aufgehört haben.«

Sie schnappte nach Luft, doch er war schon weg.

Gleich darauf waren nebenan das Quietschen des Wasserhahns und das Rauschen der Dusche zu hören. Erin hätte sich nur zu gern zu Cole gesellt.

Mit einem ergebenen Seufzer kuschelte sie sich noch einmal unter die Decke und fragte sich, wie zum Geier sie es schaffen sollte, emotional auf Distanz zu bleiben. Aber wenn sie die erzwungene Zweisamkeit mit einem intakten Herzen überleben wollte, dann musste sie es zumindest versuchen. Sie hatte keine andere Wahl.

Cole ging in die Küche, um das Frühstück zuzubereiten. Er holte das Toastbrot aus dem Kühlschrank und wollte gerade die Tüte öffnen, als er von draußen einen schrillen Schrei vernahm.

Er ließ vor Schreck das Brot fallen und raste hinaus. »Was ist los?«

»Ich wollte nur schnell die Zeitung reinholen, und ...« Zitternd deutete Erin auf die offene Haustür.

Cole schob sie hinter sich und zückte die Waffe aus dem Halfter, ehe er nach draußen spähte. Auf dem Fußabstreifer stand eine offene Schuhschachtel, und das blutige, struppige Etwas, das sie enthielt, sah verdächtig nach einem überfahrenen Haustier aus.

Als Erin hinter ihm zu würgen begann, fuhr er herum, doch sie war schon auf dem Weg zur Gästetoilette.

»Scheiße«, knurrte er und eilte ihr hinterher. Die Schachtel ließ er vorerst, wo sie war – Beweisstücke durfte man ohnehin nicht anfassen.

Er litt mit ihr, konnte ihren Ekel und ihre Qualen förmlich spüren, während er hinter Erin stand und mit ansah, wie sie über die Kloschüssel gebeugt weiterwürgte.

Wortlos schnappte er sich ein Handtuch, machte es nass und ging neben ihr in die Knie.

»Lass mich«, stöhnte sie. Es klang genervt, aber nur deshalb, weil es ihr peinlich war, in einer derart hilflosen Lage beobachtet zu werden, vermutete Cole.

Deshalb tat er, als hätte er es gar nicht gehört. Er strich ihr das Haar aus dem Gesicht und hob es an, um ihr das feuchte Handtuch aufs Genick zu legen.

»Fühlt sich gut an«, räumte sie widerstrebend ein.

»Wenn du hier allein zurechtkommst, rufe ich deinen Bruder an, damit er jemanden von der Spurensicherung vorbeischickt.« Das tote Tier erwähnte er wohlweislich nicht, sonst wurde sie womöglich gleich von der nächsten Welle der Übelkeit erfasst.

»Ja, geh nur.« Sie wedelte mit der Hand, und er trollte sich.

Kurz darauf fuhren auch schon ihre Brüder vor, Sam im Streifenwagen, Mike in einem Jeep. Cole ging zur Tür, um die beiden hereinzulassen, während Erin mit einem Glas Ginger Ale in der Küche saß.

Sam, der seine Uniform trug, ging mit gerunzelter Stirn vor der Schuhschachtel in die Knie. »Du meine Güte«, brummte er. »Was für ein krankes Gehirn kommt denn auf so eine Idee?«

»Das einer Frau, die sich selbst nicht die Finger schmutzig machen will, schätze ich mal«, knurrte Cole.

»Eine Frau?«, wiederholte Erin, die sich soeben zu ihnen gesellt hatte.

Cole drehte sich zu ihr um und stellte fest, dass sie noch immer leichenblass war. Er legte ihr beschwichtigend einen Arm um die Schultern. »Kommt, wir setzen uns ins Wohnzimmer, um alles in Ruhe zu besprechen«, schlug er vor.

»Okay. Einer unserer Forensiker wird in Kürze hier sein«, sagte Sam.

Sie begaben sich ins Wohnzimmer, wo Erin mit untergeschlagenen Beinen auf dem Sofa Platz nahm. Mit den verquollenen Augen und der bekümmerten, verängstigten Miene erinnerte sie kaum noch an die betörende Sirene, mit der Cole vergangene Nacht das Bett geteilt hatte. Er hätte alles dafür getan, sie wieder in diese Erin zurückzuverwandeln.

»Ich schätze, ich kann froh sein, dass das Vieh nicht durchs Fenster geflogen kam«, murmelte sie.

Die drei Männer starrten sie an. »Was redest du da?«, fragte Cole.

»Ach, vor ein paar Wochen flog ein Baseball durch das Fenster im Vorraum. Ich musste die kaputte Scheibe ersetzen lassen.«

»Und warum erzählst du uns das erst jetzt?«, fragte Sam, und Mike hob eine Augenbraue und musterte seine Schwester mit einem verärgerten Blick.

»Nun seht mich nicht so an! Es war ein verirrter Baseball von einem Kind aus der Nachbarschaft, das zu feige war, um es zuzugeben. Außerdem war das lange bevor ich angeschossen wurde. Ich hatte es schon ganz vergessen, aber gerade eben ist es mir wieder eingefallen.«

Cole runzelte besorgt die Stirn. Das gefiel ihm ganz und gar nicht, auch wenn er nicht genau sagen konnte, wieso.

Mike räusperte sich. »Zurück zu dem … ›Geschenk‹, das du heute früh erhalten hast …«

In diesem Moment klingelte es an der Tür. »Ah, das ist bestimmt der Forensiker.« Sam erhob sich und ging hinaus.

Erin, Mike und Cole blieben sitzen und lauschten, während Sam die Vorgänge draußen mit Argusaugen überwachte.

Cole spürte, dass Erin die Angelegenheit ziemlich zusetzte, und legte ihr eine Hand auf den seidenbestrumpften Knöchel. Sie war schon fürs Büro angezogen gewesen, als sie die Zeitung hatte holen wollen.

Der finstere Blick ihres Bruders entging Cole nicht, aber er scherte sich nicht darum. Erin brauchte Trost, und er war ihr am nächsten und konnte ihr geben, was sie brauchte, ob es Mike nun passte oder nicht.

»Hast du schon im Büro Bescheid gesagt, dass du nicht kommst?«, fragte er sie.

»Oh, Gott, ich kann unmöglich schon wieder zu Hause bleiben. Ich habe mich schon viel zu oft krankgemeldet in letzter Zeit.«

Cole musterte sie fragend. »Wieso? Du warst doch nur eine Woche krankgeschrieben.«

»Von wegen. Sie hat am Anfang der Schwangerschaft massiv unter Übelkeitsanfällen gelitten. Erst dachte sie noch, sie hätte sich den Magen verdorben. Aber das kannst du natürlich nicht wissen, du bist ihr ja aus dem

Weg gegangen«, sagte Mike mit vor Verachtung triefender Stimme.

»Schluss damit, Mike«, wies Erin ihn zurecht. »Ich kann jetzt keine Streitereien brauchen. Gebt mir das Telefon. Der Forensiker ist bestimmt noch eine Weile beschäftigt, und mittags habe ich einen Termin, da lohnt es sich wahrscheinlich nicht mehr groß, vorher noch ins Büro zu fahren.«

»Was ist das für ein Termin?«, wollte Cole wissen. Sie hatten noch nicht besprochen, was heute auf der Tagesordnung stand.

»Ein Arzttermin.«

»Ein Arzttermin?«, wiederholte er besorgt. »Ist irgendetwas nicht in Ordnung?«

Sie schüttelte den Kopf. »Es ist eine stinknormale Vorsorgeuntersuchung, wie alle schwangeren Frauen sie machen.«

Er nickte und reichte ihr das Telefon, das auf dem Sofatisch lag. Die Details konnten sie auch später noch klären.

Cole spürte Mikes missbilligenden Blick auf sich ruhen, während Erin wählte und sich krankmeldete. Tja, er musste sich wohl keine Hoffnungen machen, dass die Marsden-Brüder seine Beziehung zu Erin je akzeptieren würden. Er hatte keine Schwester, aber er ging davon aus, dass er genauso reagieren würde, also sah er es ihnen nach.

Um ehrlich zu sein hatte er auch keinen Grund, stolz auf sich zu sein. Er hatte nicht gewusst, dass es Erin schwangerschaftsbedingt nicht gut gegangen war, und bis dato hatte er keinen Gedanken daran verschwendet, was sie in den vergangenen Monaten wohl alles durchgemacht haben mochte. Er schloss die Augen, darum bemüht, Ruhe zu bewahren.

»Also, fassen wir zusammen, was wir bis jetzt wissen«, sagte Mike und lenkte damit seine Aufmerksamkeit wieder auf das, was vorrangig war. »Erst wird Erin angeschossen, dann erhält sie eine Art Warnung.«

»Eigenartig«, sagte Cole. »Normalerweise kommt doch die Warnung zuerst.«

Mike nickte. »Kann aber auch sein, dass der Baseball schon eine Warnung war.«

»Möglich wär's, aber das erklärt nicht, warum Erin nach dem Angriff des Heckenschützen noch einmal eine Warnung erhalten hat.«

Erin blickte zwischen den beiden hin und her. Sie hörte zu, sagte aber nichts, was Cole beunruhigte. Er kannte sie noch nicht allzu gut, aber es war ungewöhnlich für sie, dass sie nur als Zaungast fungierte, wenn es um ihr Leben ging.

»Die Tatsache, dass wir die Patronenhülse gefunden haben, lässt darauf schließen, dass wir es mit einem Amateur zu tun haben. Dasselbe gilt für die Aktion von heute«, fuhr Mike fort.

»Cole, du hast vorhin irgendwas von einer Frau gesagt, die sich selbst nicht die Finger schmutzig machen will. Was hast du damit gemeint?«, fragte Erin.

Cole war froh, dass sie sich jetzt doch zu Wort gemeldet hatte, denn das ließ darauf schließen, dass sie sich wieder einigermaßen gefangen hatte.

»Na ja, ein Mann hätte vermutlich keine Hemmungen, eine Katze oder einen Hund umzubringen, um jemanden einzuschüchtern. Frauen ticken diesbezüglich anders. Auf ein Tier zurückzugreifen, das bereits tot ist, können sie eher vor sich selbst rechtfertigen.«

Erin holte tief Luft. »Aber welche Frau würde ein überfahrenes Tier am Straßenrand anfassen?« Cole konnte ihr ansehen, dass sie bei dem Gedanken an das blutige Bündel dort draußen bewusst den Brechreiz unterdrücken musste.

»Ich schätze mal, sie hat einen Komplizen«, sagte Mike. »Einen, der ihr die Drecksarbeit abnimmt.«

Erin nickte. »Klingt einleuchtend, aber wozu das alles? Wer hat einen Grund, auf mich zu schießen? Wer könnte es auf mich abgesehen haben?«, fragte sie mit wachsender Erregung.

Cole streichelte ihren Knöchel, um ihr zu signalisieren, dass er da war und sie nicht im Stich lassen würde, solange sie in Gefahr schwebte.

Sam trat ein. »Hey, das hier dürfte euch interessieren«, sagte er und wedelte mit einer versiegelten Plastiktüte, die einen kleinen Zettel enthielt.

Erin setzte sich aufrecht hin. »Was ist das?«

»Eine Botschaft. Handschriftlich verfasst.«

»Und was steht drauf?«, fragte Mike.

»›Finger weg!‹«, las Sam vor.

Erin hob eine Augenbraue. »Und wer oder was ist damit gemeint?«

»Tja, das ist die große Frage.« Sam klang genauso frustriert wie alle anderen im Raum.

»Vermutlich will mir jemand zu verstehen geben, ich soll die Finger von einem Mann lassen. Das deutet doch darauf hin, dass eine Frau dahintersteckt, oder?« Erin sah zu Cole. In ihrer angespannten Miene spiegelten sich Verwirrung und Sorge.

Er nickte. »Was das tote Tier angeht, gebe ich dir recht. Aber dass der Heckenschütze eine Frau war, wage ich zu bezweifeln.« Das war alles höchst verwirrend. Es konnte natürlich sein, dass der Täter – oder die Täterin – emotional instabil war …

In Erins Augen flackerte unvermittelt Panik auf. »Willst du damit etwa andeuten, dass womöglich zwei verschiedene Leute hinter mir her sind?«

Cole massierte weiter ihren Knöchel. »Es ist eine Möglichkeit, die wir nicht ausschließen können, das ist alles. Was meinst du, Mike?« Er sah zu ihrem Bruder, der eine ähnliche Ausbildung genossen hatte wie er selbst und ebenfalls bereits Erfahrungen als verdeckter Ermittler gesammelt hatte.

»Mit einer Waffe auf andere loszugehen, das klingt nicht nach einer Frau«, stimmte Mike ihm zu. »Die Sache mit dem überfahrenen Tier schon eher. Aber wie gesagt, es kann auch ein Komplize gewesen sein. Oder zwei Leute, die unabhängig voneinander zwei verschiedene Ziele verfolgen.«

Erin stöhnte. »Mir schwirrt der Kopf.«

»Nun warten wir erst einmal ab, vielleicht konnte der Forensiker ja ein paar Fingerabdrücke sicherstellen. Ihr habt doch hoffentlich nichts angefasst, oder?«, fragte Sam.

»Bist du verrückt?« Erin musste sich alle Mühe geben, um nicht erneut loszuwürgen. »Ich will Antworten«, sagte sie. »Es wäre schön, wenn eure Leute diesmal etwas schneller wären als bei der Auswertung der Patronen.«

»Das will ich hoffen«, sagte Cole, der bereits Schritte in diese Richtung eingeleitet hatte. »Ich kenne da jemanden, der mir noch einen Gefallen schuldet, und er hat versprochen, sich um die Angelegenheit zu kümmern und sich baldmöglichst zu melden.« Bis jetzt hatte er sich zurückgehalten, damit sich niemand auf den Schlips getreten fühlte, aber nun hatte er die Nase voll von der Warterei und der Rücksichtnahme auf ihre Brüder. Mike mochte wertvolle Kontakte in Manhattan haben, aber Cole kannte sowohl beim FBI als auch bei der State Police Leute, bei denen er noch etwas guthatte, und wenn er gewillt war, für jemanden einen ausstehenden Freundschaftsdienst einzufordern, dann für Erin.

Mike ging diese Entwicklung sichtlich gegen den Strich, doch er schluckte seine Einwände hinunter. »Danke«, sagte er widerstrebend.

»Gern geschehen.«

Mike stand auf und trat zum Sofa. »Und, sonst alles okay, Schwesterherz?«

Erin nickte. »Ich dachte, die morgendliche Übelkeit wäre endlich vorbei, aber das …« Sie schüttelte den Kopf, als könnte sie auf diese Weise die Erinnerungen daraus verbannen.

»Kein Wunder, wenn dir da alles hochkommt. Aber eigentlich meinte ich …«

»Eigentlich meinte er damit, ob du es noch mit mir aushältst«, ergänzte Cole.

Erin schnaubte entnervt. »Glaub mir, Mike, wenn es nicht so wäre, hätte ich Cole längst zum Teufel geschickt. Ende der Diskussion.« Sie verschränkte die Arme vor der Brust, um zu signalisieren, dass das Thema für sie damit abgehakt war. Diese Geste kannte Cole bereits zur Genüge.

»Wie du willst.« Mike hob resigniert die Hände. »Aber vergiss nicht ...«

»Dass du immer für mich da bist. Das weiß ich, und genau deshalb liebe ich dich.« Ihr Tonfall wurde etwas weniger schneidend. »Aber wenn ich das alles hinter mich bringen soll, ohne mich ständig aufzuregen, dann schlage ich vor, du findest dich damit ab, dass Cole jetzt ein Teil meines Lebens ist und immer eine Rolle im Leben meines Kindes spielen wird. Und ganz egal, wie diese Rolle aussehen mag, du solltest dich lieber jetzt schon mal mit dem Gedanken anfreunden.«

»Okay.« Mike beugte sich zu ihr runter, um ihr einen Kuss auf die Wange zu geben. »Ich rufe dich an, sobald es etwas Neues gibt.«

Erin nickte.

»Und du« – er drehte sich zu Cole um – »lässt sie keine Sekunde aus den Augen.«

»An mir kommt keiner vorbei«, sagte Cole. Ihre Ansichten mochten sich nicht immer decken, aber was Erins Sicherheit anbelangte, waren sie hundertprozentig einer Meinung.

Mike nickte zufrieden.

Als er aus dem Zimmer gegangen war, sagte Cole: »Du solltest dich ein bisschen frischmachen und umziehen, dann fühlst du dich bestimmt gleich besser und bekommst vielleicht sogar Appetit. Ich helfe dir.«

Erin stand auf. Sie war nicht mehr ganz so blass wie vorhin, eine zarte Röte überzog ihre Wangen. »Ich schaffe das auch allein, danke. Geh ruhig schon mal in die Küche, ich komme gleich nach.«

Er ließ sie gewähren, fand sich damit ab, dass sie sich dem ganzen Aufruhr zum Trotz vor ihm zurückgezogen hatte. Es war ihm gleich morgens aufgefallen, aber er hatte es nicht kommentiert. Natürlich zog er es vor, wenn sie sich ihm gegenüber etwas weniger reserviert verhielt, aber er hatte vollstes Verständnis für derartige Selbstschutzmaßnahmen.

Außerdem war es besser, wenn Erin nicht allzu anhänglich wurde und die Regeln, die er aufgestellt hatte, akzeptierte. Sex ohne Verpflichtungen, so hatte seine Bedingung gelautet, und heute gewährte sie ihm genau den Abstand, den ein derartiges Arrangement erforderte. Cole war einerseits froh darüber, denn das war sicherer für sie beide, andererseits schmerzte es ihn aber auch, dass sie sich so verschlossen gab.

Umso mehr, als sie offensichtlich dringend eine starke Schulter zum Anlehnen benötigte. Dass sie sich das verwehrte, war noch etwas, das er an ihr bewunderte: Obwohl sie ihn brauchte, achtete sie darauf, nicht vollkommen abhängig von ihm zu werden, wie dies bei vielen Frauen der Fall war. Cole musste unwillkürlich an Victoria Maroni denken, die ihn nach Beendigung seiner Mission auf Knien angefleht hatte, sie nicht im Stich zu lassen. Sie hatte sich aufgeführt, als wären sie ein Paar, dabei hatte er nicht einmal eine Affäre mit ihr gehabt. Er hatte nicht mit ihr geschlafen, hatte peinlich genau darauf geachtet, auch ja keine irreführenden Signale auszusenden.

Er kehrte mit seinen Gedanken zurück zu Erin, die drei volle Monate lang allein mit ihrer misslichen Lage hatte fertigwerden müssen, und er schämte sich dafür. Schließlich war er an der Entstehung ihres Kindes genauso beteiligt gewesen wie sie. Und jetzt dieser Arzttermin, über den sie ihn nicht informiert hatte ... In seinem Kopf schrillten die Alarmglocken, weil er schon nach so kurzer Zeit versucht war, Besitzansprüche zu stellen, obwohl sie gar keinen großen Wert darauf zu legen schien. Trotzdem wollte er für sie da sein, wollte sich um sie kümmern und ihr zeigen, dass sie nicht allein war.

Und das, obwohl er sie immer wieder ermahnte, sich ihre Unabhängigkeit zu bewahren. Denn die würde sie brauchen, wenn er wieder weg war. Doch im Moment war er noch hier – warum also sollte sie ihre Probleme im Alleingang bewältigen? Ihren Hang zur Selbstständigkeit konnte sie auch noch ausleben, wenn er Serendipity wieder den Rücken kehrte.

Der Tag hatte noch gar nicht richtig begonnen, aber Erin war bereits total erschöpft und mit den Nerven am Ende, als sie zehn Minuten später wieder nach unten ging. Was für ein Irrer hatte dieses tote Tier dort vor ihrer Tür deponiert? Und warum hatte der oder die Betreffende nicht wenigstens etwas präziser werden können? Finger weg *wovon*? Von einem bestimmten Fall vielleicht? Und wenn ja, warum?

Ihr Magen gab ein Knurren von sich, und erst da stellte sie fest, dass sie vor Hunger kaum noch geradeaus denken konnte. Wenigstens war die Übelkeit inzwischen vergangen.

In der Küche erwartete Cole sie mit einem leckeren Frühstück – es gab Orangensaft und Arme Ritter. »Du hast eindeutig deinen Beruf verfehlt«, stellte Erin grinsend fest.

Seine Fähigkeiten als Koch überraschten sie, und mit einem Mal verspürte sie den Drang, die Kunst der Selbstversorgung ebenfalls zu erlernen, damit sie nicht nur sich selbst, sondern vor allem ihr Kind gesund ernähren konnte.

»Nö, ich esse bloß gern«, widersprach er mit einem verschmitzten Lächeln.

»Würdest du es mir beibringen?«, fragte sie. »Dann könnte ich unseren Nachwuchs sonntags mit einem leckeren Essen verwöhnen, genau wie meine Mom uns früher.«

»Kann ich gerne machen«, sagte Cole, und sein Blick wärmte ihr das Herz.

Sie griff nach dem Ahornsirup und tränkte ihre Armen Ritter damit. »Jeden Sonntagvormittag ist mein Dad losgezogen, um die Zeitung zu holen, und wenn er zurückkam, standen wir alle auf und machten uns über die köstlichen Pancakes her, die Mom uns serviert hat.« Wie schön wäre es, wenn es bei ihr auch irgendwann ein solches Sonntagsritual gäbe!

Natürlich würde Cole nicht Teil dieses Szenarios sein. Sie schlug die Augen nieder, um ihre Enttäuschung darüber zu verbergen.

Dann schnitt sie ihre Armen Ritter in Stücke und steckte sich einen Bissen in den Mund. »Oh, Gott, du bist ein Naturtalent.«

Cole lachte und begann ebenfalls zu essen. »Also, was ist das für eine Untersuchung, die heute ansteht?«

Erin zuckte die Achseln. »Eine ganz normale Vorsorgeuntersuchung. Du kannst mich einfach hinbringen und hinterher wieder abholen. Ich rufe dich an, sobald ich fertig bin.«

»Erin.« Es klang leicht gereizt. »Ich weiß, bis jetzt musstest du dich mit all dem allein auseinandersetzen, aber das wird sich jetzt ändern.«

Sie hob den Kopf und schloss aus seiner angespannten Miene, dass er wohl besorgt um ihre Sicherheit war. »Also, wenn dir das ein besseres Gefühl gibt, kannst du dich meinetwegen auch ins Wartezimmer setzen. Aber ich wage zu bezweifeln, dass mir im Krankenhaus jemand etwas tun wird.« Sie nahm einen großen Schluck Orangensaft und spürte, wie sich die Energiespeicher ihres Körpers allmählich wieder füllten.

»Vergiss es, Süße.«

Sie musterte ihn mit schmalen Augen. »Du willst doch nicht etwa mit reinkommen, wenn ich untersucht werde, oder?«

Cole umklammerte die Gabel etwas fester. »Oh doch, genau das habe ich vor.«

Jetzt wurde es ihr allmählich zu dumm. »Es wird niemand da drin sein außer meinem Arzt und mir! Was soll mir schon groß passieren?« Nicht einmal ihre überfürsorglichen Brüder hätten sich derart aufdringlich gebärdet.

»Es geht nicht darum, dass dir etwas passieren könnte.«

»Ach nein?« Sie stellte das Glas ab. »Dann klär mich doch bitte auf, worum es geht, ich kapier's nämlich nicht.«

»Ist dir noch nicht in den Sinn gekommen, dass ich bei der Untersuchung vielleicht gern dabei wäre?«

Nein, das war ihr in der Tat noch nicht in den Sinn gekommen. Sie hatte sich längst daran gewöhnt, sämtliche Herausforderungen dieser Schwangerschaft allein zu meistern. Als er versprochen hatte, sich um sie und das Baby zu kümmern, hatte sie angenommen, er spiele lediglich auf den finanziellen Aspekt an.

Schließlich war er nur bei ihr eingezogen, weil sie in Gefahr schwebte, und nicht, weil er mit ihr zusammen sein wollte. Erst gestern Nacht hatte er ihr das wieder klargemacht. Hätte er die Wahl, dann säße er doch längst wieder in seinem Apartment über Joe's Bar und würde sie geflissentlich übersehen, wenn sie sich in der Stadt über den Weg liefen. Was sollte dann also jetzt diese frustrierte, gekränkte Miene?

»Du musst nicht mehr alles allein bewältigen«, versicherte er ihr. »Von nun an werde ich dir beistehen.

Und ich möchte eine Liste aller weiteren Termine, damit ich künftig bei den Untersuchungen mit von der Partie sein kann.«

»Ähm, okay ...«, murmelte Erin verunsichert.

Sie wusste nicht so recht, was sie davon halten sollte, aber seinen widersprüchlichen Aussagen nach zu urteilen wusste er es selbst auch nicht.

Auf der einen Seite *keine gemeinsame Zukunft*, auf der anderen Seite *du bist nicht allein*. Die beiden Positionen waren schlicht und ergreifend unvereinbar. Sie war verwirrt, aber eines war offensichtlich: Er war beleidigt, weil sie gar nicht auf die Idee gekommen war, ihn zu der Untersuchung mitzunehmen. Aber wie hätte sie denn ahnen sollen, dass er plötzlich erpicht darauf war, all die Kleinigkeiten zum Thema Schwangerschaft zu erfahren, die im Verlauf einer solchen Unterredung zur Sprache kamen? Sie hatte angenommen, dass Cole ... Tja, was – ihr die monatlichen Unterhaltszahlungen überweisen und sich ansonsten aus ihrem Leben raushalten würde? Traute sie ihm ein derartiges Desinteresse tatsächlich zu? Kein Wunder, dass er gekränkt war, wenn sie ihm diesen Eindruck vermittelt hatte.

Während sie schweigend zu Ende aßen, versuchte Cole Klarheit in das Gefühlschaos zu bringen, das in seinem Inneren herrschte. Er war verstört über seine Reaktion auf die Ankündigung, dass sie zu einer Vorsorgeuntersuchung musste. Seit wann wollte er in solche Vorgänge involviert werden? Und woher kam dieser Beschützerinstinkt, der ihn stets übermannte, wenn es um Erin ging?

Ja, er war der Vater ihres Kindes, und er hatte nicht vor, sich vor seinen Pflichten zu drücken. Allerdings hatte er sich bisher noch gar keine Gedanken darüber gemacht, was genau da auf ihn zukam. Vielleicht ging es ihr ja ähnlich, was bedeuten würde, dass seine Reaktion total überzogen gewesen war. Aber seit ihm ihr Bruder vorhin indirekt Vorwürfe gemacht hatte, weil Erin die ersten drei Monate der Schwangerschaft auf sich allein gestellt gewesen war, hatte sich ein neues Gefühl in ihm breitgemacht, das ihn total verwirrte.

Ihm brummte der Schädel. Er musste mit jemandem reden, um seine Gedanken zu ordnen. Nur: mit wem? Mike Marsden schied schon mal aus, der würde ihn mit bloßen Händen erwürgen. Vielleicht konnte er ja mit seinem Stiefvater sprechen, oder mit seiner Mutter ... Nein. Cole verwarf den Gedanken gleich wieder. Für diese Unterhaltung war er noch nicht bereit. Und an seinen leiblichen Vater konnte er sich erst recht nicht wenden. Cole lachte hohl. Sein alter Herr würde ausflippen, wenn er erfuhr, dass er Erin geschwängert hatte. Dieses Gespräch wollte er definitiv möglichst lange hinauszögern.

Vielleicht war ja sein Cousin Nick, der erst vor kurzem geheiratet hatte, ein geeigneter Kandidat. Genau. Er würde Nick anrufen, der konnte ihm bestimmt weiterhelfen. Denn es bestand ein himmelweiter Unterschied zwischen dem, was Cole empfand, und dem, was er zu geben in der Lage war, ganz zu schweigen davon, was Erin verdiente. Auf den ersten Blick mochten sie ja ganz gut zusammenpassen, und auch im Bett war sie ihm eine ebenbürtige Partnerin, doch Cole hatte keine Ahnung von der Art von Familienleben, die Erin als Kind genossen hatte. Ein Familienleben, wie sie es sich ganz augenscheinlich ersehnte – und wie er es ihr auch gönnte.

Kapitel 8

Dr. Reed, ein Gynäkologe mittleren Alters, drückte einen Klecks warmes Gel auf Erins Bauch und griff zur Ultraschallsonde. Gemeinsam warteten sie auf die Herztöne des Babys. Mittlerweile war Erin mit der Prozedur vertraut, und sobald das beruhigende an- und abschwellende Rauschen erscholl, entspannte sie sich. Seit sie das erste Mal den Herzschlag ihres Kindes vernommen hatte, hielt sie bei jeder Untersuchung gespannt den Atem an.

»So, jetzt hören Sie den Herzschlag Ihres Kindes, Mr. Sanders«, sagte der Arzt zu Cole.

Dieser schnappte nach Luft, dann tappte er nach Erins Hand und drückte sie. Seine Aufregung war offensichtlich und für Erin absolut nachvollziehbar. Leider stellten sich bei dieser Gelegenheit stets auch noch einige ganz andere Gefühle bei ihr ein. Gefühle, bei denen sich ihr Herz schmerzhaft zusammenkrampfte. Nun, da Cole neben ihr saß, kam sie sich sehr verletzlich vor, so nackt wie ihr entblößter Bauch. Seine Gegenwart weckte in ihr die Sehnsucht nach Dingen, die sie von Cole nicht erwarten durfte, das hatte er ihr klar und deutlich zu verstehen gegeben. Bei dem Gedanken tat sich eine gähnende Leere in ihr auf. Das war der Hauptgrund, warum sie von sich aus nie in Betracht gezogen hatte, Cole zu den Vorsorgeuntersuchungen mitzunehmen.

Erin hatte stets von einer eigenen Familie geträumt, und nach einer einzigen Nacht war plötzlich alles anders und ungleich komplizierter. Entschlossen schluckte sie den Kloß hinunter, der ihr im Hals steckte. Sie würde diesen Termin in Würde hinter sich bringen, sprich, ohne Tränen zu vergießen.

»Hören Sie mir eigentlich zu, Erin?«

Sie lächelte den Gynäkologen verlegen an. »Verzeihung, was haben Sie gesagt?« Sie war auf Empfehlung ihrer praktischen Ärztin hier, und es war eine gute Entscheidung gewesen – bis jetzt war sie sehr angetan von Dr. Reed, seinen Mitarbeitern und der Art, wie sie hier behandelt wurde.

Er lächelte nachsichtig. »Sie sind heute ja überhaupt nicht bei der Sache. Ich habe Sie gefragt, ob Sie das Geschlecht des Babys wissen wollen. Der Zeitpunkt passt, und der Fötus liegt gerade so, dass ich es ganz gut erkennen kann. Die Entscheidung liegt bei Ihnen.«

Erins Herz setzte vor Aufregung einen Takt aus. Sie wollte gerade antworten, doch Cole kam ihr zuvor.

»Würden Sie uns bitte kurz allein lassen, Dr. Reed?«, bat er den Arzt, sehr zu ihrer Verwunderung.

»Selbstverständlich. Ich bin in ein paar Minuten wieder da.« Dr. Reed steckte die Sonde in die Halterung und breitete Erin eine Einwegdecke aus Zellstoff über den Bauch, ehe er verschwand.

»Ich bin überwältigt«, sagte Cole, sobald der Arzt

weg war. Bei dem unerwarteten Geständnis schmolz Erin förmlich dahin. Wie konnte sie ihn weiter auf Distanz halten, wenn sie etwas so Großes und Wichtiges wie ein gemeinsames Kind verband?

»Genauso ging es mir auch, als ich das erste Mal die Herztöne gehört und den Fötus auf dem Bildschirm gesehen habe.« Sie blickte Cole in die Augen und entdeckte darin zu ihrem großen Erstaunen eine nie dagewesene Zärtlichkeit.

»Da sehe ich mich selbst gleich in einem noch kritischeren Licht«, murmelte Cole.

»Warum denn das?«, fragte sie erstaunt. Der heutige Tag brachte ja wirklich Überraschungen am laufenden Band. »Mir gefällt, was ich sehe. Wenn es nicht so wäre, befänden wir uns jetzt nicht hier.«

Cole verzog den Mund. »Dann siehst du definitiv etwas anderes als mein Vater und deine Brüder.«

Plötzlich verspürte Erin Wut auf Jed Sanders. Eines stand fest: Sie würde dem alten Miesepeter keine weiteren Aufläufe von ihrer Mutter bringen. Und ihre Brüder würden sich schon an Cole gewöhnen, wenn sie erst einmal den Schock über die Schwangerschaft verwunden hatten.

»Dein Vater ist ein Raubein, erbarmungslos und hartherzig. Er wollte ganz augenscheinlich keinen Sohn, sondern einen Klon, alles andere war ihm nicht gut genug. Aber du bist nun einmal nicht wie er. Und deine Mutter wäre bestimmt nicht mit dir aus Serendipity weggezogen, wenn sie nicht der Ansicht gewesen wäre, dass ihr beide etwas Besseres verdient habt.«

Cole nickte. »Ja, meine Mom ist ein Schatz.«

»Und sie hat dich von Jed weggebracht, oder?« Erin hielt den Atem an. Vielleicht würde sie nun endlich mehr erfahren. Vielleicht bewirkten die Intimität der Situation, das Schwarz-Weiß-Bild ihres Kindes auf dem Monitor und die Tatsache, dass sie hier halbnackt vor ihm in einem Untersuchungszimmer lag, dass er endlich einmal etwas mehr von sich preisgab.

»Versteh mich nicht falsch, ich war ein Tunichtgut als Teenager, und je strenger Jed zu mir war, desto bockiger habe ich mich aufgeführt. Irgendwann drohte er mir dann damit, mich auf die Militärakademie zu schicken. Als dann plötzlich ein Info-Flyer an der Kühlschranktür hing und ich begriffen habe, dass Dad schon alles in die Wege geleitet hatte, wusste ich, es musste etwas passieren.«

»Und was?«

»Ich habe dafür gesorgt, dass ich verhaftet werde. Es war eine dämliche Aktion. Ich war betrunken und habe mit einem Kumpel eine Häuserwand im Stadtzentrum mit Graffiti beschmiert.« Cole grinste verlegen, als wäre ihm diese Aktion selbst heute noch peinlich.

Erin gluckste, obwohl die Angelegenheit im Grunde nicht zum Lachen war. »Und dann?«

»Na ja, ich hab vom Knast aus natürlich nicht meinen Vater angerufen, sondern meine Mutter.« Cole lachte rau. »Sie kam und hat mir durch die Gitterstäbe hindurch versprochen, dass sie mit mir aus Serendipity wegzieht und dass wir woanders unsere Zelte aufschlagen, vorausgesetzt, ich änderte mich, sobald ich Jeds negativem Einfluss entkommen war.«

»Wow.«

Cole nickte. Seine Miene wirkte nachdenklich. Gequält. »Ich habe Besserung gelobt. Ich habe mir nichts sehnlicher gewünscht, als endlich von Jed wegzukommen. Du kannst dir sicher vorstellen, wie geschockt ich war, als ich feststellte, dass es ihr genauso ging. Ihre Schwester, die Mutter meines Cousins Nick, hat ihr Geld gegeben für den Neuanfang und den Kontakt zu einer Freundin hergestellt, die uns in New York eine Wohnung vermittelt hat. Dort hat Mom dann eine Stelle als Sekretärin bei einem Staatsanwalt angenommen und meinen Stiefvater Brody kennengelernt.« Als sie das hörte, empfand Erin tiefe Dankbarkeit gegenüber Coles Mutter, an die sie sich kaum erinnern konnte. »Cole?«

»Hm?«

Sie wusste, dass sie sich auf gefährliches Terrain begab, doch Dr. Reed war noch nicht zurück, und sie wollte furchtbar gerne noch mehr über ihn in Erfahrung bringen, um ihn besser zu verstehen. »Wenn deine Mom so gut zu dir war, warum war ihr Einfluss auf dich dann nicht stärker als der deines Vaters, der so wenig von dir hielt?«

»Na ja, wenn man so lange eingetrichtert bekommt, dass man nichts wert ist und nichts kann, dann glaubt man es irgendwann selbst. Jed hat sechzehn Jahre lang sein Gift versprüht.«

Seine Worte versetzten ihr einen Stich. Höchste Zeit

für einen Themenwechsel. »Erzähl mir noch was über deinen Stiefvater.«

»Das ist einfach. Brody Williams hat das Herz am rechten Fleck. Er hat sich Hals über Kopf in Mom verliebt, und sie muss mit Dad auch schon ziemlich lange unglücklich gewesen sein, wenn man bedenkt, wie schnell sie offen für etwas Neues war.«

»Und, war Brody ein guter Stiefvater?«, erkundigte sich Erin in der Hoffnung, dass Cole zumindest als Teenager dann ein positives männliches Vorbild gehabt hatte.

Cole nickte, und seine Gesichtsmuskeln entspannten sich. »Er war großartig. Er hat alles in seiner Macht Stehende getan, um einen anständigen Burschen aus mir zu machen. Hat sogar dafür gesorgt, dass die Verhaftung aus meinem Vorstrafenregister gestrichen wurde. Wenn er nicht gewesen wäre, hätte ich mich niemals an der Polizeiakademie angemeldet, so viel ist sicher – schließlich hatte ich mich davor hartnäckig geweigert, dem Beispiel meines Vaters zu folgen.«

»Und warum hast du deine Meinung dann doch geändert?«

»Weil ich wollte, dass Brody stolz auf mich ist.« Cole zuckte die Achseln, als wollte er sagen: So einfach war das.

Vielleicht war es das ja tatsächlich. Auch Erin hatte sich stets bemüht, den Erwartungen ihrer Eltern zu entsprechen, obwohl die beiden nie Druck auf sie ausgeübt hatten. Die brave Tochter hatte seit jeher in ihr gesteckt.

»Dann musst du alles vergessen, was Jed je zu dir gesagt hat und dir stattdessen in Erinnerung rufen, dass Brody eine gute Meinung von dir hat.«

Cole schenkte ihr sein seltenes Lächeln, worauf ihr Magen prompt einen Salto vollführte. »Oh ja, Brody hat mir gezeigt, was einen guten Vater ausmacht, und daran werde ich mich orientieren, verlass dich drauf«, sagte er, und Erin nickte.

Sie bedauerte es sehr, dass Cole in seiner Kindheit so schwer unter der ablehnenden, missbilligenden Haltung seines Vaters gelitten hatte. Je mehr sie über die seelischen Wunden erfuhr, die er davongetragen hatte, desto wütender wurde sie. Sie konnte wirklich von Glück sagen, dass sie im Kreise einer liebenden Familie aufgewachsen war. Natürlich war auch bei ihnen nicht immer alles eitel Wonne gewesen. Ihre Mom war von einem anderen Mann schwanger gewesen, als Simon Marsden sie geheiratet hatte, und erst voriges Jahr war Rex Bransom, Mikes leiblicher Vater, aufgetaucht und hatte dafür gesorgt, dass allerlei dunkle Geheimnisse gelüftet wurden. Doch ihre Familie war nicht daran zerbrochen, sondern hatte zusammengehalten, und das nicht zuletzt dank der Liebe, die ihre Eltern Ella und Simon an ihre Kinder weitergegeben hatten.

Genau dieses Gefühl von Sicherheit und Geborgenheit wollte Erin ihrem Kind vermitteln, und sie war überzeugt, dass Cole dasselbe empfand. Noch zweifelte er daran, dass sie ihrem Sprössling auf Dauer gemeinsam ein liebevolles Zuhause bieten konnten. Doch nur, weil er berufsbedingt immer wieder in die New Yorker

Unterwelt abtauchen musste, bedeutete das noch lange nicht, dass er in den Pausen zwischen seinen Missionen nicht zu ihr zurückkommen konnte, sofern sie das beide wollten. Wenn sie wissen wollten, ob sie eine Beziehung führen konnten, würden sie es eben versuchen müssen, ehe das Baby kam.

Erin musste zugeben, dass sie Angst hatte, und mit einem Mal war sie froh darüber, dass ihre Eltern bald nach Hause kommen würden, damit sie sich ihrer Mutter anvertrauen konnte. Im Grunde hatte Ella bei ihrer ersten Schwangerschaft ja ähnlich in der Zwickmühle gesessen wie sie. Warum ging ihr das eigentlich erst jetzt auf?

Bei der Erkenntnis musste sie unwillkürlich lächeln.

»Was gibt's denn da zu grinsen?«, fragte Cole.

»Ach, mir ist nur gerade etwas klar geworden.« Etwas, das es ihr ermöglichte, ihre Situation in einem neuen Licht zu sehen. Genauso musste Cole es auch anstellen. »Cole, lass nicht zu, dass Jeds Verhalten dir gegenüber bestimmt, was für ein Mann du bist und was für ein Vater du wirst. Sei einfach du selbst. Unsere Tochter oder unser Sohn kann sich glücklich schätzen, dich zum Vater zu haben.« Sie drückte seine Hand.

Sein dankbarer Blick sprach Bände und wärmte ihr das Herz.

»Apropos, wollen wir denn jetzt das Geschlecht des Babys wissen?«, fragte er sie und bereitete dem emotional aufgeladenen Moment damit ein jähes Ende.

»Ich dachte erst, ich will es wissen, aber ich glaube, ich lasse mich doch lieber überraschen. Was ist mit dir?«

»Ich bin mit allem einverstanden.«

Erin nickte. Zu schade, dass es ihnen nicht immer so leichtfallen würde, gemeinsame Entscheidungen zu treffen.

***

Als sie sich am Montagmorgen auf den Weg ins Büro machten, konnte Cole Erins Verunsicherung deutlich spüren. Kein Wunder, dass sie Angst hatte. Nachdem sie stets behauptet hatte, der Schuss auf sie sei keine Absicht gewesen, hatte sie nun endlich zur Kenntnis nehmen müssen, dass ihr irgendein Verrückter – wenn nicht sogar zwei – aus unerfindlichen Gründen Böses wollte.

Für heute wurde das Ergebnis der ballistischen Untersuchung erwartet, und Cole hoffte sehr, dass es ihnen ein paar Antworten oder zumindest eine heiße Spur liefern würde. Er setzte sich auf den Stuhl vor ihrem Büro, sodass jeder, der zu ihr wollte, an ihm vorbeimusste. Dies galt insbesondere für ihren schleimigen Boss, der kurz nach ihnen eintraf.

Der Kerl sah mit seinem Anzug samt Krawatte und dem teuren Haarschnitt aus, als wäre er soeben einer Parfumwerbung in einer Illustrierten entstiegen. Er war einfach zu glatt, zu geschniegelt, und hatte deswegen auf Cole von Anfang an einen unsympathischen Eindruck gemacht. Dass er nun einfach grußlos an ihm vorbeimarschierte, ehe er sich anschickte, Erins Büro zu betreten, machte die Sache auch nicht besser.

Cole erhob sich, streckte den Arm aus und räusperte sich.

Carmichael sah ihn an. »Was ist los, Sanders? Muss ich mich neuerdings einer Leibesvisitation unterziehen, bevor ich die heiligen Hallen betreten darf?«

»Komm rein, Evan«, rief Erin von drinnen. Pure Absicht vermutlich.

Cole hob den Arm und erntete einen selbstgefälligen Blick von Carmichael, ehe dieser eintrat.

»Was kann ich für dich tun?«, fragte Erin. Es klang, als würde sie sich freuen, diesen Bastard zu sehen.

Cole hatte darauf bestanden, dass sie die Tür offen ließ, somit konnte er genau hören, was drinnen vor sich ging. Seiner Ansicht nach war Carmichael mit seinem übertriebenen Charme und dem Hang zur Selbstüberschätzung der geborene Politiker. Ein Mann, für den nur der schöne Schein zählte.

»Ich wollte dich nur an unser Date am Samstagabend erinnern.«

Cole biss die Zähne zusammen, dabei hatte er bisher keinerlei Ansprüche auf Erin geltend gemacht. Im Gegenteil, er hatte ihr klipp und klar zu verstehen gegeben, dass er nicht die Absicht hegte, sie zu heiraten. Und das, obwohl er genau wusste, dass sie sich nichts sehnlicher als ein solches Happy End wünschte. Ihm war klar, dass er damit riskierte, sie früher oder später in die Arme eines anderen Mannes zu treiben.

Irgendwann, in ferner Zukunft.

Wenn überhaupt.

Aber eines war klar: Es durfte auf keinen Fall Evan Carmichael sein. Jedenfalls nicht, solange Erin mit Cole schlief.

»Das hatte ich ja total vergessen«, stöhnte Erin. Es klang aufrichtig erschüttert. »Wobei ›Date‹ nicht ganz der richtige Ausdruck ist. Ich begleite dich doch nur zum alljährlichen Ball der Anwaltskammer.«

»Nenn es, wie du willst, ich freue mich schon darauf. Und du weißt, es ist wichtig, dass man uns dort zusammen sieht. Schließlich möchte ich mich um den Posten des Generalstaatsanwalts bewerben, und dann wärst du meine Nachfolgerin hier im Büro.«

»Evan, ich habe nie gesagt, dass ich ...«

»Schweig still, mein Herz«, schwadronierte Carmichael, und bei seinem schwülstigen Tonfall ging Cole förmlich das Messer in der Tasche auf.

Am liebsten wäre er auf der Stelle zu Erin ins Büro gestürmt, aber er wusste, das nähme ein schlimmes Ende. Also biss er sich auf die Zunge, versuchte, seine Wut im Zaum zu halten und wartete ab.

»Wir wissen beide, dass du die perfekten Voraussetzungen mitbringst, um mein Erbe anzutreten. Zusammen sind wir das Power-Duo der Stadt – oder vielmehr, wir könnten es sein.« Verfluchter Scheißkerl. Wie es aussah, betrachtete er Erin und die Connections ihrer Familie quasi als Abschussrampe für seine kometenhafte Karriere. Das Power-Duo der Stadt? Nun, das würde Cole zu verhindern wissen. Schließlich trug Erin *sein* Kind unter dem Herzen. Er war schon gespannt, wie dieser selbst ernannte Saubermann dort drinnen diese Neuigkeit aufnehmen würde.

Los, sag ihm, dass du von mir schwanger bist, dachte Cole. Er erkannte sich selbst nicht wieder. So besitzergreifend war er sonst nie.

Erin murmelte etwas, das er nicht verstand.

»Lass es dir einfach noch einmal durch den Kopf gehen. Ich hole dich am Samstag gegen sieben ab, damit wir rechtzeitig für die Cocktails und ein bisschen Networking da sind.«

»Ähm ...«

Jetzt reichte es Cole allmählich. Er stand auf und baute sich in der Tür auf. »Und wie kommt ihr Bodyguard da ins Spiel, bitte schön?«

Evan drehte sich zu ihm um. »Um ehrlich zu sein gar nicht. In meiner Gegenwart ist sie absolut sicher.«

Cole hob eine Augenbraue. »Ach ja? Weil du im Bereich Personenschutz ja so hervorragend ausgebildet bist, oder wie?« Er verschränkte die Arme vor der Brust.

»Hör auf«, zischte ihm Erin zu.

»Na, was ist?«, hakte Cole nach. Er war entschlossen, seinen Widersacher ein für alle Mal in seine Schranken zu weisen. »Bist du bereit, jeden Angriff auf Erin unter Einsatz deines Lebens zu verhindern, zum Beispiel, falls noch einmal jemand auf sie schießt?«

Evan wurde blass.

»Genau das bin ich nämlich. Ich habe die entsprechende Ausbildung genossen, und ich bin körperlich topfit und bereit, für Erin mein Leben aufs Spiel zu setzen.«

Evan maß Cole mit einem Blick, der schon weit weniger abschätzig war als noch vor zwei Minuten. »Also, ich finde nach wie vor, dass du auf den Ball gehen solltest, Erin, aber vielleicht hat dein ... Bodyguard ja recht – ich kann dir nicht den Schutz bieten, den du benötigst.«

Es kostete ihn sichtlich Überwindung, das einzuräumen, und Cole kam nicht umhin, ihm ein gewisses Maß an Respekt dafür zu zollen. »Deine Sicherheit hat oberste Priorität, Erin. Aber deine Karriere ebenfalls. Du musst zu diesem Ball, und zwar nicht meinetwegen.«

Erin erhob sich. »Ich weiß gar nicht, ob ich dein Erbe überhaupt antreten will.«

»Das tut nichts zur Sache.« Evan trat an ihren Schreibtisch und sah ihr in die Augen. Cole ignorierte er geflissentlich. »Also, ich habe keine Ahnung, was da zwischen euch beiden läuft, aber eines solltest du nicht vergessen ...«

Sie wirkte verletzlich und schöner denn je, als sie so gespannt zu ihm aufblickte, als könnte er ihr große Weisheiten verkünden.

»Was denn?«

»Ich weiß nicht, was für Spielchen dieser Bursche mit dir treibt, aber glaub mir: Es sind Spielchen, mehr nicht. Erst hat er sich hier jahrelang nicht mehr blicken lassen, und jetzt ist er plötzlich wieder da und führt sich auf, als wärst du sein Eigentum. Dabei ist allen, auch deinen Brüdern, sonnenklar, dass er schon bald wieder von der Bildfläche verschwinden wird.«

Erin straffte die Schultern. »Evan, das geht eindeutig zu w...«

»Schon möglich, aber ich bin noch nicht fertig. Er wird diese Stadt verlassen, oder zumindest wird er dich verlassen.«

Jetzt hatte Cole endgültig die Nase voll. »Wie kannst du es wagen, für mich zu sprechen?«, knurrte er. Wenn es nach ihm gegangen wäre, hätte er Kleinholz aus diesem arroganten Aas gemacht, aber er riss sich am Riemen. Wegen Erin. Sie war weiß Gott schon gestresst genug.

Evan tat, als hätte er es gar nicht gehört. »Merk dir eines, Erin: Wenn er erst weg ist, wirst du froh sein, dass du eine Karriere hast, auf die du bauen kannst. Nicht zu vergessen deine Freunde, und dazu zähle ich auch mich, ganz egal, wie das hier gerade rüberkommt.«

Jetzt hatte Erin Tränen in den Augen. Das Schwein hatte offenbar ihren wunden Punkt getroffen.

»Du redest dich um Kopf und Kragen, Carmichael«, fauchte Cole drohend und trat zu ihm, doch Evan hob die Hände.

»Ruhig, Brauner. Ich räume das Feld. Und du solltest dasselbe tun, wenn dir Erin und ihr Wohl wirklich am Herzen liegen.« Damit stürmte er aus dem Büro, wobei er Cole absichtlich mit der Schulter anrempelte.

Gegen Mittag hatte Erin die Szene, die sich gleich morgens in ihrem Büro abgespielt hatte, noch immer nicht verarbeitet, und sie wusste auch gar nicht, ob sie überhaupt noch weiter darüber nachdenken wollte. Sie war stinksauer, und zwar auf beide Männer. Wie gut, dass sie bereits zum Essen verabredet war – mit Macy, dem einzigen Menschen, dem sie sich vorbehaltlos anvertrauen konnte. Cole war bereits über ihren Tagesplan informiert, es bestand also zum Glück nicht mehr die Notwendigkeit, mit ihm zu sprechen.

Sie stolzierte aus ihrem Büro in Richtung Aufzug und verkündete: »Ich gehe jetzt Mittagessen«, ohne bei ihm innezuhalten.

Er erhob sich und folgte ihr. Da sie noch immer kochte vor Wut, bestand wenigstens nicht die Gefahr, dass sie sich allzu viele Gedanken über den Heckenschützen machte, der womöglich draußen auf dem Parkplatz auf sie lauerte. Sie verdrängte den Gedanken einfach und marschierte zu ihrem Jeep.

»Reden wir irgendwann auch wieder normal miteinander?«, fragte Cole.

»Ich habe dir nichts zu sagen.« Sie fand es unfassbar, dass er sich in eine Diskussion mit ihrem Chef eingemischt hatte. Genauso unfassbar wie Evans beleidigende Kommentare über Cole.

Anfangs hatte sie noch jedes Mal protestiert, wenn sich Cole ans Steuer ihres Wagens gesetzt hatte, mittlerweile ließ sie es widerspruchslos geschehen.

Doch statt den Motor zu starten, drehte er sich zu ihr um und sagte: »Du bist verrückt.«

»Ach, und du etwa nicht?«, fragte sie empört. »Wie kommst du dazu, an meiner Stelle zu antworten, wenn Evan und ich einen Termin besprechen, der schon eine

Ewigkeit feststeht? Ein Termin, der dich nicht das Geringste angeht?« Sie starrte auf ihre geballten Fäuste und musste sehr an sich halten, um nicht auch zu einem verbalen Schlag unterhalb der Gürtellinie auszuholen. War es denn zu viel verlangt, dass er ihr mit dem gebührenden Respekt begegnete? Heute hatte er diesbezüglich eindeutig die Grenze überschritten.

»Was habe ich dir gesagt, als ich bei dir eingezogen bin?« Er wartete ihre Antwort nicht ab. »Da, wo du hingehst, gehe ich hin. Ich habe nur versucht, das auch deinem Boss zu erklären, der so erpicht darauf ist, mit dir *das Power-Duo der Stadt* zu bilden.«

Erin wandte ruckartig den Kopf zur Seite. Dahin war ihr guter Vorsatz, Ruhe zu bewahren. »Pass bloß auf, Cole, das klingt schon fast, als wärst du eifersüchtig, und wir wissen doch beide, dass das nicht die Art von Beziehung ist, auf die du aus bist, weil du mir nämlich nichts versprechen kannst oder willst. Keine Verpflichtungen.«

Cole blieb in Anbetracht ihres Ausbruchs kurz die Luft weg. Er sollte sich ruhig schon mal an den Sauerstoffmangel gewöhnen, denn sie war noch nicht fertig. »Und weißt du was? Nur weil wir zwei zusammen ein Kind gezeugt haben, heißt das noch lange nicht, dass ich mir von dir vorschreiben lasse, ob ich mit Evan oder irgendwelchen anderen Männern ausgehe oder nicht. Schon gar nicht, wenn sie mir meine Wünsche erfüllen können.«

Coles Augen hatten sich zu zwei schmalen Schlitzen verengt, und seine blauen Pupillen waren fast schwarz.

An seiner Wange zuckte ein Muskel. »Lass mich mal eines klarstellen«, knurrte er. »Solange du in Gefahr schwebst, kann ich verdammt noch mal sehr wohl bestimmen, mit wem du dich triffst. Und solange du mit mir das Bett teilst, werde ich garantiert nicht zulassen, dass du dich mit irgendwelchen anderen Kerlen verabredest, ganz egal, ob die Gründe dafür nun beruflicher oder privater Natur sind.« Das klang, als wäre er genauso wütend wie sie.

Vor allem der letzte Teil seiner Aussage überraschte sie, umso mehr, als er sich nun über die Mittelkonsole beugte, Erin eine Hand in den Nacken legte und sie an sich zog, um sie zu küssen, als wollte er seinen Worten damit Nachdruck verleihen.

Erin war einerseits versucht, ihn von sich zu stoßen, andererseits rührte sie seine Eifersucht auch über alle Maßen. Aus diesem Kuss ging unmissverständlich hervor, dass das hier für ihn mehr war als eine lästige Pflicht. Dass er mehr für sie empfand, als er zugeben wollte. War es möglich, dass es ihn genauso viel Kraft kostete wie sie, sämtliche Gefühle außen vor zu lassen?

Sie wehrte sich nicht direkt, leistete aber auch keinen aktiven Beitrag, bis Cole ihr mit der Zungenspitze über die Lippen leckte und flüsterte: »Mach den Mund auf und lass mich rein, Baby.«

Da fand sie sich damit ab, dass die Situation für sie beide gleichermaßen verwickelt und verwirrend war, und deshalb leistete sie seinem verführerischen Befehl Folge und gewährte ihm Einlass. Sein Kuss war genauso besitzergreifend wie seine Worte, sodass sie in seinen Armen förmlich dahinschmolz. Mit jedem zärtlichen Knabbern an ihren Lippen, mit jedem köstlichen Kreisen seiner Zunge schwand ihre Vernunft dahin, bis sie sich vollkommen in seinem Geschmack und seiner Art zu küssen verloren hatte, als wäre das alles, was zählte.

Schließlich hob Cole den Kopf und sah ihr in die Augen. »Haben wir uns verstanden?«

»Arrogantes Aas«, knurrte Erin. Nicht zu fassen, dass sie Gefahr lief, ihr Herz an diesen Mann zu verlieren. Und doch konnte sie ihm nicht widerstehen.

Er sorgte für sie, beschützte sie, kochte für sie, und hervorragend küssen konnte er obendrein. Aber er hatte auch so einige Makel.

Sollte sie es wagen, sich auf ihn einzulassen? Sollte sie sich an die Hoffnung klammern, dass er seine Vergangenheit überwinden und annehmen würde, was sie zu bieten hatte? Es war zweifellos ein riskantes Unterfangen, bei dem ihr Herz womöglich entzweigehen würde, wenn sich seine Prophezeiung bewahrheitete.

»Ich habe dich gefragt, ob wir uns verstanden haben.« Seine kräftige Hand ruhte noch immer in ihrem Nacken.

Konzentrier dich, Erin, dachte sie, doch solange er sie berührte, konnte sie keinen klaren Gedanken fassen.

»Ja, ja, alles klar«, sagte sie schließlich, um etwas Zeit zu gewinnen und zu überlegen, wie ihr nächster Schritt aussehen sollte.

Sie betraten das Family Restaurant gemeinsam, doch dann ging Erin schnurstracks auf Macy zu und ließ Cole einfach stehen. Da traf es sich umso besser, dass er vorhin bei einem Blick auf Erins Terminkalender beschlossen hatte, sich mit Nick zum Essen zu treffen. Er setzte sich an einen Tisch, von dem aus er sowohl den Eingang als auch Erin im Blick hatte. Nach den Geschehnissen des Vormittags schwirrte ihm der Kopf. Er hatte sich unmöglich aufgeführt, sowohl vorhin im Auto als auch morgens in Erins Büro.

Was zum Geier hatte er sich dabei gedacht? Er hatte überhaupt kein Recht, Besitzansprüche anzumelden. Wie es aussah, hatte er vollkommen den Verstand verloren. Am liebsten hätte er sich jetzt einen harten Drink genehmigt, um sein törichtes Verhalten zu vergessen, aber das war leider ausgeschlossen, also würde er sich wohl oder übel damit begnügen müssen, dass ihm Nick ordentlich den Kopf wusch. Hoffentlich war diesbezüglich auf seinen Cousin Verlass. Nick musste ihn dringend daran erinnern, warum er sich nicht noch tiefer in die Sache mit Erin verstricken durfte.

Er schielte zu Erin und Macy hinüber, die die Köpfe zusammensteckten und miteinander tuschelten. Erin hatte ihn keines Blickes gewürdigt, seit sie das Restaurant betreten hatten, dafür spähte ihre Freundin immer wieder zu ihm rüber. Als sich ihre Blicke kurz kreuzten, winkte sie sogar, und bei dem wissenden Grinsen, das ihr dabei über das Gesicht huschte, wurde Cole flau.

»Hey«, sagte Nick und riss ihn damit aus seinen düsteren Gedanken.

»Hi! Und danke, dass du gekommen bist.«

Nick ließ sich auf dem Platz gegenüber von Cole nieder. »Puh, du siehst ja richtig beschissen aus.« Er winkte der Kellnerin, einer rothaarigen jungen Frau, die sie beide nicht kannten, worauf sie lächelnd zu ihnen an den Tisch kam. »Was darf's denn sein?«

»Eine Cola und den Hackbraten, bitte«, sagte Nick ohne einen Blick in die Speisekarte.

»Okay, und für Sie?«

»Das Gleiche.« Die Bedienung notierte sich die Bestellung und ließ sie allein.

»Also, was hast du für Sorgen?« Nick lehnte sich zurück. Er wirkte entspannter denn je, und das wollte bei seiner von Natur aus lockeren Art etwas heißen.

Cole tat gar nicht erst so, als wüsste er nicht, worauf Nick hinauswollte. »Ich stecke bis zum Hals in der Scheiße«, gestand er ihm.

Nick lachte dröhnend. »Da muss eine Frau dahinterstecken. Und nachdem die ganze Stadt weiß, dass du zurzeit für Erin Marsden den Leibwächter spielst, nehme ich an, sie ist der Grund dafür.«

Die Kellnerin brachte ihnen die Getränke, und Cole wartete, bis sie wieder weg war, ehe er mit dem Kopf zu Erin und Macy deutete. »Ich habe den Verdacht, die beiden hecken irgendetwas aus.«

Nick drehte sich zu den zwei Frauen um und lachte erneut. »Da könntest du richtig liegen. Also, erzähl mal. Was ist passiert?«

Cole rang mit sich. Wie viel sollte er Nick erzählen? Erin schüttete gerade ihrer besten Freundin ihr Herz aus, und ihren Brüdern war er ohnehin bereits ein Dorn im Auge. Er brauchte dringend Verstärkung, jemanden, der auf seiner Seite stand.

Also beugte er sich über den Tisch und flüsterte: »Erin ist schwanger.«

Nick verschluckte sich prompt an seiner Cola. »Niemals«, keuchte er. »Wir reden hier von Erin, der Tochter des ehemaligen Polizeichefs, die sich in ihrem ganzen Leben noch keinen einzigen Fehltritt geleistet hat.«

»Das macht sie noch lange nicht zur Nonne.« Cole war sehr wohl bewusst, wie angriffslustig seine Worte klangen.

»Auch wieder wahr.« Nick schwieg einen Augenblick, als müsste er das eben Erfahrene erst einmal verdauen. »Mann, der Vater des Kindes ist nicht zu beneiden. Ihre Brüder werden ihn …«

»Bei lebendigem Leib kastrieren«, sagte Cole. »Ja, das würden sie wohl gern, wenn sie nicht darauf angewiesen wären, dass ich Erin rund um die Uhr bewache.«

Nick riss die Augen auf. »Ach du grüne Neune«, murmelte er. »Und, was hast du jetzt vor?«

»Na ja, ich werde sie und das Baby unterstützen, was sonst?« Zumindest hatte er so einiges auf der hohen Kante. Undercover zu arbeiten hatte auch Vorteile – man hatte kaum je Gelegenheit, das Geld, das man verdiente, auszugeben.

»Ist das alles?« Nick hob eine Augenbraue und musterte Cole, als wäre er total durchgeknallt. »Du hast das süßeste Mädel von ganz Serendipity geschwängert. Ziehst du denn gar nicht in Erwägung, sie zu h...«

»Sprich es gar nicht erst aus«, unterbrach Cole seinen Cousin. Seine Kehle war ganz ausgetrocknet, wenn er nur daran dachte, mit Erin vor den Traualtar zu treten. Sie hatte etwas Besseres verdient als ihn. Mehr, als er ihr jemals würde bieten können.

Nick runzelte die Stirn. »Komm schon, Mann. Du musst es doch wenigstens in Betracht ziehen.«

Cole schüttelte den Kopf. »Denk daran, was du gerade gesagt hast: Sie ist das süßeste Mädel der Stadt, ein richtiger Unschuldsengel. Ich dagegen bin der Fluch im Leben meines Vaters. Ich komme aus einer Welt, die düster und hässlich ist und in die ich immer wieder zurückkehren werde. Ich mache mir keine Illusionen, dass ich jemals gut genug für Erin sein werde.« So, jetzt war es heraus.

Denn manchmal ging ihm Erin so unter die Haut, dass selbst er eine Erinnerung an die kalten, harten Fakten brauchte.

»Wie, du willst ernsthaft weiterhin als verdeckter Ermittler arbeiten?«, fragte Nick. »Ich hatte gehofft, du würdest dir was Neues suchen und versuchen, ein normales Leben zu führen.«

Cole lachte rau. »Was weiß ich denn schon von einem sogenannten normalen Leben? Bei uns gab es ja noch nicht einmal normale, friedliche Mahlzeiten! Wenn mein Vater nach Hause kam, knallte er mit den Türen, beschwerte sich, meine Mutter sei eine miese Köchin und bombardierte mich mit Beleidigungen.

Mal abgesehen von dir habe ich keine echten Freunde, weil ich mich gewohnheitsmäßig abschotte und mir in den Pausen zwischen meinen Aufträgen ohnehin kaum Zeit bleibt, um engere Kontakte zu knüpfen. Glaubst du wirklich, das ist das Leben, das sie sich vorstellt?«, fragte er mit leiser, heiserer Stimme.

»Na ja, diese Entscheidung wirst du wohl ihr überlassen müssen.«

Cole schob das Kinn nach vorn. »Sie verdient etwas Besseres.«

»Klingt für mich nach einer faulen Ausrede.«

»Ich weiß, wovon ich rede. Und ihre Brüder sind derselben Ansicht.«

Nick musterte ihn mit einem verständnisvollen Blick. »Schon möglich, aber entscheidend ist letztendlich doch nur, was ihr wollt – du und Erin.«

Cole erwiderte nichts. Er hasste Diskussionen, bei denen man sich im Kreis drehte.

Aber Nick war ein hartnäckiger Bursche und gab sich nicht so leicht geschlagen. Mit dieser Taktik hatte er schon bei seiner Angetrauten Kate Erfolg gehabt. Immer wieder hatte er ihr beteuert, dass er nur sie wollte und sonst keine, bis sie endlich begriffen hatte, dass er es ernst meinte. Er war nicht einmal davor zurückgeschreckt, sie auszutricksen, damit sie etwas Zeit mit ihm allein verbrachte, eine Tatsache, mit der Cole seinen Cousin gerne aufzog, obwohl er Nick insgeheim für seinen Einfallsreichtum bewunderte.

»Wenn es für dich allerdings nur um Sex geht, dann ist es wohl besser, du lässt die Finger von ihr und besuchst bloß dein Kind, wann immer sie und der Knilch, den sie bis dahin geheiratet hat – denn irgendeinen wird sie heiraten – es dir gestatten.«

Wie gesagt, Nick gab nie auf. »Lassen wir das«, brummte Cole.

Nick stützte sich mit beiden Händen auf dem Tisch ab und beugte sich zu ihm rüber. »Irgendjemand muss mal Klartext mit dir reden, weil du nämlich zu stur bist, um zu kapieren, was Sache ist. In dieser Hinsicht, muss ich leider sagen, bist du genau wie dein alter Herr.«

Cole ballte die Fäuste.

»Reg dich wieder ab. Ich versuche nur, dir die Augen zu öffnen. Ich schlage vor, du nutzt die verbleibende Zeit bis zur Geburt, um dir zu überlegen, was du eigentlich willst. Ein Kind sollte man nicht auf die leichte Schulter nehmen.« So ernst hatte Cole seinen Cousin noch nie erlebt.

»Ich nehme hier gar nichts auf die leichte Schulter.«

»Das will ich hoffen. Lass dir eines von einem Mann gesagt sein, der für die Frau seiner Träume kämpfen musste: Es ist die Mühe wert. Sie …« – Er deutete mit dem Kopf in Richtung Erin – »… ist die Mühe wert.«

Ja, das ist sie in der Tat, dachte Cole, und genau deshalb musste er sich an seinen Plan halten. Doch solange er noch hier war, mit ihr unter einem Dach wohnte, sie beschützte und umsorgte, war sie sein.

Und das würde sie bleiben, bis er keine andere Wahl mehr hatte, als sie gehen zu lassen.

Kapitel 9

Erin hatte einen Bärenhunger, also ging ihre gute Freundin Macy, deren Familie das Restaurant führte, in die Küche und kam mit einem riesigen Stück Torte zurück. Das war jetzt genau das, was Erin brauchte.

Beim Anblick der Kalorienbombe stöhnte sie begeistert auf. »Eine Prinzregententorte! Die hab ich mir heute echt verdient.« Sie griff zur Gabel, bereit, sich über die Köstlichkeit herzumachen. »Her damit«, befahl sie und riss Macy praktisch den Teller aus der Hand.

»Okay, wenn du so heiß auf Süßes bist, hast du wohl nicht genug Sex.«

Erin hielt inne, die Hand mit der Gabel schon auf halbem Weg zu ihrem Mund. »Da liegst du nicht ganz falsch«, räumte sie ein, ehe sie sich den Bissen einverleibte.

Macy zog ihr den Teller weg. »Erzähl.«

Erin, die auf einen Themenwechsel gehofft hatte, bedachte ihre Freundin mit einem bitterbösen Blick, aber ihr war klar, dass sie ihre Torte erst zurückbekam, wenn sie sich erklärte. »Also gut, wir haben noch einmal miteinander geschlafen, aber davor hat er mir sehr deutlich zu verstehen gegeben, dass sich dadurch nicht das Geringste zwischen uns ändern wird. Und ich habe eingewilligt.«

Macy schüttelte bekümmert den Kopf. »Und ich dachte schon, der Mann hat Potenzial.«

»Das war noch nicht alles«, sagte Erin mit einem sehnsüchtigen Blick auf ihren Kuchen. »Am nächsten Tag habe ich dann den emotionalen Rückzug angetreten. Ich denke ja nicht daran, mich auf ihn einzulassen, obwohl ich schon vorher weiß, wie es ausgehen wird. Aber er sagt und tut immer wieder Dinge, die den Eindruck erwecken, dass er mehr für mich empfindet, als er zugeben will. Wahrscheinlich kann er es nicht einmal sich selbst eingestehen.«

»Zum Beispiel?«

Erin zuckte die Achseln. »Er führt sich auf, als wäre ich sein persönlicher Besitz. Stell dir vor, er hat mir sogar verboten, mit Evan zum Ball der Anwaltskammer zu gehen. ›*Solange wir das Bett teilen, werde ich garantiert nicht zulassen, dass du dich mit irgendwelchen anderen Kerlen verabredest, ganz egal, ob die Gründe dafür nun beruflicher oder privater Natur sind*‹, hat er gesagt«, berichtete sie, wobei sie Coles Baritonstimme imitierte.

Macy schnaubte belustigt. »Ich hoffe, du hast ihn dafür ordentlich in die Eier getreten. Wie kommt er dazu, dir Vorschriften zu machen?«

Erin schüttelte den Kopf. »Das war auf dem Weg hierher, und er ist gefahren. Kann ich jetzt meinen Nachtisch wiederhaben?« Ihre Verdrossenheit wuchs, ihre Stimme wurde zusehends lauter.

»Lass es mich anders formulieren: Ich hoffe, du hast den Drang verspürt, ihn dafür in die Eier zu treten.«

Nein. Nein, das habe ich nicht, dachte Erin. Diese Erkenntnis war ein richtiger Schock für sie.

»Du wirst ja ganz rot im Gesicht!«, quietschte Macy.

»Psst, nicht so laut!«

»Du hast also nichts dagegen, wenn er dir Vorschriften macht.«

»Also ... In diesem Fall hat es mich angetörnt«, flüsterte Erin, obwohl es ihr peinlich war, das zuzugeben. »Und jetzt will ich meine Torte wiederhaben!«

Macy stellte grinsend den Teller vor ihr ab, und Erin begann aufs Neue, den Kuchen in sich hineinzuschaufeln.

»Die ist einfach göttlich. Ein Glück, dass Tante Lulu wieder da ist.«

»Sie hofft immer noch auf eine Entschädigung von der Supermarktkette. Wie stehen denn deiner Einschätzung nach ihre Chancen?«

»Ganz gut, glaube ich. Es hat sich herausgestellt, dass in der Anwaltskanzlei, die sich eingeschaltet hat, ein Bruderzwist im Gange ist, bei dem es darum geht, wer die väterliche Firma übernimmt. Lange Geschichte. Ich habe den Vater angerufen und ihm erzählt, wie idiotisch sich seine beiden Söhne aufführen, während er in Florida seinen Lebensabend genießt.«

Macy schauderte. »So ein Familienbetrieb birgt immer Konfliktpotenzial.« Das wusste sie aus eigener Erfahrung.

Erin nickte. »Ich habe dem Vater erklärt, dass seine Firma im Nu den Bach runtergehen wird, wenn er nicht zurückkommt und für klare Verhältnisse zwischen seinen Söhnen sorgt.« Sie grinste. »Ich wette, die Sache ist bald ausgestanden und Tante Lulu erhält ein hübsches Sümmchen als Entschädigung.«

Jetzt lächelte Macy breit. »Danke. Da wird sie sich riesig freuen.«

»Gern geschehen.« Erin leckte ein letztes Mal die Gabel ab und legte sie dann auf den Teller. »So, jetzt bin ich satt.«

»Gut. Nachdem deine primären Bedürfnisse nun gestillt sind, lass uns überlegen, wie du diesen Döskopp dazu bringst, dass er wenigstens mal den Versuch startet, eine richtige Beziehung mit dir zu führen.« Macy wackelte mit den Augenbrauen.

»Vergiss es. Das hat er von vornherein ausgeschlossen.«

»Aber sein Verhalten spricht eine andere Sprache, richtig?«

Erin zuckte die Achseln. »Ja, aber das tut nichts zur Sache. Der Kerl ist stur bis dorthinaus.«

»Du ebenfalls, meine Liebe. Also, wie ich das sehe, kann es nicht schaden, wenn du aufs Ganze gehst und auch mit ihm schläfst, solange er hier ist und Interesse signalisiert. Vielleicht hat er, bis das Baby da ist, ja eingesehen, was für eine tolle Frau du bist und was für ein schönes Leben er mit dir führen könnte. Und wenn nicht, kannst du ihn dann immer noch vor die Tür setzen.« Macy grinste verschwörerisch. »Aber du kannst es natürlich auch von vornherein bleiben lassen.«

Erin war eine Kämpfernatur. Sie gab nicht einfach auf, wenn es anstrengend wurde, sonst hätte sie weder das Studium geschafft noch ihre Abschlussprüfung bestanden. Ihr war bewusst, dass sie es leichter gehabt hatte als viele ihrer Freunde, weil sie bislang von großen persönlichen Dramen verschont geblieben war. *Bislang*, dachte sie und schielte auf ihren Bauch.

»Na, wie lautet deine Entscheidung?«, fragte Macy. »Und beeil dich, er ist auf dem Weg hierher. Also, wirst du es versuchen oder nicht?«

Erin straffte die Schultern. »Ich versuch's.« Jetzt gab es kein Zurück mehr.

»Schönen guten Tag, die Damen«, begrüßte Nick Mancini sie, ehe Cole den Mund aufmachen konnte.

»Tag, Nick. Na, wie läuft's? Wie geht es Kate?«, erkundigte sich Macy.

»Verdammt gut.« Seinem breiten Grinsen nach zu urteilen genoss er das Eheleben in vollen Zügen. »Da fällt mir ein, dass Kate und ich für Sonntag ein paar Verwandte und Bekannte eingeladen haben, und wir würden uns freuen, wenn ihr zwei auch kommen würdet«, fügte er dann, zu Macy und Erin gewandt, hinzu.

»Ach ja? Das hast du ja noch gar nicht erwähnt«, sagte Cole.

»Weil du mir jedes Mal einen Korb gibst. Aber wenn deine hübsche Lady zusagt, musst du wohl oder übel mitkommen, weil du dieser Tage ja ihr Schatten bist.« Nick lachte und war sichtlich stolz auf seine Strategie.

Cole verzog das Gesicht, was Erin nicht überraschte.

Sie unterdrückte ein belustigtes Schnauben. Nick kannte seinen Cousin ja ziemlich gut.

»Dann kann ich Kate also sagen, dass ihr kommt?«, hakte Nick nach.

Erin sah zu Macy hinüber. Es war lange her, dass sie sich mit Freunden getroffen und einfach ein bisschen amüsiert hatte.

Macy nickte. »Ich komme gern.«

»Ich auch«, sagte Erin freudestrahlend, wich dabei jedoch Coles Blick aus.

»Ich werde Kate anrufen und sie fragen, was ich mitbringen soll«, sagte Kate.

»Ich besorge eine von Tante Lulus Torten«, verkündete Erin, ehe Macy womöglich auf diese Idee verfallen konnte.

Macy kicherte. »Wir wissen ja alle, was für eine Niete du in der Küche bist.«

Erin schüttelte den Kopf. »Cole hat versprochen, mir das Kochen beizubringen«, sagte sie, und ihr war bewusst, dass damit der Kurs für die nächsten Wochen beschlossen war: Sie würde die emotionale Rüstung ablegen und sich auf ihn einlassen. Blieb nur zu hoffen, dass er dasselbe tun würde.

Und falls das Experiment scheiterte, konnte sie zumindest sagen, dass sie für ihren Teil sich nach Kräften bemüht hatte. Wenn er erst weg war, hatte sie mit ihrem Kind und dem Job garantiert so viel um die Ohren, dass ihr keine Zeit blieb, um ihm nachzutrauern …

Wer's glaubt, wird selig, dachte sie. Dann riss sie das Klingeln eines Mobiltelefons aus ihren Gedanken.

Während sie noch suchend um sich blickte, um die Quelle des aufdringlichen Geräusches zu orten, zückte Cole sein Handy. »Sanders«, sagte er. »Was gibt's?« Er lauschte, wobei sein Blick auf Erin ruhte.

Sie beugte sich gespannt nach vorn. Wahrscheinlich waren das die Leute von der ballistischen Abteilung. Bei dem Gedanken an ihre Schussverletzung krampfte sich unvermittelt ihr Magen zusammen.

»Verstehe. Okay, ich werde gleich mal jemanden damit beauftragen, die Spur weiterzuverfolgen. Erwarten Sie einen Anruf von Mike Marsden. Danke. Ich schulde Ihnen was.« Er legte auf. »Das Projektil stammt aus einer Pistole, die im Vorjahr bei einem bewaffneten Überfall zum Einsatz gekommen ist. Mit etwas Glück kann uns der Kerl, dem sie gehört – oder zumindest damals gehört hat – weiterhelfen. Vielleicht hat er im Auftrag eines anderen gehandelt. Und falls er die Waffe inzwischen verkauft hat, kann er uns hoffentlich etwas über den Käufer sagen. Es ist nicht viel, aber mehr haben wir nicht.«

Erins Kehle war wie ausgetrocknet. Sie nahm einen großen Schluck Wasser. »Immerhin, besser als nichts.«

»Ich gehe mal eben raus und sage Mike Bescheid, damit er seine Leute informiert und die Sache weiterverfolgen lässt. Bin gleich wieder da. Rühr dich nicht vom Fleck«, befahl er Erin.

Doch diese saß benommen da, von einem plötzlichen Schwindelgefühl erfasst, und hatte ohnehin weder die Kraft noch die geringste Lust, sich ihm zu widersetzen.

Obwohl Erin beschlossen hatte, aufs Ganze zu gehen, nachdem sich Cole neulich wie ein eifersüchtiger Ehemann aufgeführt hatte, war sie eigentlich davon ausgegangen, dass er die Initiative ergreifen würde. Doch in den darauffolgenden achtundvierzig Stunden hatte er keine Anstalten gemacht, sich ihr zu nähern. Somit war es an ihr, den ersten Schritt zu tun und ihm zu zeigen, was für eine Zukunft ihn an ihrer Seite erwartete. Es ging um weit mehr als nur um Sex, das war ihr klar.

Ein Leben mit ihr, das bedeutete, dass sie sich mit Freunden und Familienmitgliedern trafen, zum Essen ausgingen, berufliche Events besuchten und dergleichen mehr. Ein solches Event stand diesen Samstagabend an, und sie hatte Cole bereits darüber aufgeklärt, dass er sich dafür einen Anzug samt Krawatte zulegen musste. Somit war demnächst nach Feierabend ein Besuch im Einkaufszentrum fällig. Am Sonntag waren sie dann bei Nick eingeladen – noch eine Gelegenheit, sich in der Öffentlichkeit mit ihm zu zeigen und vor aller Augen Zärtlichkeiten mit ihm auszutauschen, sofern ihr der Sinn danach stand. Die Voraussetzung dafür war jedoch, dass sich zwischen ihnen etwas änderte.

Heute Abend wollte Erin einen ersten Schritt in diese Richtung wagen, obwohl ihr bei dem Gedanken etwas mulmig zumute war. Aber davor musste sie ihre Eltern zu Hause willkommen heißen und ihnen von ihren Neuigkeiten berichten. Sie hatten ja keine Ahnung, dass ihre Tochter schwanger war und man sie obendrein auch noch angeschossen hatte.

Erin hatte keine Lust, dieses Gespräch in der Anwesenheit ihrer Brüder zu führen, die bereits gegen Cole voreingenommen waren. Deshalb hatte sie beschlossen, erst einmal nur mit ihrer Mutter zu sprechen und mit ihr zu überlegen, wie sie es ihrem Vater schonend beibringen konnten. Denn ihre Brüder hatten ganz sicher nicht den Mumm, ihr diese Herausforderung abzunehmen.

Erin schälte sich aus ihren Arbeitsklamotten und zog ein sexy Höschen mit passendem BH an, schließlich wollte sie den Abend mit Cole im Bett ausklingen lassen. Doch als sie in ihre Jeans schlüpfte, musste sie feststellen, dass sie sich nicht mehr zuknöpfen ließ. Ihr Bauch war über Nacht zu dick geworden. Sie zog die Hose wieder aus, trat zum Schrank und begann systematisch sämtliche Klamotten durchzuprobieren. Das Ergebnis war jedes Mal dasselbe.

Frustriert warf sie ein Kleidungsstück nach dem anderen auf ihr Bett.

»Wir sollten uns allmählich auf den Weg machen, Erin!«, rief Cole vom Flur und klopfte an ihre Tür.

»Ich gehe nirgendwohin«, rief sie mit einem ungläubigen Blick auf den Kleiderberg.

Sie bedeckte sich nicht, als er die Tür öffnete und hereinkam. Wozu auch? Erstens hatte er sie bereits nackt gesehen, zweitens war sie viel zu genervt, weil sie nicht früh genug daran gedacht hatte, sich Umstandskleidung zu besorgen, und drittens verfolgte sie einen Plan und konnte bei dieser Gelegenheit gleich mal überprüfen, wie er reagierte, wenn sie halbnackt vor ihm stand, Babybauch hin oder her.

Die Reaktion fiel eindeutig aus: Kaum hatte er sie erblickt, spiegelte sich unverhohlenes Begehren in seinen Augen. Erin atmete erleichtert auf und war knapp davor, die Oberschenkel zusammenzupressen, um gegen die quälende Leere anzukämpfen, die sie mit einem Mal tief in ihrem Inneren verspürte.

»Was ist los?«, fragte er, und allein seine raue Stimme versetzte ihre Nervenenden in Alarmbereitschaft.

»Ähm, ich habe ein … kleines Problem.«

Cole legte den Kopf schief, ohne ihren praktisch nackten Körper aus den Augen zu lassen. »Nämlich?«

Erin deutete auf das Bett. Er folgte ihrem Blick und blinzelte erschrocken. »Ach herrje, ist dein Kleiderschrank explodiert?«

»Ja, genau wie mein Bauch«, brummte sie. »Nichts passt mehr.«

Er war immerhin Gentleman genug, sich dazu nicht zu äußern. »Zieh doch einfach noch einmal den Rock an, den du heute im Büro anhattest«, schlug er ihr vor. Eine ziemlich diplomatische Antwort, wie Erin fand.

»Der war auch schon zu eng«, wandte sie mit glühenden Wangen ein. »Ich musste den Knopf hinten offen lassen und die Bluse über dem Bund tragen, damit man es nicht sieht, aber es war total unpraktisch, der Rock ist ständig gerutscht.« Ihr war durchaus bewusst, dass sie klang wie ein quengelndes Kleinkind, aber es war ihr egal.

Cole gluckste, was sie nur noch mehr ärgerte. »Was gibt es denn da zu lachen?«, fauchte sie ihn an.

»Äh, nichts.« Er hob sogleich die Hände und musterte sie mit der ängstlichen Miene eines nervösen Mannes, der weiß, dass er ein hormongesteuertes Frauenzimmer vor sich hat. »Hör zu, ich glaube, deine Eltern fänden es etwas unpassend, wenn du in meiner Jogginghose bei ihnen auftauchst. Kannst du dich nicht doch in irgendetwas reinzwängen? Und morgen gehen wir dann Umstandsklamotten shoppen, okay?«

»Wir?« Eigentlich müsste sie längst daran gewöhnt sein, dass er sich der ersten Person Plural bediente, wann immer sie darüber sprachen, dass sie irgendwohin musste oder etwas zu erledigen hatte, aber es klang nach wie vor neu für sie.

Vielleicht lag es daran, dass das Wörtchen *wir* jedes Mal ihr Herz schneller schlagen ließ und Hoffnungen weckte.

Erin verschränkte die Arme vor der Brust, während er versuchte, ihre nackten Beine und die bereits erkennbare Wölbung unter dem Seidenhemdchen zu ignorieren.

»Ja, *wir*. Du weißt, wenn du shoppen gehst, muss ich dich fahren. Also, ziehst du dich jetzt an oder willst du deine Eltern in diesem Aufzug überraschen, damit sie gleich sehen, was Sache ist?«

Erin wedelte aufgebracht mit den Armen. »Okay, okay, ich mach ja schon. Der ging noch am ehesten.« Sie griff sich den Rock, den sie schon tagsüber getragen hatte. »Ich werde einfach wieder den Knopf offen lassen und hoffen, dass es keinem auffällt.«

Sie wartete ab, dass er sie allein ließ, da er jedoch keine Anstalten machte zu gehen, zog sie sich vor seinen Augen an.

»Erin?«

»Hm?«

»Ich hab's ernst gemeint, als ich dir vorhin Schützenhilfe bei dem Gespräch mit deinen Eltern angeboten habe.« Er hatte ihr den Vorschlag auf dem Nachhauseweg unterbreitet, und sie hatte ausweichend geantwortet, weil sie es sich erst gründlich überlegen wollte. »Ich weiß, du brauchst keinen Beschützer, solange deine Brüder und dein Vater bei dir sind, aber du musst es deinen Eltern nicht allein sagen.«

Bei seinen Worten verpuffte ihr irrationaler und eindeutig hormonell bedingter Zorn über ihr Kleiderproblem. Wie so oft reichte die Palette der Gefühle, die sie in seiner Gegenwart empfand, von Frustration bis hin zu Verblüffung über seine rührende Fürsorge.

»Dir ist schon klar, dass mein Daddy ein Schießgewehr zu Hause hat?«, scherzte sie. Sie konnte nicht anders.

Als er das Gesicht verzog, wurde sie wieder ernst. »Ich weiß es zu schätzen, dass du mich unterstützen willst«, sagte sie leise. Es gehörte schon ganz schön viel Mut dazu, sich freiwillig einer Konfrontation mit dem ehemaligen Polizeichef von Serendipity zu stellen. Erin holte tief Luft, ehe sie ihm erklärte, warum sie es lieber allein hinter sich bringen wollte. »Wir sind kein Paar, und deshalb muss ich da jetzt allein durch.«

Ja, sie wünschte, sie wären ein Paar, und sie würde alles in ihrer Macht Stehende tun, um ihm die Augen zu öffnen, in der Hoffnung, dass er irgendwann doch seine Meinung änderte. Aber ihre Eltern würden unweigerlich enttäuscht sein, wenn sie jetzt mit Cole im Schlepptau aufkreuzte, um ihnen die frohe Botschaft von ihrer Schwangerschaft zu überbringen und am Ende dann doch allein dastand. Und es war nun einmal nicht auszuschließen, dass es so laufen würde.

»Wie du meinst«, presste er sichtlich gekränkt hervor.

Erin konnte ihn verstehen, aber sie hatte ihre Entscheidung nicht leichtfertig getroffen. Sie hatte sogar mit Sam darüber gesprochen, der in dieser Angelegenheit bislang der Vernünftigere ihrer beiden Brüder gewesen war, und er hatte ihr beigepflichtet.

Cole wandte sich zum Gehen, doch ehe er das Schlafzimmer verließ, drehte er sich noch einmal um und stützte sich mit einer Hand am Türstock ab. »Komm einfach runter, sobald du fertig bist. Ich bringe dich zu deiner Familie, und dann fahre ich weiter zu Joe's Bar und hole dich hinterher wieder ab.«

Erin biss sich auf die Unterlippe. Ihr war bewusst, dass sie im Begriff war, Salz in die Wunde zu streuen, als sie sagte: »Ähm, mein Bruder hat vorhin angerufen und angeboten, mich zu fahren. Ich dachte, du bist bestimmt ganz froh, wenn du mal ein paar Stunden Pause hast vom Babysitterdienst, also habe ich das Angebot angenommen.«

Coles Finger umklammerten den Türrahmen etwas fester. »Lass mich raten: Mike, dieses Aas.«

Erin zog die Nase kraus. »Um ehrlich zu sein, war es Sam.« Sie hatte nur noch keine Gelegenheit gehabt, Cole Bescheid zu geben – und über ihrer Klamottenkrise hatte sie es völlig vergessen.

Er zuckte die Achseln, als wäre ihm das alles einerlei, aber sie spürte, dass er sauer war.

»Tja, dann fahr ich eben gleich zu Joe's, um meine *Pause* zu genießen. Ruf mich an oder schick mir eine SMS, wenn du auf dem Rückweg hierher bist, dann fahre ich ebenfalls los.«

Damit machte er sich vom Acker. Mit wehem Herzen und schlechtem Gewissen lauschte Erin seinen Schritten, die unten durch den Vorraum hallten.

Es tat unheimlich gut, endlich wieder mit ihrer Familie vereint zu sein. Sam, Mike, Cara und Erin hatten sich allesamt bei Ella und Simon eingefunden, und erst da wurde Erin bewusst, wie sehr ihr all diese Menschen gefehlt hatten, zumal sie in letzter Zeit so viel mitgemacht hatte. Von Gefühlen überwältigt brach sie plötzlich in Tränen aus.

Ella Marsden trat zu ihr und legte ihr eine Hand auf die Schulter. »Jetzt bin ich ja wieder da.« Sie spähte über Erins Schulter hinweg zu Simon, Mike und Sam. »Entschuldigt uns kurz. Wir sind gleich zurück.« Dann nahm sie Erin an der Hand und führte sie hinaus in ihr Allerheiligstes, die Küche.

Im Korridor hörte Erin noch, wie ihr Vater ihre Brüder fragte: »Wisst ihr zufällig, was sie hat?« Puh, sie war gespannt, ob die beiden dichthalten würden, aber allzu große Hoffnungen machte sie sich nach ihrem Gefühlsausbruch nicht.

»Okay, was ist los?«, wollte Ella sogleich wissen.

Erin betrachtete ihre Mutter, die gesund und glücklich wirkte. Die Kummerfalten, die sich während Simons Krebserkrankung im vergangenen Jahr tief in ihr Gesicht gegraben hatten, waren so gut wie verschwunden.

»Ich schätze mal, ich kann dich nicht überreden, erst mal etwas von der Reise zu erzählen?«, fragte Erin in der Hoffnung, das Unausweichliche noch etwas hinauszuschieben.

Ihre Mutter bedachte sie mit einem Blick, den Erin aus Kindertagen nur zu gut kannte. *Sofort raus mit der Sprache, sonst setzt's was*, bedeutete dieser wohlvertraute Blick.

»Okay.« Erin starrte auf ihre ineinander verkrampften Finger. »Also, an dem Abend nach Mikes Hochzeit war ich irgendwie ...«

»Einsam«, ergänzte Ella leise.

Erin nickte und spürte, wie ihr schon wieder Tränen in die Augen stiegen. »Es kam mir so vor, als hätten alle um mich herum die große Liebe gefunden, nur ich nicht. Ich hab mich ein bisschen in Selbstmitleid gesuhlt, und auf dem Nachhauseweg habe ich dann einen Zwischenstopp bei Joe's eingelegt. Und dort mit Cole Sanders getanzt.«

Ella lauschte ihr mit verständnisvoller Miene, ohne sie zu unterbrechen, als wüsste sie, dass sie Erin nicht drängen durfte.

»Eins hat zum anderen geführt, und ... na ja, wir sind miteinander im Bett gelandet.« Erin hielt den Blick gesenkt. Es gab weiß Gott Angenehmeres, als mit ihrer Mutter über ihr Liebesleben zu sprechen. »Es war ein klassischer One-Night-Stand, und in der Zeit danach hat er dann kaum drei Worte mit mir gewechselt.«

»Und das hat dich natürlich gekränkt.« Aus Ellas Worten sprach der Durchblick einer Frau und Mutter.

Erin nickte. »Und wie. Aber ich konnte es irgendwie auch verstehen. Er war gerade erst nach Serendipity zurückgekehrt, und er hatte ganz offensichtlich irgendein schlimmes Erlebnis zu verarbeiten.« Sie holte tief Luft. »Ungefähr einen Monat später war mir dann plötzlich ständig übel.«

»Oh Gott.« Ella hatte bereits begriffen, was das bedeutete. Sie griff nach Erins Händen.

»Ich wollte es wohl nicht wahrhaben, deshalb habe ich auch nicht gleich geschaltet und erst einen Test gemacht, als mich Trina quasi mit vorgehaltener Knarre dazu gezwungen hat. Und dann konnte ich mich ewig nicht dazu durchringen, es jemandem zu sagen. Ich musste es erst einmal selbst verarbeiten.«

»Weiß Cole Bescheid?«

Erin atmete aus. »Ja, aber noch nicht lange.« Sie hob den Kopf und sah ihrer Mutter in die Augen. »Das war noch nicht alles.«

»Ich höre.« Eines musste man ihr zugutehalten: Sie lauschte schweigend, ohne nachzuhaken und ohne ein Wort der Missbilligung.

»Ihr wart noch nicht lange weg, da hat jemand auf mich geschossen. Ich war gerade auf dem Weg zur Arbeit, genauer gesagt, auf dem Parkplatz vor der Staatsanwaltschaft.«

»Waaas?« Ella wurde leichenblass.

»Es geht mir gut, Mom, ehrlich. Es war ein glatter Durchschuss, und ich habe keine bleibenden Schäden davongetragen. Alles Weitere dazu erzähle ich dir in ein paar Minuten. Viel ist es ohnehin nicht. Wie dem auch sei, man hat mich ins Krankenhaus gebracht, und weil Mike versuchen wollte, Sam aufzustöbern, hat er Cole gebeten, bei mir zu bleiben, während ich verarztet wurde. Der Arzt hat erwähnt, dass ich schwanger bin, und Cole hat es zufällig gehört. So hat er es erfahren.«

»Du meine Güte! Ich weiß ja gar nicht, worauf ich zuerst reagieren soll.«

Erin verzog das Gesicht. »Lass mich doch erst einmal zu Ende erzählen.«

Ella riss die Augen auf. »Wie, es ist noch mehr passiert?«

»Nicht allzu viel. Cole und Mike hätten sich beinahe geprügelt, weil sie sich nicht einigen konnten, wer mich aus dem Krankenhaus abholen sollte. Ich wollte unbedingt nach Hause, und Cole hat darauf bestanden, auf mich aufzupassen, und Mike war ebenfalls der Meinung, dass ich jemanden brauche, der rund um die Uhr für meine Sicherheit sorgt. Letzten Endes haben wir uns darauf geeinigt, dass Cole vorübergehend bei mir einzieht, obwohl ich das total lächerlich fand, weil ich dachte, der Schuss auf mich wäre bloß ein Unfall gewesen.«

»Aber es war kein Unfall?« Die Stimme ihrer Mutter klang rau und besorgt.

Erin zuckte die Achseln. »Offenbar nicht.« Sie berichtete von dem überfahrenen Tier, das sie vor ein paar Tagen auf ihrem Fußabstreifer vorgefunden hatte. »Cole hat erzählt, Mike und Sam hätten dank der ballistischen Untersuchung inzwischen eine Spur. Aber sie sind nicht sicher, ob hinter beiden Vorfällen ein und derselbe Täter steckt. Auf jemanden zu schießen ist ein schweres Vergehen, jemandem ein totes Tier vor die Tür zu legen, ist dagegen eher harmlos. Die Reihenfolge ergibt keinen Sinn, genauso wenig wie diese rätselhafte Botschaft, die bei dem Kadaver lag: ›Finger weg!‹ Das ist alles höchst mysteriös.«

Ella erhob sich und begann in der Küche hin und her zu gehen. »Also, erstens: Du hättest mich anrufen sollen.«

Erin, die bereits mit diesem Vorwurf gerechnet hatte, atmete tief durch. »Du warst auf einer Rundreise, und du hattest diesen Urlaub mit Dad dringend nötig, nach allem, was du letztes Jahr durchgemacht hast. Außerdem bist du ja jetzt da.«

»Und keine Minute zu früh. Du brauchst deine Mutter.« Ella breitete die Arme aus, und Erin ging dankbar zu ihr und schmiegte sich an sie. Der vertraute Geruch ihrer Mutter ließ die Angst, die sie nun schon so lange verfolgte, etwas schwinden.

»So, und nun erzähl mir, was da zwischen dir und Cole Sanders läuft.«

Erin lief rot an und spürte, wie bei der bloßen Erwähnung seines Namens eine Hitzewelle durch ihren Körper ging.

»Verstehe«, sagte Ella nachdenklich.

Vielleicht tat sie das ja wirklich. »Er hat gesagt, was

die Zukunft anbelangt, kann er mir nichts versprechen, außer dass er für mich und das Baby sorgen wird. Wir haben noch nicht ausführlicher darüber geredet, aber ich gehe davon aus, dass das finanziell gemeint war. Und er wird sein Kind sehen wollen, wenn er zwischen seinen Aufträgen als verdeckter Ermittler nach Serendipity zurückkommt.« Erin schlang die Arme um ihren Körper, wie um sich zu wärmen und zu trösten.

»Hm.« Ella spitzte nachdenklich die Lippen und fuhr sich mit den Fingern durch die Haare, die rotbraun und gelockt waren wie die ihrer Tochter. »Das ist mehr, als Rex mir versprochen hat.«

Erin schluckte. »Das Seltsame ist: Sein Verhalten spricht eine ganz andere Sprache. Er tut für mich Dinge, die weit über die Pflichten eines Leibwächters hinausgehen. Er kocht und sorgt dafür, dass der Kühlschrank gefüllt ist und ich mich gesund ernähre. Er war beleidigt, weil ich nicht auf die Idee gekommen bin, ihn zur Vorsorgeuntersuchung mitzunehmen, und er besteht darauf, mich auch künftig dorthin zu begleiten. Und er ist richtiggehend ausgeflippt vor Eifersucht, als Evan Carmichael mich daran erinnert hat, dass wir vereinbart hatten, am Samstagabend gemeinsam auf den Ball der Anwaltskammer zu gehen.«

Ihre Mutter schüttelte den Kopf. »Klingt nicht, als wärst du ihm gleichgültig.«

Erin schüttelte den Kopf. »Er hält seine Gefühle unter Verschluss. Und die Art und Weise, wie Jed mit ihm umgegangen ist und immer noch umgeht, hat dafür gesorgt, dass sein Selbstbewusstsein schwer angeschlagen ist. Ich hab's selbst miterlebt, Mom. Es war einfach grauenhaft.« Und sie war ziemlich sicher, dass sich Cole nicht mehr bei seinem Vater gemeldet hatte, seit er bei ihr wohnte.

Ella sank mit einem Seufzer auf ihren Stuhl. »Jed ist ein harter Brocken und unheimlich halsstarrig, was seine Ansichten und Gewohnheiten angeht.« Sie schüttelte den Kopf. »Er hatte seit jeher wenig Geduld mit Kindern. Da musste er mit einem so eigensinnigen Jungen wie Cole zwangsläufig überfordert sein. Es hat mich nicht gewundert, dass Cole irgendwann anfing, Ärger zu machen, so oft, wie sich die beiden gezofft haben.«

»Das ist alles so traurig.« Erin konnte sich gar nicht vorstellen, wie es war, vom eigenen Vater nicht geliebt zu werden. »Mir war früher nie klar, wie schlimm es bei Cole zu Hause zuging. Ich schätze, ich war zu jung.«

»Als stellvertretender Polizeipräsident hat sich Jed deinem Vater gegenüber immer loyal und anständig verhalten, sonst wären wir nicht mit ihm befreundet gewesen. Wir haben versucht, ihm klarzumachen, was er Cole mit seinen Tiraden antut, aber er wollte es nicht hören. Um ehrlich zu sein war ich heilfroh, als Olivia mit Cole aus Serendipity weggezogen ist. Aber mir war nicht klar, wie groß der Schaden ist, den Jed angerichtet hat ...« Ella schüttelte den Kopf. »Weiß Jed von dem Baby?«

»Nein, und Cole wird es ihm garantiert erst im letztmöglichen Moment sagen. Jed nützt doch jede Gelegenheit, um ihm Gemeinheiten an den Kopf zu werfen. Er wird behaupten, dass Cole einen grottenschlechten

Vater abgeben wird, und das ist garantiert das Letzte, was Cole hören will.«

Ihre Mutter verzog bekümmert das Gesicht. »Ich werde Simon bitten, mal mit Jed zu reden.«

»Nein. Wir sollten uns da nicht einmischen. Cole muss selbst mit seinem Vater fertigwerden. Apropos, ich habe den Verdacht, Mike und Sam stecken Dad gerade, was Sache ist.« Erin legte sich eine Hand auf den Bauch.

»Wir werden dich nicht verurteilen, Kind, ich am allerwenigsten – du weißt ja, wer im Glashaus sitzt, soll nicht mit Steinen werfen. Ich will nur, dass du glücklich bist.«

Erin blickte in die klugen Augen ihrer Mutter. »Erst war ich geschockt, und jetzt habe ich Angst, aber ich freue mich auch.« Sie holte tief Luft. »Ich könnte durchaus glücklich sein, aber ...«

»Aber was?«

»Nun, ich will ausloten, ob es für Cole und mich eine Chance gibt. Bis jetzt besteht unsere Beziehung aus einzelnen Puzzleteilen, und er weigert sich, sie zusammenzusetzen. Wann immer mich das Gefühl überkommt, dass wir eigentlich hervorragend zusammenpassen würden, passiert irgendetwas, und *plink!* zerplatzt diese Illusion wie eine Seifenblase.« Erin war, als hätte ihr jemand einen eisernen Ring um die Brust gelegt.

»Ich wette, er hat bloß Angst, genau wie du.«

»Schon, aber das ist nicht der einzige Grund. Er hat angedeutet, dass ein Mädchen wie ich etwas Besseres verdient. Mehr, als er zu bieten hat. Fakt ist, er verwöhnt mich nach Strich und Faden, und das, obwohl wir noch gar keine Beziehung führen und offiziell keine Gefühle im Spiel sind.«

»Ach, Kind, kann es sein, dass du ihn liebst?«, fragte Ella.

Plötzlich hatte Erin einen dicken Kloß im Hals. Sie schniefte. »Das kann ich noch nicht mit Sicherheit sagen, aber möglich wär's.« Wenn er sich nur etwas mehr öffnen würde! Wenn er akzeptieren könnte, dass er nicht dazu verdammt ist, auf ewig ein tristes Dasein als Undercover-Cop zu fristen. Dass es auch ihm vergönnt ist, ein ganz normales Leben zu führen. »Aber ich fürchte, er wird uns keine Chance geben.«

»Schätzchen ...«

Ehe Ella den Satz zu Ende bringen konnte, kam Mike in die Küche. »Entschuldigt, ich wollte mal fragen, ob ihr euch nicht wieder zu uns gesellen wollt.«

Erin schüttelte den Kopf. »In ein paar Minuten«, sagte sie, verärgert über die Unterbrechung.

»Darf ich noch etwas sagen, bevor ich mich wieder verziehe?«, fragte Mike.

»Als ob ich dich davon abhalten könnte.«

Er ließ sich auf dem Stuhl neben seiner Schwester nieder. »Ähm ... Ich habe, ohne es zu wollen, den letzten Teil eures Gesprächs mitgehört, und ... Na ja, es könnte sein, dass ich in meinem brüderlichen Beschützerinstinkt etwas zu weit gegangen bin und dir damit keinen großen Gefallen getan habe.«

»Ach, Michael«, murmelte Ella.

Erin musterte ihn mit schmalen Augen. »Was hast du getan?«

»Na ja, an dem Tag, als du angeschossen wurdest, habe ich ihm im Krankenhaus ordentlich den Kopf gewaschen. Daraus hat er offenbar geschlossen, dass ich der Meinung bin, er wäre nicht gut genug für dich.«

»Und du hast ihn nicht korrigiert?«, fragte Erin mit erhobener Stimme.

Mike schüttelte den Kopf. »Ich habe ihm sogar beigepflichtet ...« Er breitete die Arme aus. »Aber, hey, ich hatte eben erst erfahren, dass du schwanger bist, und außerdem hatte gerade jemand auf dich geschossen!« Er wirkte zwar zerknirscht, aber er hatte definitiv auch keine Anstrengungen unternommen, um seinen Fehler wiedergutzumachen.

»Deinen traurigen Hundeblick kannst du dir sparen! Den kaufe ich dir sowieso nicht ab. Du lässt doch nach wie vor kein gutes Haar an Cole!«

»Hört auf, euch zu zanken. Jetzt ist es ohnehin zu spät. Aber ich muss sagen, Michael, gerade du weißt doch, wie es ist, wenn man von Selbstzweifeln geplagt wird. Was hast du dir nur dabei gedacht, so mit Cole zu reden?« Ella war sichtlich enttäuscht von ihrem Sohn.

»Ich war in Sorge wegen Erin.«

Seine Schwester erhob sich. »Wenn dir mein Wohl wirklich so am Herzen liegt, warum hast du dann nicht auf mich gehört, als ich dich in den vergangenen Wochen immer wieder gebeten habe, Cole endlich in Ruhe zu lassen? Das hier ist mein Leben, und was auch immer geschieht, bestimme ich.«

Mike stöhnte. »Ich weiß. Genau das hat Cara auf dem Weg hierher auch gesagt.«

Erin wusste, wie es dank Jed um Coles Psyche bestellt war. Die Arbeit als verdeckter Ermittler kam ihm sehr gelegen, denn sie ermöglichte es ihm, sich der Realität und dem Umgang mit Menschen, die ihn liebten und denen er etwas bedeutete, zu entziehen.

Nun, sie hatte ja bereits beschlossen, heute Abend, sobald sie zu Hause waren, ihre Offensive zu starten, und das, was sie gerade von Mike erfahren hatte, bestärkte sie nur noch zusätzlich in ihrer Entscheidung.

Sie musste etwas tun. Je eher, desto besser.

»Mike, fahr mich zu Joe's«, befahl sie.

Ihr Bruder hob eine Augenbraue. »Wir sind doch gerade erst hergekommen.«

Erin sah zu ihrer Mutter, die lächelte und sagte: »Geh nur und tu, was du tun musst. Wir sprechen uns dann morgen.«

»Willst du nicht wenigstens noch kurz mit Dad reden?«, fragte Mike. »Er hat ja noch gar nicht richtig mitbekommen, was sich bei dir so alles getan hat.«

»Ich werde Simon alles erklären«, sagte Ella. »Michael, bring deine Schwester zu Joe's, und halt dich künftig gefälligst aus ihren Angelegenheiten raus.« Es klang genauso streng wie früher, als sie noch Kinder gewesen waren.

Erin musste lachen, obwohl die Situation an sich alles andere als komisch war.

»Und sorg dafür, dass meiner Kleinen nichts passiert!«, fügte Ella hinzu.

»Ja, Mom.« Mike küsste sie auf die Wange.

Es dauerte länger als Erin lieb war, bis sie endlich aufbrechen konnten. Simon bestand darauf, ihr einen kurzen Vortrag zum Thema »Wie schütze ich mich vor Stalkern« zu halten und versicherte ihr, er würde vorurteilsfrei für sie und das Baby da sein, genau wie vor all den Jahren, als Ella schwanger gewesen war. Er war wirklich ein herzensguter Mensch, und Erin wusste, sie konnte sich glücklich schätzen, ihn zum Vater zu haben. Schade nur, dass Cole diesbezüglich Pech gehabt hatte.

Sam blieb noch etwas bei ihren Eltern, während Mike, Cara und Erin aufbrachen. Wenig später hielt Mike seinen Jeep vor der Bar an und drehte sich zu Erin um, die auf der Rückbank saß.

»Dir ist aber schon klar, dass das, was ich Cole an den Kopf geworfen habe, nicht sein einziges Problem ist, oder?«

»Erin ist eine erwachsene Frau«, erinnerte ihn seine Frau. »Gib ihr einfach die Zeit und die Möglichkeit, ihre Angelegenheiten zu regeln, ohne dich ständig einzumischen, ja?«

Erin biss sich auf die Innenseite der Wange und staunte wieder einmal darüber, wie gut sich Cara darauf verstand, Mike einzubremsen und in seine Schranken zu verweisen.

»Danke«, sagte sie zu ihrer Schwägerin. »Und Mike, ja, das ist mir klar, aber ich bin überzeugt, wir können seine Probleme mit vereinten Kräften bewältigen.« Vorausgesetzt, er wollte das überhaupt.

Falls sich nämlich trotz all ihrer Bemühungen herausstellte, dass sich Cole wirklich nicht in Serendipity häuslich niederlassen wollte – ob nun mit ihr zusammen oder nicht, das konnten sie ja noch aushandeln –, dann würde Erin ihn auch zu nichts zwingen.

Aber Genaueres würde sie erst wissen, wenn sie es versuchte, und dafür war nun die Zeit gekommen.

Kapitel 10

Cole hatte ganz vergessen, dass am Mittwoch Ladie's Night war, sprich, bei Joe's war die Hölle los. An den einen oder anderen der Anwesenden erinnerte er sich nur zu gut, ein paar kannte er bloß flüchtig und von den jüngeren Gästen gar niemanden.

Er unterhielt sich ein Weilchen mit Joe, dann startete Joes Frau Annie, die ebenfalls von Anfang an freundlich zu Cole gewesen war, den Versuch, ein wenig mit ihm zu plaudern. Cole gab sich redlich Mühe, war allerdings nicht groß in Stimmung für Smalltalk, denn früher oder später kamen sie unweigerlich auf den Heckenschützen und die Tatsache zu sprechen, dass Cole jetzt Erins Leibwächter war. Annie schien zu spüren, dass ihm das Thema unangenehm war und überließ ihn schließlich sich selbst, sodass er schon bald wie üblich allein an der Bar saß.

Er hielt sich an seinem Bier fest und versuchte vergeblich, über Dinge nachzudenken, die er nicht ändern konnte. Er konnte es Erin nicht verdenken, dass sie ihn nicht zu ihren Eltern mitgenommen hatte, und im Grunde war er ganz froh darüber, dass ihm diese peinliche Unterredung erspart geblieben war. Andererseits musste er ihrem Vater früher oder später unter die Augen treten, und der würde aus seiner Enttäuschung, ja, Verachtung zweifellos keinen Hehl machen. Wenn Jed oder irgendwelche Leute, die ihn gar nicht kannten, schlecht von ihm dachten, juckte Cole das nicht besonders, aber bei Erins Vater, vor dem er stets großen Respekt gehabt hatte, war das definitiv etwas anderes.

Außerdem konnte er ihren Blick nicht vergessen, als sie ihm den Grund dafür genannt hatte, dass sie lieber allein mit ihren Eltern reden wollte: *Wir sind kein Paar, und deshalb muss ich da jetzt allein durch.*

Sie hatte zutiefst gekränkt gewirkt, und doch hatte sie tapfer so getan, als wäre in ihrer kleinen Welt alles in bester Ordnung. Cole rieb sich die brennenden Augen und ließ dann den Blick durch das überfüllte Lokal wandern, in dem die Leute zur Musik aus der altmodischen Jukebox tanzten.

Die Zeit schlich dahin.

Er sah auf die Uhr und überlegte, wie lange es wohl noch dauern würde, bis sich Erin auf den Nachhauseweg machte, als er wie auf ein Stichwort ihre Stimme vernahm. Er drehte sich um, und tatsächlich, sie kam schnurstracks auf ihn zu, dicht gefolgt von Mike und Cara. Er fragte sich, was die eiserne Entschlossenheit in ihrem Blick wohl zu bedeuten haben mochte.

Sobald die drei am Tresen angelangt waren, trat Mike zu ihm und sagte: »Kann ich kurz mit dir reden?«

Erin bedachte ihn mit einem bösen Blick. »Du solltest mich lediglich herfahren, also verzieh dich. Du hast schon genug Schaden angerichtet, du Großmaul.«

Oh-oh. Das klang, als hätte es zwischen den beiden eine Auseinandersetzung gegeben.

Cara packte ihren Mann am Arm. »Komm, Mike, lass uns tanzen.«

»Moment noch«, sagte Mike und dann, zu Cole gewandt: »Hör zu, ich muss mich bei dir entschuldigen – für das, was ich damals im Krankenhaus zu dir gesagt habe, nachdem Erin angeschossen wurde. Und auch für das Verhalten, das ich dir gegenüber seither an den Tag gelegt habe. Was auch immer passiert, in Zukunft werde ich euch nicht mehr im Weg stehen.«

Cole hob eine Augenbraue. Was mochte diesen plötzlichen Sinneswandel bewirkt haben? Es musste schon mehr dahinterstecken als Erins Zorn. »Ich mache dir keinen Vorwurf daraus, dass du um das Wohl deiner kleinen Schwester besorgt bist.«

»Lass uns doch mal zusammen ein Bier trinken gehen, wenn sich die Lage etwas beruhigt hat. Schließlich waren wir mal Freunde.«

»Gern.« Cole war nicht nachtragend, zumal er Mikes Gefühle durchaus nachvollziehen konnte. Er streckte ihm die Hand hin, und dieser schüttelte sie.

»Eines noch, bevor ich euch allein lasse. Es geht um die Waffe, mit der auf Erin geschossen wurde ...«

»Ja?« Cole setzte sich aufrecht hin. »Was habt ihr herausgefunden?«

»Die Pistole wurde dem rechtmäßigen Besitzer gestohlen und kam im vergangenen Jahr bei einem Raubüberfall zum Einsatz. Der Kerl ist auf Bewährung draußen und behauptet, er hätte sie an einen Junkie namens

John Brass verkauft, der alles tun würde, um sich seinen nächsten Schuss zu verdienen.«

»Hat man den Typen schon aufgestöbert?«

Mike nickte. »Ja, und er war so high, dass es nicht allzu lang gedauert hat, bis er zugegeben hat, auf Erin geschossen zu haben. Angeblich hat er im Auftrag einer brünetten Frau gehandelt, die ihm ein Bild von Erin gezeigt und ihm gesagt hat, wo er sie findet. Der Idiot hat sie weder nach ihrem Namen gefragt noch nach dem Grund.«

Erin lauschte mit weit aufgerissenen Augen.

Cole entging nicht, wie aufgewühlt sie war. Ohne lange darüber nachzudenken legte er ihr einen Arm um die Taille und zog sie an sich. »Eure Leute haben nicht zufällig das Foto zu Gesicht bekommen?«

»Nein, das hatte er nicht mehr.«

»Mist. Und wo ist dieser Brass jetzt?«

»Auf Entzug in einer Gefängniszelle in der Bronx. Sie werden ihn sich in ein paar Tagen noch einmal vorknöpfen, aber ich schätze, viel mehr werden wir nicht aus ihm rauskriegen.« Mike hatte die Stirn in Falten gelegt und konnte seinen Frust nicht verhehlen.

Erin schauderte. »Die Auftraggeberin ist also immer noch irgendwo da draußen, wer auch immer sie sein mag.«

Cole schob unauffällig die Hand unter ihr T-Shirt und ließ die Finger über ihre weiche Haut gleiten. So standen sie da, ohne dass jemandem die intime Berührung auffiel, die auf Erin tröstlich zu wirken schien und die auch er selbst genoss, umso mehr, als sie sich nicht dagegen wehrte.

»Die kriegen wir schon noch. Versprochen«, sagte Mike zu seiner Schwester.

Diese nickte. »Okay.«

Es war offensichtlich, dass sie ihrem Bruder vertraute, selbst wenn es Unstimmigkeiten zwischen ihnen gab. Cole wünschte sich einerseits, Erin würde ihm genauso viel Vertrauen entgegenbringen, andererseits wusste er, dass er es gar nicht verdiente.

»Dann kann ich ja jetzt gehen, oder?«, fragte Mike seine Schwester.

»Jep. Cole wird schon auf mich aufpassen.« Hm, das klang ja doch recht überzeugt.

Mike zögerte, als wollte er noch etwas hinzufügen, doch Cara kam ihm zuvor: »Ich entführe euch jetzt meinen Mann«, sagte sie, packte seine Hand und zog ihn in Richtung Tanzfläche.

Erin wartete noch einen Moment, ehe sie sich zu Cole umdrehte.

»Also, was führt dich hierher? Was ist aus dem Essen mit euren Eltern geworden?«

Erin hatte sich keine Strategie zurechtgelegt, als sie vorhin das Haus ihrer Eltern so fluchtartig verlassen hatte. Sie hatte nur das dringende Bedürfnis verspürt, Cole zu sehen. Und weil sie immer noch keinen Plan hatte, beschloss sie, sich an ihre übliche Taktik zu halten und die Wahrheit zu sagen.

»Na ja, nachdem das vorhin so blöd gelaufen ist, wollte ich dich einfach sehen.«

Er hob eine Augenbraue. »Du hast meinetwegen einen Besuch bei deiner Familie vorzeitig abgebrochen?«

Ein Anflug von Verletzlichkeit, gepaart mit Freude, huschte über sein Gesicht.

Erin hatte keine Lust, lange um den heißen Brei herumzureden, also holte sie tief Luft und nickte. »Ja.«

Er bedeutete ihr mit dem Zeigefinger, näherzutreten. »Komm her.«

Sie gehorchte, schmiegte sich an ihn und schlang ihm die Arme um den Nacken, ohne sich darum zu kümmern, ob sie jemand beobachtete.

Er riss die Augen auf. »Was machst du d...«

»Jetzt wird nicht geredet«, sagte Erin, und dann küsste sie ihn auf die Lippen.

Sie spürte, wie er die Schultern straffte, nicht etwa, weil er sie nicht begehrt hätte, sondern vielmehr, weil sie sich in Joe's Bar befanden, wo sie jeder sehen konnte. *Tja, Pech*, dachte sie. Damit war Phase eins ihres spontan gefassten Plans eingeleitet: Cole Sanders sollte sich daran gewöhnen, dass er ein Teil ihres Lebens war.

Entschlossen ließ sie die Zungenspitze über seine Lippen gleiten, worauf er ihr stöhnend die Hände um die Taille legte und den Kuss mit einer Leidenschaft erwiderte, die der ihren um nichts nachstand.

Als sie sich schließlich voneinander lösten, war sie sehr mit sich zufrieden – jedenfalls bis sie seinen misstrauischen Blick bemerkte. »Was soll das werden, Erin?«

»Meiner Meinung nach haben wir keinen Grund, uns zu verstecken. Ich meine, bald ist ohnehin offensichtlich, dass da etwas zwischen uns läuft.« Sie tätschelte ihren Bauch.

»Wir waren uns doch einig ...«

»Was die Zukunft angeht, ja. Aber hast du nicht auch gesagt, solange wir das Bett teilen, lässt du nicht zu, dass ich mich mit irgendwelchen anderen Kerlen verabrede?«

Sie klimperte betont unschuldig mit den Wimpern.

An seiner Wange zuckte ein Muskel. »Es ist schon wieder eine ganze Weile her, dass wir das Bett geteilt haben.«

»Das wird sich mit dem heutigen Tag ändern.«

Seine Pupillen weiteten sich, das Verlangen war ihm deutlich anzusehen. »Du willst also, dass alle über uns Bescheid wissen.«

»Richtig. Ganz egal, was das nun genau zwischen uns ist und wie lange es dauert.« Sie würde ihm gegenüber nicht äußern, worauf sie wirklich hoffte, denn dann nahm er garantiert die Beine in die Hand, aber wenn er sich an das Leben in Serendipity gewöhnen sollte, musste er gewillt sein, mitzuspielen. »Ich will mich in der Öffentlichkeit mit dir zeigen können und mich nicht ständig zurückhalten müssen. Früher oder später wird sich ohnehin herumsprechen, dass ich von dir schwanger bin. Und wenn das zwischen uns vorbei ist, setzen wir uns zusammen und arbeiten einen Plan für die Zukunft aus, einverstanden?«, fragte sie in bewusst resolutem Tonfall.

Zu ihrer großen Enttäuschung schüttelte er den Kopf. Mist. Dass er rundheraus ablehnen würde, hatte sie nicht erwartet.

»Na gut, vergiss es.« Enttäuscht wandte sie sich ab, damit er nicht sah, dass sie Tränen in den Augen hatte.

»Hey.« Er packte sie am Handgelenk. »Lass mich doch erst mal etwas dazu sagen.«

Zögernd drehte sie sich wieder zu ihm um.

»Ich habe doch bloß den Kopf geschüttelt, weil du mich immer wieder aufs Neue verblüffst. Du bist echt eine einzige große Herausforderung für mich.«

Sie schluckte. »Hat das jetzt etwas Gutes oder etwas Schlechtes zu bedeuten?«

Er grinste, sehr zu ihrer Überraschung. »Ich überlege noch. Und nun zu deinem Vorschlag: Gut möglich, dass ich es den Rest meines Lebens bereuen werde, aber ich bin dabei.«

Sie hob eine Augenbraue. »Echt? Und warum?«

Er lachte so unvermittelt, dass die Umstehenden herumfuhren und sie anstarrten. »Weil man schon ein verdammter Schwachkopf sein muss, um das abzulehnen, was du mir gerade angeboten hast.«

»Ach ja?« Erin konnte ein seliges Lächeln nicht unterdrücken.

»Ja.« Er strich ihr die Haare aus dem Gesicht, und bei der zärtlichen Geste bekam sie prompt wieder feuchte Augen.

»Möchtest du tanzen?«, fragte sie.

Er nickte und winkte Joe herbei, um seine Zeche zu bezahlen.

Ein paar Minuten später standen sie eng aneinandergeschmiegt inmitten des Getümmels auf der Tanzfläche und wiegten sich im Takt zu einem alten Schmusesong von Air Supply. Cole drückte Erin fest an sich, sodass sich ihre Kurven an seinen harten, durchtrainierten

Körper schmiegten. Sie lehnte den Kopf an seine Schulter und gab sich einen Moment lang der Illusion hin, dass alles, was sie spürte, echt war.

Von Dauer.

Dass sie diesem knallharten Burschen, diesem Alphatier, tatsächlich etwas bedeutete, genau wie er ihr allmählich immer mehr bedeutete. Aber selbst wenn er tatsächlich etwas für sie empfand, wusste Erin, er würde stets daran zweifeln, dass sie gewillt war, seine Art zu leben zu akzeptieren und mit ihm zu teilen – weil man ihm von frühester Kindheit an eingeredet hatte, dass er es schlicht und ergreifend nicht wert war.

In der nun folgenden Stunde wurden sie von allen Seiten angeglotzt. Erins Freunde und Bekannte waren sichtlich erstaunt über den ungenierten Austausch von Zärtlichkeiten zwischen ihr und Cole, doch sie gab sich betont gelassen und führte ihn mit den Worten »Ihr erinnert euch doch an Cole Sanders, nicht?« in ihre Clique ein. Sollten sie doch ihre eigenen Schlüsse aus der Tatsache ziehen, dass sie den ganzen Abend nicht von Coles Seite wich und mehrmals eng umschlungen mit ihm tanzte. Sie hoffte sehr, die Leute von Serendipity auf diese Weise an Cole gewöhnen zu können und umgekehrt. Cole war erwartungsgemäß etwas auf der Hut, aber alle verhielten sich ihm gegenüber höflich, sodass Erin am Ende des Abends recht zufrieden mit ihrer Leistung war.

»Okay, bis jetzt hast du bestimmt, wo es langgeht, nun bin ich an der Reihe.« Erin war vom engen Tanzen schon erregt, und beim Klang seiner tiefen Stimme schauderte sie wohlig. »Gehen wir nach Hause.«

Cole war von sich aus schon eher schweigsam, und als Erin vorhin in die Bar marschiert, ihm die Arme um den Hals geschlungen hatte, um ihn vor Joe und halb Serendipity bis zur Besinnungslosigkeit zu küssen, da hatte es ihm vor Überraschung glatt die Sprache verschlagen.

Sie hatte ihn förmlich verführt, sowohl mit ihrem Mund als auch mit ihren Worten. Sie wollte mit ihm ins Bett? Nun, ihm sollte es recht sein. Es dauerte nicht lange, bis sie bei ihr zu Hause angelangt waren. Cole überprüfte, ob im Haus und in der näheren Umgebung alles okay war, ehe er die Beifahrertür öffnete, Erin hochhob und hineintrug. Er brachte sie direkt nach oben ins Schlafzimmer, wo er sie auf dem Bett ablegte.

Ihre Augen glühten vor unverhohlener Leidenschaft, als sie ihm in die Augen blickte. Nachdem er hastig sämtliche Kleider abgestreift hatte, begann er Erin auszuziehen. Der Rock war dank des offenen Knopfes kein Problem, und Sekunden später lag sie so vor ihm, wie er sie am liebsten sah: in der Unterwäsche. Sie trug ein äußerst knappes Höschen und einen sexy Spitzen-BH, der ihre vollen Brüste nur spärlich verhüllte.

Es fiel ihm nach wie vor schwer, zu akzeptieren, was ihre Schwangerschaft bedeutete, aber die Veränderungen ihres Körpers erinnerten ihn an die Zukunft, die ihm bevorstand, ob er sie nun so geplant hatte oder nicht. Wenn er Erin so betrachtete, verspürte er allerdings keine Panik, sondern vielmehr Zärtlichkeit. Er empfand keine Furcht, sondern lediglich Verlangen.

Cole streckte den Arm aus, um ihr einen BH-Träger von der Schulter zu streifen, doch dann legte er ihr stattdessen eine Hand auf den Bauch, streichelte die leichte Wölbung, die sich dort bereits abzeichnete. Erin verfolgte es mit weit aufgerissenen Augen. Die Verblüffung war ihr deutlich anzusehen. Er konnte es nur zu gut nachvollziehen, schließlich ging es ihm ähnlich. Dort drin wuchs *sein* Baby heran, und dieses Wissen bewirkte, dass er sie nur noch mehr begehrte.

Er wollte es langsam angehen lassen, wollte jeden Zentimeter ihrer nackten Haut küssen, bis sie sich vor Lust unter ihm wand. Doch dann fragte sie heiser: »Wie lange willst du mich denn noch warten lassen? Ich meine, es war mir ganz recht, als du vorhin in der Bar das Kommando übernommen hast, aber wenn du jetzt nicht bald zur Sache kommst, sehe ich mich gezwungen, dir die Zügel wieder aus der Hand zu nehmen.«

Beim Anblick ihres schelmischen Grinsens verspürte Cole plötzlich den Drang, die Plätze zu tauschen. Also rollte er sich von ihr runter und streckte die Arme über dem Kopf aus. »Nur zu.«

Erin grinste erneut und ließ genüsslich den Blick über seinen Körper gleiten, über seine gebräunte Haut, den dunklen Flaum auf der Brust und das Haardreieck zwischen seinen Beinen. Sie konnte es kaum erwarten, die dicke, pulsierende Erektion zu berühren, die sich ihr entgegenreckte.

Also streckte sie die Hand danach aus und schlang

die Finger um den prallen Schaft. Kaum hatte sie begonnen, die Hand auf und ab zu bewegen, zeigte sich schon ein erster Tropfen Feuchtigkeit auf der Eichel. »Mmmm.« Sie leckte sich die Lippen.

»Na, gefällt dir, was du siehst?«, fragte Cole mit rauer Stimme.

»Oh ja, und wie.« Sie beugte sich über ihn, ohne die Tätigkeit ihrer Hand zu unterbrechen, und nahm sein bestes Stück in den Mund, um seinen einzigartigen Geschmack – salzig und männlich – zu kosten.

Wie immer genoss sie es in vollen Zügen, ihn auf diese Weise zu verwöhnen, genoss das Gefühl der Macht, das mit dem Wissen einherging, dass sie die Fähigkeit besaß, diesem großen, starken Mann einen überwältigenden Orgasmus zu bescheren. Sie, Erin Marsden, das brave Mädchen. Erstaunlicherweise hatte sie es noch nie so schön gefunden, es einem Mann auf diese Art zu besorgen. Ihr war beinahe, als wäre seine Befriedigung wichtiger als ihre eigene, denn es erregte sie mindestens genauso sehr wie ihn, die Lippen an seinem heißen, glatten Glied entlanggleiten zu lassen.

Ihre Zunge wanderte über die empfindliche Eichel, am Schaft entlang nach unten und wieder nach oben, und als er fordernd die Hüften anhob, nahm sie ihn ganz in sich auf, um ihm zu geben, was er brauchte.

Nach einer Weile streckte Cole die Arme nach ihr aus und zog sie ein Stück nach oben, auf seinen stahlharten Körper.

»Hey, ich war gerade beschäftigt«, protestierte sie grinsend.

Er küsste ihre feuchtglänzenden Lippen. »Ich will erst kommen, wenn ich in dir bin.«

»Du wärst doch in mir gewesen.« Ihr Glucksen verstummte abrupt, weil er ihr die Lippen auf den Mund drückte.

Er küsste sie ausgiebig, leidenschaftlich, signalisierte ihr mit dem Mund und den Fingern, die überall zugleich zu sein schienen, wie sehr er sie begehrte. Erin brauchte keine Worte, sie brauchte nur ihn. Nur zu gern fügte sie sich seinem Willen, als er ihr die Hände auf die Hüften legte und sie an die richtige Stelle dirigierte, bis sie mit gespreizten Schenkeln über seiner wartenden Erektion kniete.

Sie senkte das Becken, sodass die Eichel ein klein wenig in sie eindrang, und als Cole auch noch die Hände um ihre Brüste schmiegte und ihre Knospen zu massieren begann, sodass sie das sanfte Kneifen und Ziehen seiner Finger tief in sich spüren konnte, hielt sie es nicht länger aus. Ruckartig glitt sie auf seinem Penis nach unten und nahm ihn bis zur Wurzel in sich auf.

»Gott, fühlst du dich toll an«, stöhnte sie unwillkürlich, von Gefühlen übermannt. »Einfach unglaublich.«

»Du aber auch.« Er drückte den Rücken durch und hob den Unterleib an. »So heiß und eng.«

Seine Worte brachten sie nur noch mehr in Fahrt. Sie begann, sich genüsslich auf ihm zu wiegen. Es schien ihm zu gefallen, jedenfalls ließen seine Miene und die Laute, die er von sich gab, darauf schließen.

Dann rollte er sich unvermittelt auf die Seite und wälzte sich über sie. Mit lüsternem Blick sah er auf sie hinunter, und Erin konnte ihn überall spüren, intensiver denn je zuvor, als er nun in sie hineinglitt und wieder heraus. Um emotional etwas Abstand zu gewinnen versuchte sie, sich ganz auf ihre Empfindungen zu konzentrieren, doch das war vergebliche Liebesmüh.

Er packte ihre Hände, drückte sie über ihrem Kopf auf die Matratze und stieß zu, ein Mal, zwei Mal. »Gut so?«, fragte er und steigerte das Tempo.

Sie ächzte nur, und da tat Cole etwas, das sie bis ins Innerste erschütterte – er sah ihr tief in die Augen, während er sie liebte. Denn genau das tat er – er liebte sie mit seinem Körper, obwohl sie es niemals laut ausgesprochen hätte, niemals zugegeben hätte, dass sie es spüren konnte.

Unerbittlich machte er weiter, ohne ein einziges Mal den Blick abzuwenden. *Das ist definitiv mehr als bloße Lust*, dachte sie noch, während er immer wieder in sie stieß und dafür sorgte, dass sie kam, ehe er sich selbst ganz der Erregung überließ und ebenfalls auf den Orgasmus zusteuerte. Im Nu kam auch er, genauso heftig wie sie, schier überwältigt von der explosiven Kraft des Höhepunkts.

Danach dauerte es eine Weile, bis sie wieder alle fünf Sinne beisammenhatte. Arm in Arm lagen sie da, und während Cole einschlummerte, kam Erin nicht umhin, einige schmerzliche Tatsachen zur Kenntnis zu nehmen: Was auch immer in diesem Bett geschah, bedeutete ihr mehr als ihm.

Aber sie wusste auch, dass das Band zwischen ihnen stärker geworden war, selbst wenn er es sich nicht eingestehen konnte oder wollte. Sie konnte es spüren, und das war die Basis, auf die sie bauen würde.

Der Samstag kam schneller, als ihr lieb war. Der Ball der Anwaltskammer fand im Piermont Hotel statt, das etwa eine halbe Autostunde von Serendipity entfernt war. Das alljährliche Ereignis war Erin wichtig, wenn auch nicht aus den von Evan genannten Gründen. Sie mochte ihre Arbeit, und obwohl sie nicht vorhatte, Evans Position zu übernehmen oder für ein politisches Amt zu kandidieren, so konnte es doch nicht schaden, mal wieder etwas für ihr Renommee zu tun. Außerdem musste sie dafür sorgen, dass sie auch nach der Geburt ihres Kindes weiterhin einen Job hatte.

Es würde kein Leichtes werden, den heutigen Abend zu überstehen, diesbezüglich machte sie sich nichts vor. Evan war wild entschlossen, ein Statement abzugeben, und Cole war mindestens genauso entschlossen, sie von Evan fernzuhalten. Aber Erin verfolgte ohnehin ihr eigenes Ziel. Sie hatte ihre Mission am Mittwochabend bei Joe's eingeleitet und in den darauffolgenden Tagen im Büro fortgeführt, indem sie ganz unverblümt zeigte, dass Cole für sie weit mehr war als bloß ihr Leibwächter.

Erst hatte er den Anschein erweckt, als wäre es ihm unangenehm, wenn sie ihn vor allen Leuten berührte oder ihn mit einem Kosenamen bedachte. Es war fast, als hätte er noch nie eine Beziehung geführt, in der man sich offen zueinander bekannte und ungeniert Zärtlichkeiten austauschte. Doch ganz allmählich hatte er sich an den Gedanken gewöhnt.

Am Freitag war sie während der Mittagspause mit ihrer Mutter losgezogen, um Umstandsmode zu kaufen. Cole war den beiden auf Schritt und Tritt gefolgt, hatte sich aber im Hintergrund gehalten. Eine sehr versierte Verkäuferin hatte sie bei der Auswahl einiger modischer Kleidungsstücke beraten, die Erin in den nächsten Wochen und Monaten der Schwangerschaft begleiten würden. Im Moment konnte sie ihr Bäuchlein zwar noch mit fließenden Oberteilen kaschieren, doch schon bald würde das nicht mehr funktionieren. Aber jetzt war sie klamottenmäßig vorerst versorgt und fühlte sich wieder bedeutend wohler, wenn sie aus dem Haus ging.

Am späten Samstagnachmittag duschte sie, zog sich für den Abend um und investierte viel Zeit in Make-up und Frisur. Schließlich wollte sie Cole, den sie im Nebenzimmer wusste, nachhaltig beeindrucken. Sie trug ein Outfit, das einerseits dem Anlass entsprach, andererseits sexy genug war, um dem Mann zu gefallen, der nun ganz offiziell ihr Bettgenosse war: Ihre Wahl war auf ein knielanges, figurnah geschnittenes Kleid in Royalblau gefallen, das an der Schulter von einer wunderschönen, mit Strasssteinen besetzten Brosche zusammengehalten wurde und den Blick nicht auf den Bauch, sondern auf das Dekolletee lenkte. Ihre silbern glitzernden Riemchensandalen griffen das Funkeln der Brosche auf.

Cole ging im Wohnzimmer auf und ab, während er auf Erin wartete. Widerwillig gestand er sich ein, dass ihm äußerst unwohl war bei der Vorstellung, in der Öffentlichkeit als ihr Begleiter aufzutreten. So etwas kam in seinem normalen Leben nicht vor – und zwar deshalb, weil er als verdeckter Ermittler so gut wie nie ein normales Leben führte. Aber wenn erst das Baby da war, würde er sich wohl oder übel an allerlei Auftritte in der Öffentlichkeit gewöhnen müssen. Wobei die Verabredungen mit Erin ja nach der Geburt ihres Kindes Geschichte sein würden, so wie sie es vereinbart hatten.

Als er hörte, wie oben eine Tür geöffnet wurde, ging er in den Flur und blickte zur Treppe, wo Erin stand. Sie war von Kopf bis Fuß eine strahlende Erscheinung in ihrem hinreißenden blauen Kleid, in dem ihre langen Beine hervorragend zur Geltung kamen, und die Stöckelschuhe taten ein Übriges. Sie war anders geschminkt als sonst, und obwohl ihm ihr sonst eher minimalistischer Natur-Look sehr gefiel, raubte ihm der Anblick, den sie heute bot, beinahe den Atem.

Er ging zur Treppe, streckte den Arm aus und ergriff ihre Hand, als sie sich zu ihm gesellte.

»Du siehst umwerfend aus.«

Ihr strahlendes Lächeln war der einzige Dank, den er brauchte.

»Du bist aber auch eine richtige Augenweide, Cole Sanders. Bist du bereit, dich einem Saal voller langweiliger Rechtsanwälte zu stellen?«

Er lachte. »Ich glaube, dafür werde ich nie bereit sein.« Aber für sie machte er heute eine Ausnahme.

Nicht nur als ihr Bodyguard, sondern auch als ihr Begleiter.

Er beschloss, den Gedanken lieber zu verdrängen.

Auf der Fahrt kam Erin zu seiner Überraschung auf ihren – oder ihre – Stalker zu sprechen. »Je mehr Zeit seit dem letzten Vorfall verstreicht, desto nervöser werde ich«, gestand sie und fasste sich an den Bauch.

Er tastete nach ihrer Hand und verschränkte die Finger mit den ihren. »Denk einfach nicht daran. Stress tut dir nicht gut, und solange ich bei dir bin, kann dir der oder die Betreffende nicht viel anhaben. Ich werde mich jedem in den Weg stellen, der versucht, dir etwas anzutun, also lass dich nicht einschüchtern, ja?« Er drückte ihre zitternde Hand.

»Danke«, murmelte Erin mit dieser heiseren Stimme, die er so liebte. »Und was den heutigen Abend angeht: Ignorier Evan einfach, was auch immer er tut, okay?«

Cole schwieg, weil er ihr diesbezüglich nichts versprechen konnte.

»Er reißt doch bloß das Maul auf, Cole. Wie Politiker nun mal sind.«

»Der eindeutig etwas von dir will.«

»Da wäre ich gar nicht so sicher.« Sie lachte. »Mit seinem Geschwafel von wegen Power-Duo hat er erst angefangen, als du vor meiner Bürotür Posten bezogen hast. Ich glaube, er legt sich bloß immer wieder mit dir an, weil er weiß, dass er in dir einen würdigen Gegner gefunden hat. Lass dich nicht von ihm reizen, dann verschaffst du ihm auch nicht die erhoffte Genugtuung.«

Cole schnaubte nur verächtlich.

»Das interpretiere ich als ein ›Einverstanden‹.«

»Ich werde mein Bestes tun. Für dich.« Er legte ihr eine Hand auf den nackten Oberschenkel und rieb mit dem Daumen über ihre weiche Haut.

»Danke«, sagte sie. Es klang gepresst.

Er grinste, ohne den Blick von der Straße zu nehmen. Seine Finger wussten auch so, wo es langging. »Dann erzähl mal, was mich da heute Abend genau erwartet«, sagte er und ließ dabei die Hand nach oben wandern, bis seine Finger an ihrem Höschen angelangt waren.

»Cole!«, quiekte Erin.

»Ja?«

Ehe sie ihn deswegen zurechtweisen konnte, begann er durch den dünnen Seidenstoff hindurch ihre empfindliche Knospe zu massieren. Erin spannte zunächst sämtliche Muskeln an, doch dann gab sie stöhnend den Widerstand auf und spreizte die Beine, so weit das enge Kleid es ihr gestattete.

Cole spähte flüchtig zu ihr hinüber und sah, dass sie den Kopf in den Nacken gelegt und die Augen geschlossen hatte und über seine Liebkosungen alles um sich herum vergessen hatte. Sie fühlte sich warm und feucht an und war sichtlich erregt.

Als das Hotel in Sicht kam, ließ er von ihr ab und räusperte sich. »Wir sind da«, verkündete er mit bebender Stimme.

»Schade.«

»Sieh es doch so: Jetzt hast du etwas, auf das du dich freuen kannst, während du dir die langweiligen Reden und das Geschwafel von deinem Boss anhörst.«

Erin setzte sich aufrecht hin und zog ihr Kleid zurecht, dann klappte sie wortlos die Sonnenschutzblende herunter, um im Spiegel Frisur und Make-up zu überprüfen.

Cole hatte zwar den Verdacht, dass er für seine Aktion später noch würde büßen müssen, aber sie hatte ihren Zweck erfüllt – sie war erregt und unbefriedigt und würde garantiert den ganzen Abend an ihn denken.

Mit weichen Knien stieg Erin aus dem Auto. Sie hatte schon mehrere Bälle dieser Art erlebt, aber noch nie in einem derart erregten, frustrierten Zustand. Mit zitternden Händen gab sie an der Garderobe ihren Mantel ab, dann hakte sie sich bei Cole unter, der absolut fabelhaft aussah in seinem dunkelblauen Anzug samt dunkelroter Krawatte. Während sie mit ihm die Bar ansteuerte, an der es die Cocktails gab, fragte sie sich, wie zum Geier sie den Abend überstehen sollte, denn am liebsten wäre sie auf der Stelle über ihn hergefallen. Nun, sie war fest entschlossen, genau das zu tun, sobald sie wieder zu Hause waren, aber erst galt es, ein bisschen Smalltalk mit ihren Berufsgenossen zu betreiben.

Sie betraten die Bar, und Erin begrüßte ihre Kollegen aus Serendipity sowie einige Leute aus anderen Gerichtsbezirken, die sie von diversen Konferenzen kannte. Allen stellte sie Cole vor und ignorierte die überraschten Blicke der Ortsansässigen, die ihn kannten und aus ihrer Körpersprache schlossen, dass er mehr war als bloß ihr Leibwächter.

Statt immer drei Schritte vorauszugehen, sorgte sie dafür, dass er stets neben ihr war und bezog ihn in jede Unterhaltung mit ein, und ihre Freunde und Kollegen taten schon bald dasselbe. Es dauerte nicht lange, bis er mit ein paar Männern in eine Diskussion über Baseball verwickelt war, wobei seine Hand jedoch stets auf Erins Rücken lag. Seine Finger fühlten sich so heiß an, dass sie eigentlich Löcher in ihr Kleid hätten brennen müssen.

Erin hatte gerade ein paar Worte mit einem Richter gewechselt, als Trina zu ihnen stieß. Sie begrüßte Erin mit einem strahlenden Lächeln und hob eine Augenbraue, als sie Coles besitzergreifende Geste bemerkte.

Cole hatte offenbar registriert, dass sie Gesellschaft bekommen hatten, denn er klinkte sich sogleich aus dem Männergespräch aus und wandte sich zu Trina um.

»Na, sieh mal einer an«, sagte diese und umarmte Erin. »Das erweckt für mich jetzt nicht den Anschein, als würde er nur so tun als ob«, flüsterte sie ihr ins Ohr, worauf diese sie zur Strafe kniff.

»Autsch!«, quiekte Tina entrüstet und wich einen Schritt zurück.

Erin grinste bloß und wusste, damit war das Thema auf später vertagt.

»Hallo, schöner Mann, wie geht's denn so?«, säuselte Trina, zu Cole gewandt, der Erin keinen Zentimeter von der Seite wich.

Erin verdrehte die Augen. »Wie dir im Büro bestimmt schon aufgefallen ist, flirtet Trina recht gern«, sagte sie zu Cole, obwohl sie es ihrer Freundin nicht übelnahm. Sie wusste, es bestand kein Grund zur Eifersucht – Trinas etwas exaltiertes Verhalten war nun einmal Teil ihrer Persönlichkeit.

Cole grinste nur. »Bestens, und selbst?«

»Och, na ja, man lebt und leidet, vor allem auf dem alljährlichen Ball der Anwaltskammer.« Trina schnappte sich ein Sektglas vom Tablett eines Kellners, der gerade vorbeiging. »Für dich ist Alkohol ja vorerst tabu, Erin, aber was ist mit dir, Cole?«

Dieser schüttelte den Kopf. »Ich bin im Dienst.«

Bei seinen Worten wurde Trina auf einen Schlag ernst. »Ach, richtig. Gibt's diesbezüglich irgendetwas Neues?«

»Nein, nichts. Die Lage ist geradezu beängstigend ruhig«, erwiderte Erin.

Trina entging nicht, dass Cole sie sogleich an sich zog.

Ihre Augen leuchteten wohlwollend auf. »So, dann mische ich mich mal ein bisschen unters Volk. Bis gleich! Unsere ganze Belegschaft ist ja an einem Tisch versammelt.«

Cole rümpfte die Nase. »Das hast du gar nicht erwähnt.«

Erin lachte. »Ich dachte, je weniger du weißt, desto besser.«

»Na ja, ich werd's überleben, mit Evan Carmichael an einem Tisch zu sitzen, solange ich neben dir sitzen darf«, sagte er mit einem Blick, der sie sogleich an vorhin erinnerte, als er die Hand unter ihr Kleid geschoben und ihr mit seiner kleinen Massage beinahe einen Orgasmus beschert hätte.

Sie schüttelte den Kopf und beschloss, den feurigen Blick zu ignorieren und sich stattdessen auf seine Worte zu konzentrieren. Das, was er soeben gesagt hatte, entlockte ihr ein strahlendes Lächeln. Sie spürte es und versuchte gar nicht erst, zu verbergen, wie sehr sie sich über seine Aussage freute.

Sie stellte sich auf die Zehenspitzen, um ihn auf die Wange zu küssen, und als hätte er es vorhergesehen, drehte er den Kopf zur Seite, sodass sich ihre Lippen trafen. Es war nur ein kurzer Kuss, aber dafür einer in aller Öffentlichkeit, weshalb er Erin umso mehr Genugtuung bereitete.

Im selben Moment ertönte hinter ihnen eine vertraute Stimme. »So ist das also.«

Cole legte Erin eine Hand auf die Hüfte und hob den Kopf. »Hallo.«

Evan nickte ihm zu, dann betrachtete er Erin. »Du siehst atemberaubend aus. Mehr noch, du strahlst förmlich.«

Cole zog Erin unwillkürlich noch etwas fester an sich.

»Danke, Evan.« Ehe sie die Unterhaltung fortsetzen konnten, begannen die Lichter an der Decke zu flackern.

Cole spähte nach oben. »Damit soll wohl der nächste Teil des Abends eingeläutet werden.«

Erin nickte. »Tja, dann bis gleich am Tisch.«

»Jep.« Ihr Boss nickte und bedachte sie mit einem

bedeutungsschwangeren Blick. »Das lasse ich mir auf keinen Fall entgehen.«

»Was meint er denn?«, fragte Cole, sobald Evan weg war.

Erin zuckte die Achseln. »Keine Ahnung. Der Kerl führt ständig irgendetwas im Schilde.«

Cole sah ihrem Boss, der zielstrebig in Richtung Ballsaal ging, nachdenklich nach. »Na, wir werden ja bald sehen, was er jetzt wieder ausgeheckt hat.«

Kapitel 11

Wie immer bei solchen Gelegenheiten wurden vor dem Essen große Reden geschwungen und Preise verliehen. Cole hatte im Laufe der Jahre an zahlreichen Bällen und Galadiners teilgenommen, in den unterschiedlichsten Tarnungen und Verkleidungen, und er wusste aus Erfahrung, dass dieser Teil des Abends meist unerträglich langweilig war, ganz egal, wer für die Organisation des Events verantwortlich zeichnete. Der alljährliche Ball der Anwaltskammer, bei dem sich Juristen aus zahlreichen Counties des Staates New York die Ehre gaben, bildete diesbezüglich keine Ausnahme.

Mehr als einmal war Cole versucht, unter dem Tisch die Hand zwischen Erins Oberschenkel zu schieben und dort weiterzumachen, wo sie vorhin im Auto aufgehört hatten. Natürlich ließ er es aus Respekt vor ihr bleiben, doch das hinderte ihn nicht daran, sich ein paar heiße Phantasien zu gönnen, während er mit halbem Ohr dem Gelaber der Sprecher vorn auf dem Podium lauschte. Er stellte sich vor, wie er die Finger in ihre warme, feuchte Spalte tauchte ... und wurde jäh aus seinen Gedanken gerissen, als sich Carmichael zu ihm rüberbeugte und »Jetzt wird's interessant« raunte.

»Damit kommen wir nun zur letzten Auszeichnung des heutigen Abends«, verkündete der Mann auf dem Podium soeben.

Cole hatte zwar keine Ahnung, was ihn das anging, schenkte dem Sprecher nun aber trotzdem seine ungeteilte Aufmerksamkeit.

»Der Rising Star Award, der von der Young Lawyer's Section der Anwaltskammer an Nachwuchstalente vergeben wird, geht an eine vielversprechende junge Frau mit bemerkenswerten juristischen Fähigkeiten, der zweifellos eine steile Karriere in unserer Zunft bevorsteht. Die Preisträgerin hat an der New York University School of Law graduiert und ist seit fünf Jahren für die Staatsanwaltschaft von Serendipity, Putnam County, tätig.«

Wieder beugte sich Evan Carmichael zu Cole rüber. »Sie ist wirklich etwas Besonderes«, knurrte er. »Tu ihr nicht weh.«

Cole wollte ihm gerade sagen, er solle sich gefälligst um seine eigenen Angelegenheiten kümmern, da nannte der Sprecher endlich den Namen der Preisträgerin: Erin Marsden.

Diese hatte ganz offensichtlich nicht damit gerechnet, denn sie schnappte verblüfft nach Luft.

»Gratuliere«, flüsterte Cole, als sie ihn mit großen Augen anstarrte.

»Ich hatte ja keine Ahnung!« Sie spähte zu Evan hinüber. »Wusstest du Bescheid?«

Evan zuckte lediglich die Achseln. »Du hast es verdient«, versicherte er ihr.

Auf dem Podium setzte der Sprecher inzwischen seine Laudatio fort: Er erwähnte, dass Erin schon mehrere Strafprozesse gewonnen hatte und würdigte ihre Tätigkeit in diversen Nachwuchs-Ausschüssen der Anwaltskammer. Was die Juroren jedoch letztendlich überzeugt hatte, war die Tatsache, dass Erin im Zentrum von Serendipity eine Kanzlei eröffnet hatte, in der sie eine kostenlose Rechtsberatung und Rechtsvertretung anbot. Unter den Klienten, so der Sprecher, seien nicht nur mittellose und oft auch misshandelte Frauen, sondern in letzter Zeit auch zahlreiche Hausbesitzer, die verzweifelt versuchten, ihre Immobilie zu retten. Um diese pro-bono-Kanzlei zu bemannen, habe Erin Anwälte aus sämtlichen Fachgebieten rekrutiert und sie dazu überredet, für diesen guten Zweck kostenlos ihre Zeit zur Verfügung zu stellen.

Kein Wunder, dass sie ihre Sprechstunde am Donnerstagabend nicht hatte verpassen wollen. Sie half nicht bloß hin und wieder ehrenamtlich dort aus, sie hatte die Kanzlei sogar gegründet. Sie war ihr Baby. Noch ein Grund – zusätzlich zu ihren sonstigen Connections, warum Erin für Carmichael so wertvoll war. Sie war in der Tat etwas ganz Besonderes. Das hier war der konkrete Beweis dafür, obwohl es Cole auch schon vorher bewusst gewesen war.

Ein paar Minuten später wurde sie aufs Podium gebeten und erhob sich unter tosendem Applaus, um den Preis entgegenzunehmen. Während sie ihre Dankesworte sprach, hatte Cole plötzlich einen dicken Kloß im Hals, den er den ganzen Abend nicht mehr loswurde.

Er hatte zwar nie vorgehabt, ein Kind zu zeugen, aber jetzt, da er es doch getan hatte, konnte er sich keine bessere Mutter für seinen Sohn oder seine Tochter vorstellen. Eine so anständige Frau mit einem so großen Herzen würde er garantiert nicht noch einmal finden. Er wusste nicht recht, wie er die Gefühle einordnen sollte, die ihn in diesem Augenblick erfasst hatten und war froh, als sie wieder an den Tisch zurückkehrte.

Er streckte den Arm aus und drückte ihr die Hand. »Ich bin echt stolz auf dich.«

»Und ich bin sprachlos«, sagte sie mit vor Freude glänzenden Augen. »Es gab so viele würdige Anwärter. Ich hätte nie damit gerechnet …«

»Sag das nicht. Genieß es einfach.« Ehe er noch etwas hinzufügen konnte, hatte der Redner geendet, und im Nu war Erin von Menschen umringt, die sie beglückwünschen wollten.

Cole hielt sich im Hintergrund, während sie den Augenblick im Scheinwerferlicht sichtlich genoss. Wie locker sie im Umgang mit anderen war! Und es schien ihr wirklich Spaß zu machen, anderen zu helfen. Nur zwei von vielen Gründen, warum er diese Frau so bewunderte.

Als sie am Ende des Abends wieder zu Hause eintrafen, war Erin überglücklich und noch immer voller Stolz. Diese Auszeichnung war die Belohnung dafür, dass sie sich in den vergangenen fünf Jahren so ins Zeug gelegt hatte. Cole an diesem besonderen Abend an ihrer Seite zu haben, war das Tüpfelchen auf dem i gewesen, und sie konnte es kaum erwarten, die Feierlichkeiten nun im kleinen Kreis fortzusetzen.

Kaum waren sie in ihrem Schlafzimmer, hob Cole sie hoch und legte sie auf dem Bett ab. »Weißt du eigentlich, wie stolz ich darauf bin, dass ich heute Abend dein Begleiter sein durfte?«

»Nö. Erzähl doch mal.«

»Mir fehlen die Worte.« Er küsste sie leidenschaftlich. Dann murmelte er: »Reißverschluss?«

»Rechts.«

Seine Finger fanden sogleich, was sie suchten und zogen den Reißverschluss auf. Er ließ sie nicht aus den Augen, während er sie aus dem Kleid schälte. Als Nächstes öffnete er den Vorderverschluss ihres BHs und streifte ihr die Träger von den Schultern. Sie half bereitwillig mit, um ihm das Entkleiden zu erleichtern, bis sie schließlich nur noch ihre hochhackigen silbernen Sandalen trug.

Er beugte den Kopf, nahm eine ihrer empfindlichen Brustwarzen in den Mund, knabberte zärtlich daran, umspielte sie gemächlich mit der Zunge. Erin stöhnte und drückte den Rücken durch, schob ihm gierig ihre Brust entgegen, um das lustvolle Ziehen und Kribbeln tief in ihrem Inneren, das er ihr damit bescherte, noch intensiver zu spüren.

Ohne von ihr abzulassen schmiegte er eine seiner großen Hände um die andere Brust und rollte die Knospe zwischen Daumen und Zeigefinger, bis Erin die doppelte süße Qual nicht mehr aushielt.

»Nicht doch«, murmelte er besänftigend, als sie

schließlich mit klagenden, kehligen Lauten nach Erfüllung verlangte. Doch statt ihrem Wunsch nachzukommen, wechselte er lediglich die Seiten, legte die Hand um die benetzte Brust und nahm die Knospe der anderen zwischen die Zähne.

Erin wand sich mit zuckenden Hüften unter ihm, flehte ihn wortlos an, sie dort zu berühren, wo sie es am dringendsten brauchte. Er ließ sich nicht lange betteln, sondern schob eine Hand südwärts, wobei er beim Bauch ganz bewusst innehielt und über die Wölbung strich, unter der sein Kind heranwuchs, eine beschützende Geste, die Erin stets von Neuem zutiefst rührte.

Als er den Kopf hob und sie in sein attraktives Gesicht blickte, wurde ihr bewusst, dass sie nahe daran war, ihr Herz an diesen Mann zu verlieren – sofern es nicht sogar bereits geschehen war. Und sie war machtlos. Sie konnte es nicht verhindern, konnte allerhöchstens beten, dass er sie nicht im Regen stehen lassen würde.

Endlich wanderte seine Hand zwischen ihre Beine, wo er mit dem Ballen einen köstlichen Druck auf ihren Venushügel ausübte und mit den Fingern ihren Liebessaft über ihr empfindliches Fleisch verteilte.

»Du bist immer so unglaublich feucht«, murmelte er beifällig.

Seine raue Stimme und die Tatsache, dass ihn seine Wirkung auf sie zu freuen schien, steigerten ihr Verlangen nur noch mehr.

»Worauf wartest du dann noch?«, klagte sie und spreizte auffordernd die Beine.

Er schob ihre Schenkel noch etwas weiter auseinander und legte sich dazwischen. »Ich versuche nur dafür zu sorgen, dass wir beide möglichst lange unseren Spaß haben«, sagte er, und dann fing er an, sie mit dem Mund zu bearbeiten, bis ihre Erregung nie gekannte Ausmaße erreichte.

»Cole«, ächzte sie, als er einen Finger in sie schob, während er weiter mit der Zunge ihre erigierte Klitoris stimulierte. Sie hob das Becken an, um ihn noch tiefer in sich aufzunehmen, spannte ihre inneren Muskeln an, um ihn noch besser zu spüren. Doch sie brauchte mehr.

»Das genügt dir wohl noch nicht, wie?« Er führte einen zweiten Finger ein und begann, an ihr zu saugen. Mittlerweile war er mit ihrem Körper schon so vertraut, dass er das Zittern, mit dem sich ihr Orgasmus ankündigte, gleich erkannte und die Zunge flach an ihren Kitzler presste, während er die Finger weiter in ihr vor und zurück bewegte, bis sie zuckend und bebend explodierte.

Erin wusste nicht, wie lange sie sich an seiner Hand und seinem Mund gerieben hatte, sie wusste nur, dass er ihr gerade den längsten Höhepunkt ihres Lebens verschafft hatte.

»Du bist unglaublich«, murmelte er und rutschte vom Bett, um sich zu entkleiden.

Sie zog die Beine an, um aus ihren Sandalen zu schlüpfen, doch er legte ihr eine Hand auf das Knie und sagte: »Lass sie an. Mit diesen Dingern bist du eine Fleisch gewordene Sexfantasie.«

Wie um seinen Worten Nachdruck zu verleihen richtete er sich auf und präsentierte ihr seinen prächtigen nackten Körper. Er legte die Finger um seine stahlharte Erektion und ließ sie ein, zwei Mal daran auf und ab gleiten, während sein gieriger Blick über die Frau wanderte, die dort vor ihm auf dem Bett lag.

Dann gesellte er sich zu ihr, kniete sich zwischen ihre angezogenen Beine und dirigierte sein bestes Stück zwischen die feuchten, pulsierenden Falten ihres Geschlechts.

Erin blickte mit einem bangen Gefühl zu ihm hoch. Ahnte er, was sie fühlte? Konnte er es ihr ansehen? Und würde er deswegen bald Reißaus nehmen? Ja, sie empfand zu viel für ihn, war versucht, ihm ihr Herz auf dem Silbertablett zu servieren, obwohl er es gar nicht haben wollte. Höchste Zeit für eine Stippvisite der ungezogenen Erin. »Fick mich, Cole.«

Er riss die Augen auf und gab einen gepressten Laut von sich, dann stieß er zu und drang bis zum Anschlag in sie ein. Erin stöhnte laut auf und nahm ihn ganz in sich auf, konnte ihn bei jedem Stoß tief in sich spüren. Der Rhythmus, mit dem er sich in ihr bewegte, fühlte sich so gut, so richtig an, dass ihr Körper, der doch gerade erst Befriedigung erfahren hatte, sogleich zu neuem Leben erwachte. Schon spürte sie, wie sie erneut auf den Höhepunkt zusteuerte. Sie gab sich Cole hin, mit Haut und Haar, war gar nicht in der Lage, sich zurückzuhalten, wenn er sie wie jetzt so fordernd nahm und sie mitriss auf seinem Ritt zum Gipfel der Lust.

* * *

Am Sonntagmorgen begab sich Cole in die Küche, um das Frühstück zuzubereiten. Mittlerweile hatte er diese alltägliche Aufgabe richtig liebgewonnen, weil Erin seine Kochkünste so schätzte. Aber es war auch ungewohnt für ihn, tagtäglich etwas für einen anderen Menschen zu tun. Jemanden zu verwöhnen, der es zu schätzen wusste und das auch sagte. Jemanden um sich zu haben, der Erwartungen an ihn hatte.

Umgekehrt hatte er auch angefangen, sich auf sie zu verlassen. So machte Erin beispielsweise seine Wäsche, obwohl er mehrmals versucht hatte, sie daran zu hindern. Doch sie hatte argumentiert, sie müsse ohnehin ihre Wäsche waschen, also ließ er zu, dass sie, wenn sie nach Hause kam, seine Klamotten und Handtücher einsammelte und in die Maschine steckte. Sie teilten sich aber nicht nur den Haushalt, sondern auch die Zeitung, weil Erin bloß die Comics und den Schriftverkehr mit der Kummerkastentante las, was Cole für eine intelligente Frau wie sie etwas befremdlich fand. Andererseits amüsierte es ihn, wenn sie, über das Gelesene schmunzelnd, sein Essen verschlang.

All diese Kleinigkeiten würden ihm zweifellos fehlen, wenn er hier nicht mehr gebraucht wurde. Bei dem Gedanken an den Psychopathen, der ihr das Leben schwermachte, kochte sein Blut vor Wut. Niemand war erpichter darauf als er, diesem Mistkerl endlich das Handwerk zu legen, aber Erins Brüder waren mit ihren Nachforschungen in eine Sackgasse geraten.

Zu allem Überfluss hatte Coles Boss bereits mehrere Nachrichten auf seiner Sprachbox hinterlassen und gefragt, wann er denn endlich wieder einsatzbereit war. Normalerweise wäre Cole dem Ruf sogleich gefolgt, doch er wollte Erin in dieser Situation auf keinen Fall im Stich lassen. Außerdem brauchte er jetzt, da er Vater wurde, etwas Zeit, um wieder einen klaren Kopf zu bekommen. Nicht, dass er das seinen Vorgesetzten auf die Nase binden würde. Er benötigte Abstand, und nach all den Jahren, in denen er mit vollem Einsatz bei der Sache gewesen war, hatte er jedes Recht darauf.

Er hatte soeben das Essen auf den Tisch gestellt und wollte gerade Erin zu Tisch rufen, da klingelte es an der Tür. Mit einem Griff zu seiner Waffe eilte er nach draußen, um nachzusehen, wer es wagte, sie an einem Sonntag um zehn Uhr morgens zu stören.

Als er durch das Fenster neben der Tür spähte, erstarrte er.

»Wer ist es denn?«, rief Erin von oben. Inzwischen hatte sie ihre Lektion gelernt und ging nicht mehr an die Tür.

»Jed«, antwortete Cole, ohne sich umzudrehen. Das roch nach Ärger.

»Oh. Ähm, dann sollte ich mich wohl lieber rarmachen«, sagte Erin und zog sich zu Coles Erleichterung sogleich in ihr Schlafzimmer zurück.

Er atmete tief durch und öffnete die Tür.

»Hast mich ja ganz schön lange warten lassen«, keifte Jed. Man hatte ihm zwar den Gips abgenommen, aber den Arm musste er noch in einer Schlinge tragen.

»Dir auch einen wunderschönen guten Morgen, Dad. Was führt dich zu uns? Willst du zu Erin?« Vielleicht bestand ja doch noch Hoffnung, der unausbleiblichen Konfrontation aus dem Weg zu gehen.

Jed schüttelte den Kopf. »Ich war bei Ella und Simon zum Frühstück eingeladen. Natürlich wusste ich, dass du Erins Leibwächter bist, und ich bin davon ausgegangen, dass du deine Aufgabe einigermaßen ordentlich erledigst, aber warum verdammt noch mal konntest du deinen Schwanz nicht in der Hose lassen?«

Cole packte seinen Vater bei seinem gesunden Arm und zerrte ihn ins Haus. Man konnte nie wissen, ob sich Erins Nachbarin, eine ältere Dame, womöglich irgendwo dort draußen rumtrieb und alles mit anhörte.

»Das geht dich ehrlich gesagt einen feuchten Kehricht an«, knurrte er und warf die Tür hinter Jed zu. »Was macht der Arm?«

Doch sein Vater ging nicht darauf ein. »Was soll das heißen, es geht mich einen feuchten Kehricht an? Erin ist die Tochter meines besten Freundes, der mal der Polizeichef dieser Stadt war, und mal ganz abgesehen davon arbeitet sie für die Staatsanwaltschaft!« Er raufte sich die Haare.

»Es ist trotzdem nicht dein Bier.« Cole zählte im Geiste bis zehn, um sich etwas zu beruhigen. »Glaubst du etwa, ich hätte das alles geplant? Und bevor du fragst: Ja, ich habe verhütet, du kannst dir die Gardinenpredigt also sparen.«

»Trotzdem bist du ein gottverdammter Trottel. Was hast du dir nur dabei gedacht, dich an einer wie Erin zu vergreifen?«

Cole schob das Kinn nach vorn. »Es war absolut einvernehmlich, Dad. Sie ist eine erwachsene Frau.«

»Jawohl, und zwar eine verdammt nette«, bellte Jed. »Du hättest die Finger von ihr lassen sollen! Es wird nicht lange dauern, bis du dich wieder aus dem Staub machst, und sie wird am Boden zerstört sein!«

»Das solltest du wohl lieber Cole und mir überlassen, Jed«, schaltete sich Erin da ein, die sich soeben zu ihnen gesellte. Sie war bereits für den Ausflug zu Nicks Haus am See angezogen. »Entschuldige, Cole, aber das Gezeter deines Vaters war nicht zu überhören, und ich lasse nicht zu, dass er dir die ganze Schuld in die Schuhe schiebt.«

Cole spürte, wie das Blut in seinen Schläfen zu pochen begann. »Geh wieder nach oben, Erin.« Er konnte gut und gern darauf verzichten, dass sie schon wieder miterlebte, wie sein alter Herr und er sich fetzten. Und er war auch nicht darauf angewiesen, von ihr verteidigt zu werden. Es war ohnehin ein sinnloses Unterfangen – ein Kampf, den man nicht gewinnen konnte, wie er dank jahrelanger Erfahrung wusste.

Erin schüttelte den Kopf. »Jed, das hier ist mein Haus, und das gibt mir das Recht, unwillkommene Besucher einfach vor die Tür zu setzen. Wenn du also hier bist, um uns zu beglückwünschen, weil wir demnächst Nachwuchs erwarten, gut, aber wenn du nur gekommen bist, um Ärger zu machen, dann raus mit dir.«

Cole verfolgte das Ganze mit einer Mischung aus Frust und Bewunderung.

»Erin, ich kenne dich seit deiner Kindheit. Was hast du dir nur dabei gedacht, dich mit ihm einzulassen?«

Sie legte den Kopf schief und bedachte Jed mit jenem vernichtenden Blick, der sonst für die Angeklagten vor Gericht reserviert war – oder für Spinnen und Insekten, die sie lieber tot als lebendig sah. Doch Jed hatte ihn absolut verdient, fand Cole.

»Glaub mir, Jed, wenn ich Cole nicht für einen durch und durch anständigen Kerl hielte, wäre ich garantiert nicht mit ihm ins Bett gegangen, als ich vor ein paar Monaten zu Joe's gefahren bin, weil ich so einsam war.«

Cole hatte keine Ahnung, was ihn mehr berührte – ihr Geständnis oder die Erkenntnis, dass sie schon damals eine so hohe Meinung von ihm gehabt hatte.

Aber ihm blieb keine Zeit, sich den Kopf darüber zu zerbrechen, denn sie war noch nicht fertig. »Und solange du Cole nicht so sehen kannst, wie ich ihn sehe, bist du hier nicht willkommen.« Damit marschierte sie um Jed herum und öffnete demonstrativ die Tür.

»Wie ich sehe, haben die Manieren meines Sohnes schon auf dich abgefärbt. Deine Mutter wäre enttäuscht.«

»Im Gegenteil. Ich bin sicher, sie würde applaudieren«, knurrte Erin, während sich der ungebetene Gast zum Gehen wandte.

»Jetzt ist mein sauberer Herr Sohn also schon auf Schützenhilfe von einer Frau angewiesen«, schnarrte er verächtlich.

»Geh nach Hause, Dad.«

»Sieh dich vor, Erin: Er wird dir das Herz brechen, genau wie seine Mutter mir das Herz gebrochen hat.«

»Dafür werde ich ganz sicher ein besserer Vater als du es je warst«, konterte Cole. Die Zeit war reif für die längst überfällige Abrechnung mit seinem Vater. »Und das verdanke ich einzig und allein Brody.« Damit knallte er mit ganzer Kraft die Tür zu, ehe Erin ihm womöglich zuvorkommen konnte.

Einige Sekunden lang war es mucksmäuschenstill. Cole atmete ein paar Mal tief durch, aber es dauerte, bis er sich wieder gefasst und sein rasender Puls sich etwas beruhigt hatte.

»Cole?« Erin legte ihm eine Hand auf die Schulter.

Er verspürte nicht die geringste Lust auf die bevorstehende Unterhaltung. Wenn er sein Verhältnis zu Jed gern verbessert hätte, dann vor allem deshalb, weil er es satthatte, dass eine Frau wie Erin die peinlichen Szenen miterleben musste, die sich zwischen seinem Vater und ihm immer wieder abspielten. In einer Hinsicht hatte Jed nämlich völlig recht gehabt: Erin war verdammt nett, und über kurz oder lang würde er ihr wehtun.

Aber aus dem Staub machen würde er sich vorerst garantiert nicht, schon wegen ihres gemeinsamen Kindes nicht, aber auch, weil er es nicht über sich brachte, ihr und allem, was sie zwischen ihnen aufzubauen versuchte, einfach den Rücken zu kehren.

Er drehte sich zu ihr um. »Tut mir leid.«

Sie hob eine Augenbraue. »Wag es ja nicht, dich für das Benehmen deines Vaters zu entschuldigen«, sagte sie mit trotziger Miene. »Und schreib dir endlich eines hinter die Ohren: Ich kann sehr wohl zwischen dir und ihm unterscheiden. So, und jetzt habe ich Hunger.« Sie wirbelte herum und marschierte in Richtung Küche.

»Mittlerweile ist bestimmt alles kalt«, wandte Cole ein.

»Genau dafür wurde doch die Mikrowelle erfunden.« Erin trat an den Tisch und nahm ihre Teller. »Und du hast Glück, in der Mikrowelle aufgewärmte Mahlzeiten sind nämlich meine Spezialität«, sagte sie grinsend.

Wie es aussah, war das Thema Jed für sie damit erledigt.

Hm.

Wollte sie etwa gar nicht nachhaken? Ihm wegen der zerrütteten Beziehung zu seinem Vater Löcher in den Bauch fragen? Fürchtete sie nicht, dass an Jeds Behauptungen etwas Wahres dran sein könnte? Dass ihr Kind womöglich seine jähzornige Art erben könnte? Denn Jed mochte zwar ein emotionaler Flachwichser sein, aber es war nicht gelogen, wenn er erzählte, was für ein unbezähmbarer Tunichtgut Cole in seiner Jugend gewesen war. Wie auch immer, Erin wollte das Gespräch offenbar nicht fortsetzen, und er hatte auch keine große Lust darauf.

Auf dem Weg zu Nick legten sie einen Zwischenstopp beim Family Restaurant ein, um die Torte zu holen, die Erin bei Lulu bestellt hatte. Wenig später hielten sie vor dem Haus, in dem Nick und Kate lebten.

Am Ufer des Serendipity Lake, der sich am Stadtrand befand, gab es zahlreiche teils renovierte, teils neue Blockhütten, in denen die begüterten Familien von Serendipity den Sommer verbrachten.

Erin war überrascht gewesen, als sie gehört hatte, dass Nick nicht nur im Sommer hier wohnte, sondern das ganze Jahr über. Sie hatte angenommen, er hätte eines der alten Holzhäuschen renoviert, schließlich war Nick Bauunternehmer und hatte nach dem Tod seines Vaters dessen Firma geerbt. Doch weit gefehlt – sein Domizil war ein Neubau, riesig und topmodern, zugleich hatte Nick jedoch da und dort für einen rustikalen Touch gesorgt, sodass es sich hervorragend in die ländliche Umgebung einfügte.

»Wow«, murmelte Erin, als sie in die geteerte Zufahrt einbogen und auf das Haus zusteuerten. Die anderen Anwesen hier waren lediglich über Kieswege zu erreichen.

»Wahnsinnsbude, nicht?«

»Unglaublich!« Erin war hellauf begeistert.

»Nick hat sein ganzes Herzblut in dieses Projekt gesteckt, und natürlich auch eine Menge Energie. Die Planung hat sich über Jahre erstreckt, und wann immer er etwas Zeit erübrigen konnte, hat er, unterstützt von seinem Bautrupp, hier gewerkelt.« Cole stellte den Wagen hinter einem Ford F-150 ab. »Er hat sogar die meisten Möbel selbst angefertigt.«

»Sehr beeindruckend«, murmelte Erin.

»Jep. Aber er würde niemals damit prahlen. Nick ist kein Angeber.«

Erin nickte. »Kate ebenso wenig. Ich fand sie immer sehr sympathisch.« Sie stieg aus und wartete, bis Cole den Wagen umrundet hatte.

Dann ging sie los, hielt jedoch inne, als sie bemerkte, dass er nicht mehr neben ihr war. Sie drehte sich zu ihm um. »Cole? Was ist los?«

»Nichts.« Er machte zwei Schritte nach vorn, doch sie legte ihm eine Hand auf den Arm.

»Sag es mir.«

Er hob eine Augenbraue. »Wie kommt es, dass du mich immer durchschaust? Ich arbeite als verdeckter Ermittler, verdammt noch mal. Ich bin eigentlich sehr geübt darin, mir nichts anmerken zu lassen.«

Sie grinste, erfreut darüber, dass es ihr gelungen war, einen Blick hinter die Fassade zu erhaschen, die er um sich herum errichtet hatte. »Ich kenne dich eben. Also, raus mit der Sprache.«

Er ächzte. »Ich ... kann so was nicht. Familienzusammenkünfte, mit Freunden abhängen ... Dafür bin ich einfach nicht geschaffen.«

Seine Worte versetzten Erin einen Stich. »Ich weiß. Versuch es einfach. Falls du dich wirklich nicht wohlfühlst, gib mir ein Zeichen, indem du an deinem Ohrläppchen zupfst. Dann weiß ich Bescheid, und wir gehen, okay?«

»Okay.« Er nahm ihr Gesicht in beide Hände und gab ihr einen Kuss, in den er all das hineinpackte, was er nicht offen aussprechen konnte, all die Gefühle, die dahintersteckten.

Sieh an, sieh an, dachte Erin und jubilierte innerlich.

Er hatte offenbar erkannt, dass sie ihn besser verstand als jeder andere Mensch bisher, und wie es aussah, überraschte und berührte ihn dieser Umstand. Wenn das kein Fortschritt war.

Es waren in der Tat massenhaft Familienmitglieder und Freunde der Gastgeber zugegen. Nick hatte neben seiner Mutter und seiner Schwester April einige Leute eingeladen, die Cole jahrelang nicht gesehen, geschweige denn gesprochen hatte, beispielsweise Ethan Barron, mit dem sie auf die Highschool gegangen waren, sowie dessen Brüder Nash und Dare samt ihren Ehefrauen. Dare Barron, ein Freund von Erin, der ebenfalls Polizist war, hatte kürzlich die Architektin Liza McKnight geheiratet. Cole kannte auch einige der anderen anwesenden Frauen, darunter Ethans Gattin Faith, die im stadtbekannten Herrenhaus auf dem Hügel aufgewachsen war und deren Vater lebenslänglich bekommen hatte, nachdem er mit einem Pyramidenspiel im Stil von Milliardenbetrüger Bernard Madoff das Leben mehrerer Menschen ruiniert hatte. Einige Gäste waren noch recht neu in der Stadt, Nashs Frau Kelly etwa, deren vorlaute kleine Schwester Tess gegen Mittag zu ihnen stieß.

Es war unglaublich laut, zumal es nur so vor Babys und Kleinkindern wimmelte, die abwechselnd lachten, brüllten oder heulten. Cole konnte sich unmöglich merken, welche Kinder wie alt waren und zu welchen Eltern sie gehörten. Er war etwas überwältigt angesichts der hier versammelten Menschenmenge, doch Nick und Kate schien der Rummel nicht das Geringste auszumachen. Sie hatten alle mit offenen Armen willkommen geheißen und freuten sich darüber, dass ihre Gäste sich blendend amüsierten.

Cole hatte erwartet, dass er in Anbetracht des Trubels bald Zustände bekommen und sich danach sehnen würde, zu dem zurückzukehren, was er gewohnt war – zu einem Leben im Verborgenen. Einem Leben als Lügner, das dem übergeordneten Wohl diente. Ein anderes Leben hatte er ja bislang nicht gekannt.

Heute bekam er einen Eindruck davon, was ihm alles entging. Genau genommen nicht erst heute, sondern schon seit mehreren Wochen. Seit er bei Erin eingezogen war. Und er konnte nicht leugnen, dass ihm das Leben, das er zurzeit – aus einer Notwendigkeit heraus – führte, das Leben, das sein Cousin tagtäglich führte, zusehends besser gefiel. Wer hätte das gedacht? Doch dieses Leben hatte für ihn, Cole, ein Ablaufdatum. Sobald Erin nicht mehr auf seine Dienste als Bodyguard angewiesen war, würde er zu seinem alten Leben zurückkehren, das ihm allerdings inzwischen nicht mehr so reizvoll wie früher erschien.

»Hey.« Nick ließ sich auf den Gartenstuhl neben ihm plumpsen. »Alles okay?«

»Ja, alles bestens. Ich brauche nur mal eine kurze Pause.«

Nick lachte. »Gelegentlich wird es sogar mir ein bisschen zu viel. Wo ist Erin?«

Cole deutete mit dem Kopf zum Seeufer, von wo Gelächter und Gekreische an ihre Ohren drang. Im seichten Wasser rund um den von Nick errichteten Steg vergnügten sich mehrere Frauen und Kinder, darunter auch Macy und Erin. Letztere hatte einem kleinen Mädchen die Hände unter die Achseln geschoben, obwohl es einen Schwimmreifen um den Bauch trug.

Eines stand fest: Sie wirkte glücklich, die Sorgen der vergangenen Tage und Wochen waren ihrem hübschen Gesicht nicht anzusehen. Cole konnte sich gar nicht an ihr satt sehen. Sie trug einen Badeanzug, der zwar ihren Bauch bedeckte, doch der hohe Beinausschnitt und das sexy Dekolletee sorgten trotzdem dafür, dass ihm das Wasser im Mund zusammenlief. Beim Anblick ihrer langen Beine dachte er daran, wie sie die Schenkel um seine Hüfte geschlungen hatte, während er in ihren heißen, feuchten Körper eingedrungen war. *Mist*, dachte er und setzte sich etwas anders hin, um zu verbergen, wie ihm die Erinnerung daran einheizte.

»Puh, dich hat es ja ganz schön erwischt!« Nick gluckste und reichte Cole eine kühle Flasche Bier. »Sieht mir ganz danach aus, als hättet ihr das Kriegsbeil begraben.«

Cole zuckte die Achseln. Persönliche Gespräche waren nach wie vor nicht sein Ding, aber er redete hier schließlich mit Nick. »Erin findet, es gibt keinen Grund, unsere Affäre geheim zu halten. Und wenn man ihr erst ansieht, dass sie schwanger ist, kommen die Leute ohnehin zu dem Schluss, dass ich der Vater bin.« Er nahm einen großen Schluck Bier, bei der sommerlichen Hitze ein richtiger Genuss.

»Höre ich da etwa ein *Aber*?«

Cole stöhnte. War das nicht offensichtlich? »Na ja,

beruflich hat sich bei mir nichts geändert. Ich habe nicht vor, mich hier häuslich niederzulassen. Für diese Art von Leben bin ich einfach nicht geschaffen.«

Nick hob eine Augenbraue. »Also, im Moment erweckst du den Anschein, als würdest du das Leben hier in vollen Zügen genießen.«

»Schon, aber das ist nur vorübergehend. Erin weiß das, und du auch, du Holzkopf.«

Nick grunzte. »Ah, ja, und du meinst wirklich, du kannst ihr so einfach den Rücken kehren?« Er deutete zum Ufer, wo Erin gerade die Kleine mit dem Schwimmreifen hochhob, um ihr einen Kuss auf die Wange zu drücken, worauf das Mädchen entzückt quietschte und mit den Beinen strampelte.

Cole registrierte, wie sich ein unbekanntes, warmes Gefühl in seiner Brust breitmachte, das er auf die Überzeugung zu schieben versuchte, dass sie ihrem gemeinsamen Kind eine gute Mutter sein würde. »Ich bin eben verdeckter Ermittler, und das werde ich auch bleiben. Und ich will nicht, dass Erin hier herumsitzt und sich fragt, wann meine Mission zu Ende ist, wann sie wohl das nächste Mal von mir hören wird oder ob sie womöglich irgendwann erfährt, dass ich aufgeflogen bin und nie mehr zurückkomme.«

Cole schüttelte den Kopf und dachte an die Kollegen, deren Ehefrauen er eine solche traurige Nachricht hatte überbringen müssen. Das wollte er Erin um jeden Preis ersparen.

»Ich bin immer noch der Meinung, dass du diese Entscheidung ihr überlassen musst«, beharrte Nick.

Cole schnaubte. »Das ist nicht die Art von Beziehung, die wir führen. Es ist bloß eine erzwungene Nähe mit gelegentlichem Sex.« Er verzog das Gesicht, als er die Worte aussprach. Es klang selbst für seine Ohren wie eine Lüge, und außerdem hatte er das Gefühl, Erin zu verraten.

Schon das Wörtchen *bloß* passte überhaupt nicht zu Erin. *Ganz egal, was das nun genau zwischen uns ist und wie lange es dauert*, hatte sie gesagt, und er hatte sich darauf eingelassen. Falls sie inzwischen tiefere Gefühle für ihn entwickelt hatte, war sie klug genug, das für sich zu behalten, denn er hatte ihr klipp und klar gesagt, wie seine Zukunftspläne aussahen.

Nick setzte die Flasche an und trank einen Schluck, ehe er erwiderte: »Red dir das nur weiterhin ein. Ich bin sicher, es wird dir warme Gedanken bescheren, wenn du erst wieder als verdeckter Ermittler im Einsatz bist. Ich hab's allmählich satt, diesbezüglich bei dir mit dem Kopf gegen die Wand zu rennen. Hab ich dir eigentlich schon erzählt, dass ich ein Grundstück am gegenüberliegenden Seeufer gekauft und noch ein zweites Haus wie dieses hier gebaut habe?«

Cole schüttelte den Kopf. Er war froh, dass Nick das Thema gewechselt hatte, denn auf diese Weise konnte er die Enge in seiner Brust ignorieren, die er verspürt hatte.

»Ich warte noch ein wenig ab, in der Hoffnung, dass die Immobilienpreise steigen werden, dann verkaufe ich es.«

»Toll.«

»Möchtest du es dir ansehen? Ich könnte noch eine Stunde erübrigen, bevor die Burger auf den Grill müssen.«

»Klar.« Cole war ein großer Bewunderer seines Cousins und wusste, wie stolz Nick insgeheim über jedes seiner fertigen Bauprojekte war.

Sie erhoben sich und schlenderten zum Ufer hinunter, um Kate und Erin zu sagen, wo sie hinwollten.

Erin musterte ihn prüfend, dann fasste sie sich mit fragendem Blick ans Ohrläppchen. Sie wollte offenbar wissen, ob er schon die Nase voll hatte und nach Hause wollte.

Er grinste, gerührt von ihrer Fürsorglichkeit. Dann verdrängte er den Gedanken und schüttelte den Kopf. »Nick fährt mit mir zu dem Haus am gegenüberliegenden Ufer, das er kürzlich gebaut hat und demnächst verkaufen wird.«

Ihre Augen leuchteten auf. »Oh, noch so ein Meisterwerk von Nick Mancini? Darf ich mitkommen?«

»Natürlich«, sagte Nick mit stolzgeschwellter Brust.

Faith nahm Erin ihre zappelnde Tochter ab. »Ich sage dir doch, das ist das Gute daran, wenn man Freunde oder Verwandte mit Kindern hat: Man kann sich die kleinen Racker eine Weile ausleihen und sie hinterher wieder zurückgeben.«

Erin lachte. »Ich werde bestimmt auch heilfroh sein, wenn mir mal hin und wieder jemand zur Hand geht.«

Cole erstarrte und spürte, wie sich sein Magen zusammenkrampfte, während alle um sie herum verstummten.

»Was?!«, rief Kate.

Erin riss die Augen auf und lief feuerrot an, als ihr klar wurde, dass sie sich verplappert hatte. »Ähm, ich meine ...« Sie sah zu Cole.

Dieser erwiderte ihren Blick und gestattete ihr mit einem leichten Nicken, ihr Geheimnis zu enthüllen, sofern sie das wollte. Sie konnte immer noch zurückrudern.

»Erin?«, sagte Faith leise.

Erin starrte Cole an, dann nickte sie ebenfalls kaum merklich. Sie hatte also ihre Entscheidung gefällt.

Um ihr zu signalisieren, dass sie nicht allein war, räusperte er sich und sagte: »Tja, Erin ist schwanger. Ihr hättet es ohnehin bald gemerkt.«

Er streckte ihr die Hand hin, und Erins Gesichtszüge entspannten sich sichtlich. Sie ergriff seine Hand und watete aus dem Wasser ans Ufer. »Genau. Wir bekommen ein Baby«, verkündete sie.

So, jetzt ist es heraus, dachte Cole, von einem Schwindelgefühl erfasst, das nicht auf die sommerliche Hitze zurückzuführen war. Die umstehenden Frauen kreischten begeistert los, worauf sogleich die anderen Gäste herbeiströmten, um zu hören, was der Aufruhr zu bedeuten hatte. Im Nu waren sie von Menschen umringt, die sich zwischen sie drängten, Cole anerkennend auf die Schulter klopften und Erin auf die Wangen küssten.

Cole nahm die zahlreichen Glückwünsche entgegen und wich den meisten Fragen erfolgreich aus. Erin erweckte den Anschein, als wäre sie etwas überwältigt von all der Aufmerksamkeit, und sein Gefühl trog ihn nicht, denn irgendwann warf sie ihm einen unmissverständlichen Blick zu und zupfte an ihrem Ohrläppchen.

»Hey, Nick«, rief er, »bekommen wir dein neues Haus eigentlich noch in diesem Jahrhundert zu sehen?«

Nick zog sogleich die richtigen Schlüsse. »Jep. Kommt mit ins Haus, ich muss die Schlüssel holen. Und alle anderen feiern bitte weiter wie vorher«, befahl er.

Cole schnappte sich Erins Hand und rettete sie vor ihren neugierigen Freundinnen.

»Aber beeilt euch«, rief Kate ihnen nach. »Die Kids bekommen bestimmt bald Hunger.«

»Ja, ja«, brummte Nick, aber Cole entging nicht, dass er dabei gutmütig gluckste.

Er legte Erin eine Hand auf den Rücken und folgte seinem Cousin ins Haus.

Erin sagte kein Wort, doch Cole spürte, dass sie jetzt etwas Ruhe und Abstand benötigte. Falls sie nach der Hausbesichtigung noch immer so aufgewühlt wirkte, würde er mit ihr nach Hause fahren. Welche Ironie, dass es jetzt sie gewesen war, die hatte flüchten wollen und nicht er.

Überraschenderweise hatte Cole kein bisschen Panik verspürt, weder, als Nick ihm vorhin auf den Zahn gefühlt hatte noch während Erins Enthüllung gerade eben. Sie fuhren auf die andere Seite des Sees und besichtigten ausführlich das riesige Haus, das sogar schon komplett eingerichtet war und Erin ausnehmend gut gefiel.

Während Nick in jedem Raum erklärte, welche Extras er eingebaut hatte, schweiften Coles Gedanken ab.

Er ließ die bisherigen Ereignisse des Tages Revue passieren und musste zugeben, dass er sich nicht wie erwartet als Außenseiter gefühlt hatte. Alle hatten sich ihm gegenüber sehr aufgeschlossen verhalten, hatten mit ihm geplaudert und gefragt, was sich in den vergangenen Jahren bei ihm so getan hatte. Und zu seiner eigenen Überraschung hatte er mit großem Interesse gelauscht, wenn sie ihm erzählt hatten, was es bei ihnen und den diversen gemeinsamen Bekannten Neues gab. Die Barron-Brüder hatten angeregt, er solle doch mal mit ihnen bei Joe's ein Bier trinken gehen oder zu ihrer Pokerrunde dazustoßen.

Wie es aussah, wurde er von den Bewohnern von Serendipity bereitwillig akzeptiert, wenn er sich zur Abwechslung mal nicht in sein Schneckenhaus zurückzog oder sich abseits der Massen hielt. Die Erkenntnis verblüffte ihn. Hatte es etwa nur an seiner eigenen Reserviertheit gelegen, dass ihm seit seiner Rückkehr alle aus dem Weg gegangen waren?

Falls er je in Erwägung ziehen sollte, hierzubleiben, war es wohl angebracht, diese Frage noch einmal etwas genauer zu erörtern. Aber er wollte ja zurück nach New York. Oder? Die Beklemmung, die ihn bei der Vorstellung, Serendipity wieder zu verlassen, plötzlich überkam, verdrängte er gleich wieder.

Kapitel 12

Auf dem Nachhauseweg lehnte Erin todmüde den Kopf an die Kopfstütze. Cole würde ihr definitiv fehlen, wenn das hier alles vorbei war. Sie konnte nicht fassen, wie schnell sie sich daran gewöhnt hatte, von einem Mann umsorgt zu werden. Es war höchst unvernünftig, aber im Moment war ihr das völlig einerlei. Sie schlüpfte aus den Schuhen und zog die Beine an.

Die Tatsache, dass sie schwanger war, hatte sie längst akzeptiert, doch sie hatte keinen Gedanken daran verschwendet, wie es wohl sein würde, wenn sie es publik machte. Sie war erschöpft nach der ungeplanten Enthüllung, aber auch, weil sie den ganzen Nachmittag von glücklichen Paaren umgeben gewesen war. *Familien*, fügte sie im Geiste hinzu. Dass sie und Cole nie eine richtige Familie sein würden, erfüllte sie mit Melancholie. Nun, sobald sie die Erschöpfung abgeschüttelt hatte, würde auch ihre Bedrücktheit verfliegen. Sie war entschlossen, aus der Zeit, die ihr noch mit Cole blieb, das Beste herauszuholen. Mal sehen, wo das noch alles hinführte. Seit jeher hatte sie sich mit der Fähigkeit gebrüstet, das Leben so zu nehmen, wie es kam. Und sie fand, sie schlug sich eigentlich recht wacker in Anbetracht der Umstände – erst die Schwangerschaft und dann die beiden Angriffe auf sie ...

Tja, vielleicht lag es ja daran, dass sie im Gegensatz zu Cole auf den Rückhalt ihrer Familie zählen konnte. Er hatte ja selbst zugegeben, dass dieser Umstand seine Lebenseinstellung nachhaltig beeinflusst hatte.

Seufzend schloss sie die Augen und versuchte gar nicht erst, gegen die Müdigkeit anzukämpfen, die sie erfasst hatte. Schlafen war jetzt zweifelsohne klüger als reden, denn Cole entging nichts. Er hätte bestimmt gleich gemerkt, dass sie etwas bedrückte.

Dummerweise war sie jedoch viel zu aufgekratzt, um zu schlafen. Das Gedankenkarussell in ihrem Kopf drehte sich unablässig im Kreis. Trotzdem ließ sie die Augen geschlossen, nur für alle Fälle.

Natürlich war sie im Geiste bei Cole. Heute hatte sich mehrfach gezeigt, wie gut sie schon aufeinander eingespielt waren. Sie rief sich in Erinnerung, wie er gezögert hatte, als sie vor Nicks Haus aus dem Auto gestiegen waren, dachte an den Anflug von Verletzlichkeit, der über sein Gesicht gehuscht war, als er ihr gestanden hatte, warum ihm vor dem Besuch bei seinem Cousin graute. Sie hatte es nicht erwartet, aber er hatte es trotzdem getan, hatte wieder ein klein wenig von sich preisgegeben.

Auch er hatte sich wacker geschlagen heute Nachmittag, und wenn er wollte, konnte er die Kontakte, die er heute geknüpft hatte, weiter ausbauen.

Es wäre so schön, wenn er irgendwann doch das Bedürfnis verspüren würde, zu bleiben, dachte Erin.

Hier in Serendipity. Bei ihr. Denn obwohl sie sich nicht gestattete, es auch nur im hintersten Winkel ihres Gehirns zu denken, geschweige denn, es laut auszusprechen, spürte sie, dass das, was sie für Cole empfand ... Nun ja, etwas ganz Großes war.

Sie konnte zwar nicht schlafen, ließ sich vom Motorengeräusch aber so weit einlullen, dass sie gedanklich irgendwann doch ein wenig zur Ruhe kam. Schließlich war ihr, als würden sie sich bereits ihrem Wohnviertel nähern, und tatsächlich hielt Cole gleich darauf an.

»Du wartest im Wagen.«

Sie schreckte hoch, öffnete benommen die schweren Augenlider ... und erblickte auf der Straße vor ihrer Siedlung zwei Einsatzfahrzeuge der Polizei. Mit Blaulicht. Ihre Nachbarn hatten sich auf der Rasenfläche vor dem Haus versammelt. Cara und Sam, die auch bei Nick zu Besuch gewesen waren, sich aber schon vor einer Weile auf den Heimweg gemacht hatten, standen auf der kleinen Veranda vor ihrer Eingangstür.

Erin riss die Autotür auf und marschierte schnurstracks auf ihren Bruder zu.

»Hey, ich hab gesagt, du sollst im Wagen warten«, rief Cole ihr hinterher.

Sie tat, als hätte sie es nicht gehört. »Was ist hier los?«

Sam musterte sie mit besorgter Miene. »Bei dir wurde eingebrochen.«

»Und warum hat mich keiner verständigt? Wozu habe ich denn eine Alarmanlage?«

»Jemand hat die Telefonleitung durchtrennt, deshalb ist die automatische Meldung nicht im Revier eingegangen«, antwortete Cara mit ruhiger Stimme, aber ihr Blick war voller Mitgefühl. »Der Alarm im Haus wurde zwar ausgelöst, aber Mrs. Flynn, die alte Dame, die rechts von dir wohnt, ist fast taub, und die Nachbarn links sind im Urlaub, behauptet jedenfalls Mrs. Flynn.«

»Irgendwann hat jemand aus dem Viertel dann kapiert, was der Krach zu bedeuten hat und die Polizei verständigt«, fügte Sam hinzu. »Wir wollten euch gerade anrufen, aber ihr seid uns zuvorgekommen.«

»Was genau ist passiert?«, fragte Cole.

»Der Täter – oder die Täterin – ist durch das Seitenfenster hier eingedrungen«, berichtete Sam mit einer entsprechenden Kopfbewegung. »Am helllichten Tag. Ganz schön dreist«, knurrte er.

»Sie war in meinem Haus?«, keuchte Erin. Die Hysterie, die sie in diesem Moment erfasste, war höchst untypisch für sie.

Cole legte ihr fest die Hand auf die Schulter.

»Was hat sie da drin getrieben?« Erin machte einen Schritt nach vorn, doch er hielt sie zurück.

Sam schickte ihm über ihren Kopf hinweg einen vielsagenden Blick.

»Oh nein«, fauchte Erin mit schmalen Augen. »Hört sofort auf mit eurer ›Wir verstehen uns auch ohne Worte‹-Masche. Ich will verdammt noch mal wissen, was Sache ist. Also, raus mit der Sprache.«

»Hör zu, Erin ... Die Täterin hat einigen Schaden angerichtet. Diesmal hatte sie es auf persönliche Gegenstände von dir abgesehen. Vorausgesetzt, wir liegen richtig mit unserer Vermutung, dass hinter diesem Anschlag dieselbe Person steckt wie hinter den beiden anderen und dass es sich bei dieser Person um eine Frau handelt.«

Erin wurde übel, was dieser Tage noch immer ziemlich schnell ging. »Ich will es sehen.«

»Nein!«, riefen Cole und Sam unisono.

Erin erstarrte. »Ich lasse mir von euch nicht vorschreiben, was ich tun und lassen soll. Nicht jetzt.« Sie schüttelte Coles Hand ab und marschierte auf die Eingangstür zu.

»Überlasst das mir«, sagte Cara zu den beiden Männern und trat zu Erin. Sie legte ihr eine Hand auf den Arm. »Es geht uns in erster Linie um deine Gefühle. Man hat dir ein Unrecht angetan, und du wirst dich aufregen. Bist du sicher, dass du dem gewachsen bist?«

Erin nickte entschlossen, obwohl sie sich insgeheim fürchtete.

»Gut. Ich komme mit. Gehen wir. Aber denk daran, dass ...«

»Ja, ja, schon klar, ich darf nichts anfassen. Ich bin Rechtsanwältin, schon vergessen?«

Cara seufzte. »Wenn man plötzlich selbst das Opfer ist, vergisst man das zuweilen.«

Das Opfer. Erin hasste dieses Wort. Hatte stets versucht, es zu vermieden, es nicht einmal zu denken, seit dieser Albtraum angefangen hatte. Doch als sie nun das Haus betrat, in dem das schwere Parfum einer anderen Frau in der Luft hing, kam sie sich in der Tat wie ein Opfer vor. Wie eine jener Frauen, für die sich Erin normalerweise starkmachte.

»Wir müssen nach oben«, sagte Cara.

Erin zwang sich, weiterzugehen, die Treppe hoch und zu ihrem Schlafzimmer. Sie spürte instinktiv, dass dies der Schauplatz des Verbrechens war. Cole und Sam folgten ihnen schweigend.

An der Türschwelle hielt sie inne, darum bemüht, den Vorfall in seiner ganzen Tragweite zu erfassen, doch ihr Gehirn war nicht in der Lage, den sich ihr bietenden Anblick zu verarbeiten. Ihr Schlafzimmer glich einem Schlachtfeld. Ihre nagelneuen Umstandskleider, für die sie so viel Geld ausgegeben hatte, waren überall verstreut, zerschnitten, zerfetzt, in Stücke gerissen.

»Verfluchte Scheiße«, murmelte Cole.

Erin ignorierte es, zwang sich, jeden einzelnen Gegenstand, der der Zerstörungswut zum Opfer gefallen war, zu betrachten. Schließlich blieb ihr Blick an dem royalblauen Kleid hängen, das sie nur einen Tag zuvor auf dem Ball getragen hatte. Mit den schlimmsten Befürchtungen sah sie zur Kommode, wo sie ihre Auszeichnung aufgestellt hatte, und tatsächlich – der Stern war abgerissen. Doch es war etwas ganz anderes, das dafür sorgte, dass ihr beinahe das Herz stehenblieb: Die Nachricht, die jemand für sie mit Lippenstift auf ihrem großen Spiegel hinterlassen hatte.

ER GEHÖRT MIR.

Sie drehte sich zu Cole um, denn wer sonst sollte schon mit *Er* gemeint sein? Es musste um ihn gehen, sonst hätte es keinen Sinn ergeben, dass lediglich ihre Umstandskleider hatten daran glauben müssen. Außerdem gab es in Erins Leben keinen anderen *Er*. Oder jedenfalls keinen, der eine derartige Reaktion hätte auslösen können.

Seine Wangen waren gerötet, und in seinem Blick lagen Wut und ein Anflug von Bedauern. Ganz offensichtlich war er zu demselben Schluss gekommen wie sie.

»Wer ist sie?«, fragte sie ihn geradeheraus, ohne das Schwindelgefühl zu beachten, das sie erfasst hatte.

Er antwortete nicht gleich, aber Erin konnte förmlich sehen, wie sich die Zahnräder in seinem Kopf drehten, während er alle Möglichkeiten durchging.

Cara legte ihr einen Arm um die Schultern. »Jetzt schaffen wir dich erst mal hier raus.«

Erin schüttelte den Kopf. »Nein. Ich will wissen, was Cole dazu zu sagen hat.«

»Ich wüsste nicht, was ich dazu sagen sollte. Ich habe nichts auf dem Kerbholz.« Es klang frustriert, und er war sichtlich wütend, doch seine Miene war offen und ehrlich.

Sie glaubte ihm.

»Du bist schneeweiß im Gesicht. Geh mit Cara nach unten und setz dich hin, ehe du womöglich umkippst.«

Erin wollte es zwar nicht zugeben, aber Cole hatte recht – sie hatte weiche Knie und war total durch den Wind.

»Los, los«, sagte er fest. »Ich rede nur noch kurz mit Sam und rufe dann ein paar Leute an. Vielleicht gibt es ja eine Verbindung zu einem alten Fall, von der ich nichts weiß.«

»Okay.« Sie drehte sich um und ging.

Mit dröhnendem Schädel wandte sich Cole zu Sam um, der gemeinhin als der »sanftmütige« der beiden Marsden-Brüder galt. Der erboste Blick, mit dem er Cole jetzt musterte, ließ ihn allerdings mindestens genauso furchteinflößend wirken wie seinen großen Bruder Mike.

»Wenn es da eine andere gibt, wenn du meine Schwester verarscht hast, dann bringe ich dich um!«

Hätte Cole auch nur das Geringste zu verbergen gehabt, er hätte es garantiert mit der Angst zu tun bekommen. »Hey, ich tappe genauso im Dunkeln wie du.« Sam schnaubte ungläubig, was Cole jedoch geflissentlich ignorierte. Er zückte sein Handy, um seinen Vorgesetzten anzurufen. Unter der privaten Telefonnummer.

Es war an der Zeit, endlich Klartext zu reden.

Sein Boss ging beim ersten Klingeln ran.

»Tag, Rockford, ich bin's.«

Zunächst musste sich Cole einiges anhören, weil er sich so lange nicht gemeldet hatte, dann wollte sein Chef wissen, wann er wieder mit ihm rechnen konnte.

Da Cole auf die Hilfe und den guten Willen seines Vorgesetzten angewiesen war, redete er nicht lange um den heißen Brei herum. Er musste Rockford reinen Wein einschenken. Das war er ihm schuldig. Denn sosehr er sich auch gegen die Wahrheit sperrte, Erin und das Baby würden sein Leben unwiderruflich und nachhaltig verändern. In welchem Ausmaß, das würde sich noch zeigen. Fakt war, er verhielt sich schon jetzt anders als früher – er reagierte nicht auf Anrufe und schob die Rückkehr ins Arbeitsleben auf unbestimmte Zeit hinaus.

»Das wird wohl noch eine ganze Weile dauern. Ich hab hier einiges um die Ohren.« Er berichtete von Erins Schwangerschaft und endete mit dem heutigen Vorfall, ihren zerfetzten Kleidern.

»Gehen Sie die Akten meiner letzten Fälle durch und versuchen Sie herauszufinden, wer es auf mich abgesehen haben könnte. Und welche Frauen ein Interesse an mir hegen könnten.« Noch während er sprach, tauchte vor seinem inneren Auge das Bild einer Frau auf, die er um jeden Preis hatte vergessen wollen: Victoria Maroni. Sie war scharf auf ihn gewesen. Jetzt wusste er auch, warum ihm der Geruch, der hier in der Luft hing, so vertraut vorkam: Es war eindeutig ihr Parfum. Sie war immer verschwenderisch damit umgegangen.

Dieses Miststück.

»Nehmen Sie Verbindung mit den Zuständigen vom Zeugenschutzprogramm auf und lassen Sie Victoria Maroni überprüfen«, fügte Cole hinzu.

Sam fuhr herum, als der Name fiel, doch Cole hob beschwichtigend die Hand. »Ach richtig, sie sollte noch in einem anderen Prozess gegen die Kompagnons ihres verstorbenen Mannes aussagen.«

Er hatte Victoria zuletzt gesehen, nachdem er Vincent Maroni während einer Razzia, die quasi der Vernichtungsschlag gegen dessen Organisation gewesen war, erschossen hatte.

Rockford versprach, ihn zu kontaktieren, sobald er etwas in Erfahrung gebracht hatte.

Cole beendete das Gespräch und drehte sich zu Sam um. »Also, bevor du gleich Kleinholz aus mir machst: Victoria war mit dem Mafiaboss Vincent Maroni verheiratet, in dessen Organisation ich während meiner letzten Mission eingeschleust wurde. Nachdem ich es geschafft hatte, in den inneren Kreis vorzudringen, habe ich mich mit ihr angefreundet. Ihr Mann hat sie wie Dreck behandelt. Ich habe dafür gesorgt, dass ihr nichts geschieht, als wir den Scheißkerl zur Strecke gebracht haben, und das hat sie leider völlig missverstanden.«

Victoria hatte in Cole ihren edlen Retter gesehen, einen Mann, der sie aus den Fängen des Teufels befreit hatte. Ihrer Überzeugung nach war seine Heldentat von Liebe motiviert gewesen, dabei hatte er lediglich seine Arbeit getan. Sie war eine arme Irre, eine Frau, die sich so nach Liebe und Zuneigung sehnte, dass sie sich an die wahnwitzigsten Illusionen klammerte.

»Sie hat sich falsche Hoffnungen gemacht, hat die Tatsache, dass ich sie beschützen wollte, total überbewertet. Ich hatte Mitleid mit ihr, aber als Bedrohung habe ich sie bislang nicht betrachtet.«

»Tja, da hast du sie wohl unterschätzt«, schnarrte Sam.

Cole nickte mit einem flauen Gefühl im Magen. »Und das muss die arme Erin jetzt ausbaden.« Nun, die Vergangenheit konnte er nicht ändern, aber er konnte zumindest jetzt etwas unternehmen. »Ich muss sie hier rausschaffen, bis dieser Albtraum vorbei ist.«

Sam nickte. »Und wo soll sie hin?«

Cole dachte daran, wie begeistert sie bei der Besichtigung von Nicks neugebautem Haus am See gewesen war. »Ich rufe meinen Cousin an«, sagte er und erklärte Sam seine Idee.

»Okay, aber wie willst du dafür sorgen, dass Erin mitspielt und der Arbeit fernbleibt, bis das alles vorbei ist?«

»Sie wird sich schon fügen, und wenn ich sie einen Monat lang fesseln und einsperren muss«, knurrte Cole.

Sam lachte hohl. »Das geht mir zwar alles sehr gegen den Strich, aber ich gebe zu, ich würde was drum geben, um das mit eigenen Augen zu sehen.«

Cole erwiderte nichts, denn sollte er Erin tatsächlich irgendwann fesseln, dann war ihr Bruder garantiert der Letzte, den er dabeihaben wollte.

»Du musst mir helfen, sie unbemerkt von hier fortzubringen«, sagte er stattdessen. »Und bitte sage deiner Mutter, sie soll alles, was Erin neulich mit ihr zusammen besorgt hat, nachkaufen und an dich schicken. Ich komme für die Kosten auf und hole die Sachen dann bei dir ab.«

Sams misstrauische Miene wich einem Ausdruck, den man schon fast als respektvoll bezeichnen konnte. Doch Cole verdiente keinen Respekt, denn Jed hatte recht behalten: Er hatte Erin vom ersten Moment an nur Schererereien gemacht. Dafür zu sorgen, dass ihr nichts geschah, war wirklich das Mindeste, was er jetzt für sie tun konnte.

So weit ist es schon mit mir gekommen, dachte Erin, die unter einer Decke auf der Rückbank von Coles Jeep lag, als sie wenig später davonfuhren. Also ehrlich – wo blieb da ihre Würde?

Sie schnaubte.

»Ich mach's wieder gut«, gelobte Cole, der am Steuer saß. Sie hätte ihm gern gesagt, wohin er sich sein Versprechen stecken konnte, dabei wusste sie eigentlich, dass er nichts dafür konnte. Zumindest wollte sie ihm das sehr geraten haben. Wer auch immer diese Frau war, Erin hoffte inständig, dass Cole sie nicht an der Nase herumgeführt hatte. Ihr gegenüber war er ja immer schonungslos ehrlich gewesen. Sie hatte vom ersten Tag an gewusst, was Sache war. Aber wer wusste schon, was er als verdeckter Ermittler so alles hatte tun müssen ... Sie biss sich auf die Innenseite der Wange.

Endlich hielt der Wagen an.

Erin hatte keine Ahnung, wohin Cole sie brachte. Er hatte gesagt, er wolle sie überraschen, und sie war zu sehr damit beschäftigt gewesen, hastig einige Kleidungsstücke und Toilettenartikel zusammenzupacken, um seine Telefonate zu belauschen. Sam war noch geblieben, um das Team der Spurensicherung bei der Suche nach Fingerabdrücken zu unterstützen und dafür zu sorgen, dass alle Beweise ordentlich »eingetütet« und beschriftet wurden.

»Moment noch.«

Sie hörte, wie er die Autotür öffnete und ausstieg, nur um gleich darauf zurückzukehren und wieder einzusteigen. Er fuhr noch ein paar Meter, dann blieben sie erneut stehen, und sie durfte sich aufrichten.

Erin stieg aus dem Wagen und sah sich suchend um. Sie befanden sind in einer halbdunklen Garage. »Wo sind wir?«

»Rate mal.«

Oh, wie sie dieses verschmitzte Grinsen liebte, und das süße Grübchen, das dann seine Wange zierte! Sie bekam es nicht allzu oft zu sehen, aber wenn, dann war sie jedes Mal ganz hin und weg. Natürlich würde sie sich hüten, ihm das auf die Nase zu binden – so was wollten harte Kerle wie Cole nicht hören.

Als sich ihre Augen etwas an die Dunkelheit gewöhnt hatten und er die unverschlossene Tür zum Haus öffnete, wusste sie sogleich, wo sie waren. »Nicks neues Haus am See!«, rief sie aufgeregt. Das Haus, in das sie sich auf den ersten Blick verliebt hatte.

Sie schnappten sich ihre Taschen, und er bedeutete ihr, schon mal nach oben zu gehen. »Ich habe Nick angerufen und ihm alles erklärt. Wir dürfen hierbleiben, solange es nötig ist.«

»Wow.« Allmählich kam sie sich vor wie in einem Märchen – ihr Traumhaus, der perfekte Mann, ein Kind unterwegs ...

Halt, halt, halt. Ernüchtert rief sie sich die Gründe für ihren Umzug in Erinnerung. Sie war hier, weil ihr jemand übel mitgespielt hatte, und nur deswegen war Cole bei ihr.

Plötzlich hatte sie die Nase voll von ihren tristen Gedanken. »Ich bin total erledigt.«

»Dann geh doch rauf ins Elternschlafzimmer und leg dich hin. Ich drehe noch eine Runde durchs Haus und überzeuge mich davon, dass alles in Ordnung ist. Schließlich musste Nick die Garagentür für uns offen lassen.« Er zögerte kurz, ehe er fortfuhr: »Ich komme dann gleich nach. Vorausgesetzt, das ist dir recht.«

Seine Verunsicherung überraschte sie, zumal er sie bis jetzt die ganze Zeit herumkommandiert hatte.

»Klar.« Sie hatte ihm doch gesagt, dass sie gedachte, künftig das Bett mit ihm zu teilen. Es sei denn … »Also, wenn du willst, meine ich.«

»Natürlich will ich, ich dachte nur, du bist vielleicht sauer auf mich. Schließlich verdankst du diesen ganzen Ärger indirekt mir.«

Sie verdrehte die Augen. »Es ist ja nicht so, als hättest du dieser Verrückten aufgetragen, mir nachzustellen. Vorausgesetzt, du liegst mit deiner Vermutung überhaupt richtig … Aber eine Frage hätte ich da noch«, fuhr sie fort, ehe sie womöglich der Mut verließ.

»Nur zu.«

»Wahrscheinlich habe ich gar nicht das Recht, dich das zu fragen, aber … hast du mit ihr geschlafen? Hat sie sich deshalb Hoffnungen gemacht?«

»Nein!«, rief Cole entsetzt. »So denkst du also von mir? Dass ich sie während meiner Mission an der Nase herumgeführt und sie abserviert habe, sobald es vorbei war?«

Erin biss sich auf die Unterlippe. »Nein, das kann ich mir eigentlich nicht vorstellen.«

Er verschränkte die Arme vor der Brust. »Aber der Gedanke ist dir durch den Kopf gegangen.«

»Flüchtig«, räumte sie ein. »Ich meine, es ist eine ziemlich extreme Reaktion. Zugegeben, ich habe auch gelegentlich Fälle, in denen Frauen total durchdrehen ...« Sie hob ratlos die Arme, ließ sie wieder sinken. Was laberte sie da eigentlich für dummes Zeug? »Ach, ich weiß auch nicht. Ich schätze, das sind wohl die Schwangerschaftshormone.«

Und die Tatsache, dass sie fürchtete, lediglich eine Kerbe an seinem Bettpfosten zu sein, dabei wollte sie doch unbedingt etwas Besonderes für ihn sein. Ihr Puls raste.

Sie starrten einander ein paar Sekunden lang wortlos an. Als Erin sein bekümmerter Blick und sein zusammengekniffener Mund auffiel, bekam sie prompt ein schlechtes Gewissen. Er wirkte erschöpft, und die Anspannung war ihm deutlich anzusehen. Die ganze Angelegenheit setzte ihm genauso zu wie ihr. Sie sollte sich deswegen nicht auch noch mit ihm streiten.

»Geh und mach deinen Rundgang. Wir sehen uns dann oben«, sagte sie. Auf diese Weise bekamen sie beide die Gelegenheit, ihre Gedanken neu zu sortieren.

Sie wünschte nur, sie wüsste, was für Gedanken das bei Cole waren.

Doch kaum hatte sie sich in das bequeme Bett gelegt, dämmerte Erin auch schon weg, obwohl sie sich vorgenommen hatte, wach zu bleiben, bis er zu ihr stieß. Sie schlief ohne Unterbrechung bis zum nächsten Morgen durch und wurde von der Sonne geweckt. Für gewöhnlich hatte sie einen leichten Schlaf, aber seit sie schwanger war, hatten sich so einige ihrer Gewohnheiten geändert.

Sie blinzelte und ließ den Blick durch das Zimmer wandern. Eine Wand bestand fast zur Gänze aus einer Fensterfront mit großen Holzfensterläden. Teppich und Dekor waren in einem neutralen, aber warmen Cremeweiß gehalten, was es den künftigen Besitzern ermöglichen würde, dem Raum eine persönliche Note zu verleihen.

Sie streckte sich und verdrängte den Gedanken daran, dass dieses wunderschöne Haus irgendwann anderen Menschen gehören würde. Ein Blick zur Seite bestätigte ihr, dass sie allein im Bett lag. Cole musste schon vor einer ganzen Weile aufgestanden sein.

Als sie ins angrenzende Bad ging, stellte sie zu ihrer Überraschung fest, dass er die wichtigsten Toilettenartikel schon für sie bereitgelegt hatte. Diese fürsorgliche Seite an ihm verblüffte sie immer wieder – aber sie schürte auch weiterhin ihre Hoffnung, und das konnte ihr am Ende noch zum Verhängnis werden. Sie ignorierte ihre Gedanken, die schon wieder Amok liefen, putzte sich die Zähne, wusch sich das Gesicht und ging zurück ins Schlafzimmer. Im selben Augenblick kam Cole herein.

Sein Haar war noch zerzaust, aber er trug eine alte Jeans, bei der die Knöpfe offen standen. Er war barfuß und oben ohne, und beim Anblick seiner nackten Brust lief Erin das Wasser im Mund zusammen.

Kein Wunder, dass ihre Stimme heiser klang, als sie »Morgen« sagte.

»Hey. Gut geschlafen?«

Sie nickte. »Wie ein Toter.«

Er verzog das Gesicht. »Bitte keine Scherze in dieser Richtung, ja?«

Sie setzte sich mit untergeschlagenen Beinen aufs Bett. »Ich muss es ins Lächerliche ziehen, sonst fange ich an zu heulen, und das kommt überhaupt nicht in die Tüte.«

Er gesellte sich zu ihr aufs Bett und betrachtete sie mit einem bedauernden Blick. »Es tut mir so leid, dass mein Leben solche negativen Auswirkungen auf dein Leben hat. Mein Vater hatte schon recht mit seiner Prophezeiung, dass ich dir nur schaden werde.«

»Jed ist ein Idiot«, brummte Erin. »Du willst mir doch nicht ernsthaft weismachen, dass du dich für die Aktionen dieser Verrückten verantwortlich fühlst?« Es war nicht das erste Mal, dass er sich für das Verhalten anderer Menschen entschuldigte. Erst sein Vater, jetzt diese Frau.

Er schnaubte verächtlich. »Nein, aber wenn ich nicht wäre, hättest du jetzt keinen Ärger mit ihr.«

»Es hätte genauso gut jemand sein können, den ich in den Knast gebracht habe und der jetzt wieder draußen ist und Rache geschworen hat. Wir sind nicht verantwortlich für das, was andere Leute tun.«

Cole hob eine Augenbraue. Nicht zum ersten Mal erstaunte sie ihn mit ihrer entwaffnend pragmatischen Denkweise und ihrer Fähigkeit, das Leben einfach so zu nehmen, wie es kam. »Das ist nicht dasselbe.«

»Wieso? Weil es dir nicht in den Kram passt, wenn dein Einzelgängerdasein mit dem eines anderen Menschen in Berührung kommt?« Puh, sie verstand es wirklich, ihn zu provozieren wie niemand sonst.

Ihre Augen, die in dem sonnendurchfluteten Raum grüner als sonst wirkten, funkelten aufgebracht. Mit ihrem Mut und ihrer unerschrockenen Art machte sie ihn schier verrückt vor Erregung. Es war ihm unmöglich, sich von ihr fernzuhalten, obwohl genau das in ihrem Interesse gewesen wäre.

»Hallo?!?«, rief sie und straffte die Schultern.

Doch Cole konnte den Blick nicht vom tief ausgeschnittenen Dekolletee ihres seidenen Pyjamaoberteils abwenden und hatte bereits vergessen, worum es eigentlich ging. »Äh, was ist?«

Erin sah an sich hinunter. »Du kannst echt nicht verleugnen, dass du ein Mann bist«, schalt sie Cole, schien jedoch nicht ernsthaft böse zu sein, denn sie grinste dabei.

Damit war er nun endgültig Wachs in ihren Händen. »Und, hast du was dagegen einzuwenden?«, fragte er und erwiderte das Grinsen.

Sie verschlang ihn mit Blicken, genau wie vorhin schon, als sie aus dem Bad gekommen war. »Nö, gar nicht.«

Ihre Worte und ihr neckischer Tonfall brachten ihn erst recht in Fahrt. Er schubste sie um und wälzte sich auf sie.

Sie strich ihm die Haare aus der Stirn. »Du bist ganz schön gefährlich, Cole Sanders«, sagte sie und sah mit diesen Augen, in denen er glatt hätte ertrinken können, zu ihm hoch.

Sie hatte ja keine Ahnung, wie recht sie hatte. »Nicht absichtlich. Jedenfalls nicht für dich.«

Ehe sie antworten konnte – und ehe er sich womöglich um Kopf und Kragen redete –, beendete er die Unterhaltung, indem er sie küsste.

Sie legte ihm stöhnend eine Hand in den Nacken und hielt seinen Kopf fest. Wieder war er überrascht. Diese Frau, für die das Wort One-Night-Stand vor vier Monaten wahrscheinlich noch ein Fremdwort gewesen war, verhielt sich ihm gegenüber im Bett absolut ebenbürtig. Eine Erkenntnis, die ihn nur noch mehr antörnte.

Als sie ihm ein Bein um die Hüfte schlang, um ihn noch fester an sich zu pressen, ließ er sie gewähren. Doch er gedachte nicht, bloß tatenlos dazuliegen, sondern schob die Zunge in ihren Mund, um ihr mit seinen Küssen einzuheizen, während er den Unterleib an ihr rieb.

Sie drehte den Kopf zur Seite und knabberte an seinem Ohrläppchen. »Ich brauche dich in mir«, flüsterte sie und kitzelte ihn mit der Zungenspitze im Ohr.

»Oh, Gott.« Cole schauderte und spürte, wie sein Penis anschwoll.

Im Nu hatte er sie von ihrem knappen Pyjama befreit. Wie schon beim letzten Mal war sie nackt darunter. »Du gibst mir echt den Rest.«

Sie tastete lachend nach seinem offenen Hosenschlitz,

doch er legte ihr eine Hand auf den Arm. »Nicht.« Wenn sie ihn jetzt berührte, war es mit dem Spaß vorbei, ehe sie richtig angefangen hatten.

Er erhob sich, streifte die Hose ab und gesellte sich sogleich wieder zu ihr ins Bett. Wieder griff sie nach seiner Erektion, und diesmal packte er ihr Handgelenk und drückte es über ihrem Kopf auf die Matratze. »Nicht berühren«, knurrte er mit zusammengebissenen Zähnen. »Jedenfalls nicht, wenn es dir ernst war, als du gesagt hast, du willst mich in dir haben.«

Sie stöhnte leise und reckte ihm den Unterleib entgegen, sodass ihr feuchtes Geschlecht mit seinem prallen Schaft in Berührung kam.

Er sah sie an, fasziniert von dem Verlangen, das sich in ihrem Gesicht spiegelte. »Leg auch die andere Hand über den Kopf«, befahl er, und sie gehorchte mit großen Augen.

»So, und da lässt du sie jetzt, damit ich mich darauf konzentrieren kann, nicht vor dir zu kommen.« Er strich mit der Eichel über ihren Kitzler.

Sie schloss die Augen. »Mmmm.«

Jetzt, da die emotionale Verbindung, die ihm so zusetzte, unterbrochen war, stieß er zu und glitt tief in ihre heiße Spalte.

»Oh, Cole!«, stöhnte Erin, und als sich ihre Muskeln um ihn zusammenzogen, wurde ihm bewusst, dass das hier weit mehr war als eine rein körperliche Vereinigung. In seiner Brust machte sich ein nie gekanntes, heftiges Gefühl breit. Es nahm Besitz von ihm, bedrängte ihn, bohrend, nagend, beklemmend. Cole wusste, was es war, obwohl er es noch nie verspürt hatte und es auch nicht spüren wollte.

Und er weigerte sich, es zu benennen.

Stattdessen konzentrierte er sich auf die Bewegungen ihrer Körper, auf den Akt, das Streben nach Lust, nach Befriedigung. Das war einfach, auch wenn alles andere in Verbindung mit Erin so kompliziert war.

Wie auf ein Stichwort hob sie den Kopf, und als hätte sie gespürt, dass er versuchte, auf Distanz zu gehen, schmiegte sie das Gesicht in seine Halsbeuge, um seine Haut dort mit warmen, feuchten Küssen zu bedecken.

Ihr heißer Atem strich über seine Haut, und ihre Sanftheit lockte den Teil seiner Persönlichkeit hervor, der normalerweise von einem Eispanzer umschlossen war. Sie nahm ihm die Fähigkeit, sich emotional abzuschotten, indem sie ihn daran erinnerte, dass es hier nicht nur um das Aufeinanderprallen zweier Körper ging, sondern um sie beide. Er wollte mehr von ihr. Er wollte alles. Er verspürte den Drang, sie sich zu eigen zu machen, sie zu besitzen. Immer noch heftiger stieß er seine zum Bersten gefüllte Männlichkeit in sie und musste dabei genau den richtigen Punkt erwischt haben, denn sie legte den Kopf in den Nacken und stöhnte.

»Oh, ja, mach weiter so«, feuerte sie ihn an und hob die Hüften etwas höher, um ihn noch besser zu spüren.

Er zwang sich, die Augen zu öffnen. Sie sah zum Anbeißen aus, wie sie so mit roten Wangen und geweiteten Pupillen vor ihm lag, die Arme noch immer über dem Kopf, die geschwollenen Lippen halb geöffnet. Wie sollte er ihr da ihre Bitte abschlagen?

Er hatte keine Ahnung, wie es ihm gelang, seinen eigenen Orgasmus noch etwas hinauszuzögern, aber er schaffte es. Mit beiden Händen stützte er sich rechts und links von ihrem Oberkörper ab und konzentrierte sich ganz darauf, bei seinen Stößen immer wieder denselben Punkt zu stimulieren, bis sie den Kopf in den Nacken warf. Ihm war, als würde ihre Atmung einen Moment aussetzen. Dann klammerte sie sich an ihn, schrie seinen Namen und explodierte.

Erst als sie aufgehört hatte zu zucken und zu zittern, gab auch er sich seiner Lust hemmungslos hin, ließ sich gehen, verlor sich in ihr, tiefer als je zuvor.

Danach dauerte es eine halbe Ewigkeit, bis er wieder in die Realität zurückkehrte. Sie rangen beide nach Atem, ansonsten herrschte Stille im Raum. Cole, der immer noch auf Erin lag, registrierte zweierlei. Erstens – es war eine angenehme Stille, und zweitens – er war noch halb in ihr.

Und genoss das Gefühl viel zu sehr.

Rasch zog er sich aus ihr zurück.

»Nicht!«, protestierte sie.

»Ich bin viel zu schwer für dich«, sagte er, wälzte seinen schweißnassen Köper von ihr herunter und begab sich ins Bad. »Bin gleich wieder da.« Er brauchte dringend Abstand, um sich etwas zu sammeln.

Kapitel 13

Als sie nebenan die Dusche rauschen hörte, wusste Erin, dass Cole nicht zurück ins Bett kommen würde. Sie zog sich ihren Schlafanzug wieder an, trat zu den Fenstern und öffnete die Läden, damit sie hinaussehen konnte. Unter ihr befand sich eine mit Steinfliesen ausgelegte Terrasse mit einem gemauerten Grill, umgeben von einer kleinen Mauer und bunten Blumen. *Wunderschön*, dachte sie.

Schade nur, dass sie das alles nur auf Zeit genießen durfte. Genau wie Cole.

Sie schauderte und schlang die Arme um ihren Oberkörper in dem Bemühen, sich selbst zu trösten. Jedes Mal, wenn sie miteinander schliefen, empfand Erin ein bisschen mehr. Und nach seiner Reaktion auf ihre Berührungen zu urteilen war ihm die emotionale Verbindung, die sie gespürt hatte, nicht entgangen. Aber wie es aussah, ängstigten ihn diese Gefühle, denn er war unmittelbar danach wieder auf Abstand gegangen. Es konnte natürlich auch sein, dass sie für ihn nur eine von vielen Bettgenossinnen war – eine, die er nun sein Lebtag am Hals hatte, weil er sie dummerweise geschwängert hatte. Doch Erin weigerte sich, das zu glauben.

Erin entstammte einer Polizistenfamilie, deren Mitglieder sich alle mit ihrer tollen Menschenkenntnis brüsteten, so auch sie, und ihr Bauchgefühl sagte ihr ganz deutlich, dass sie Cole noch nicht aufgeben durfte. Aber musste er es ihr denn so verflucht schwer machen?

Sie war noch ganz in Gedanken versunken, als hinter ihr quietschend die Badezimmertür aufschwang. »Die muss geölt werden«, murmelte sie und wirbelte herum.

Cole trat aus dem von Wasserdampf erfüllten Bad. Er hatte sich ein Frotteetuch um die Hüfte geschlungen und rubbelte sich mit einem zweiten die Haare trocken. Sexy war gar kein Ausdruck. Sie dagegen sah aus wie eine Schwangere, die nach dem Aufwachen gevögelt hatte und jetzt dringend eine Dusche und eine Haarbürste brauchte.

Sie straffte die Schultern und öffnete den Mund, um ihn darüber zu informieren, dass es einiges zu besprechen gab, doch er kam ihr zuvor.

»Wir müssen reden«, sagte er.

Oh. »Ganz meine Meinung«, pflichtete sie ihm bei.

»Und zwar über deine Arbeit. Du kannst heute nicht ins B...«

»Oh, Gott, heute ist ja Montag!« Wie hatte sie das bloß vergessen können? Erin sah auf den Wecker, der auf dem Nachttisch stand.

Halb neun. Sie überlegte fieberhaft. »Ich bin spät dran, aber ich kann es noch zu einer halbwegs annehmbaren Zeit schaffen.« Sie wollte sich ins Bad begeben, doch Cole hielt sie an der Schulter zurück.

»Nicht so hastig, junges Fräulein. Hast du mir überhaupt zugehört? Ich habe gesagt, du kannst heute nicht ins Büro. Du wirst diese Woche schön zu Hause bleiben.« Er hob die Hand, ehe sie aufbegehren oder Fragen stellen konnte. »Solange diese Irre frei rumläuft, ist es zu gefährlich für dich und das Baby, wenn du einfach weitermachst wie bisher. Du gibst ein viel zu leichtes Ziel ab.«

Erin atmete langsam aus und ließ sich seine Worte durch den Kopf gehen. Sie wusste nicht, was sie mehr irritierte: dass Cole recht hatte, was sie nur äußerst ungern zugab, oder dass sie den Beginn der neuen Arbeitswoche total verschwitzt hatte.

»Okay, ich bleibe hier«, sagte sie schließlich.

Er musterte sie argwöhnisch. »Wie, du protestierst gar nicht?«, fragte er verwundert.

»Ich bin nicht dämlich. Mir ist klar, wie gefährlich diese Frau ist.« Schließlich hatte diese Irre sich nicht nur Zugang zu ihrem Haus verschafft und ihre Kleider zerfetzt, sie hatte wahrscheinlich auch auf sie schießen lassen, und Erin war nicht gewillt, das Leben ihres Kindes aufs Spiel zu setzen, selbst wenn sie es vorgezogen hätte, sich nicht einschüchtern zu lassen und wie jeden Tag zur Arbeit zu gehen. »Auch wenn es dir vielleicht so vorkommt, ich protestiere nicht nur um des Protestierens willen. Ich setze mich lediglich zur Wehr, wenn die Männer in meinem Leben meinen, sie wüssten, was das Beste für mich ist. Ich will das Recht haben, gewisse Entscheidungen selbst zu treffen.« Plötzlich war sie den Tränen nahe, und ihre Kehle schmerzte von der Anstrengung, sie zurückzuhalten.

»Ach, zum Teufel«, fluchte sie, stürmte ins Bad und knallte die Tür hinter sich zu.

Frustriert und peinlich berührt zugleich spritzte sie sich kaltes Wasser ins Gesicht. Sie hatte die Schnauze voll von diesen dämlichen Schwangerschaftshormonen, den Stimmungsschwankungen, der Stalkerin und von Coles widersprüchlichem Verhalten. Aber sie würde den Teufel tun und anfangen vor ihm zu heulen.

Natürlich war ihm vollkommen klar, warum sie sich ins Bad geflüchtet hatte. Wie zum Beweis klopfte er sogleich an die Tür. »Lass mich rein, Erin.«

Sie machte auf, damit die Situation nicht noch mehr eskalierte. »Lass mich in Ruhe. Ich muss unter die Dusche.«

Er hob eine Augenbraue. »Sag mir erst, dass alles okay ist.«

»Es ist alles okay«, brummte sie, ohne eine Miene zu verziehen.

An seiner Wange zuckte ein Muskel. »Ich mein's ernst.«

»Was willst du denn hören? Die Schwangerschaftshormone nerven, und diese geisteskranke Stalkerin, die mich verfolgt, weil sie dich für sich haben will, nervt erst recht.« Erin holte tief Luft, wohl wissend, was nun kam, aber unfähig, sich zurückzuhalten. »Und wo wir gerade dabei sind: Deine verdammten Stimmungsschwankungen nerven auch! Und jetzt raus mit dir. Ich will duschen.« Sie versuchte, die Tür zuzuknallen, doch er hinderte sie daran.

»Du hast ja recht«, sagte er mit verständnisvoller Miene. »Es ist echt nicht fair, was du gerade alles durchmachen musst.«

Erin blinzelte, erst vor Überraschung, dann in dem Bemühen, die Tränen zurückzuhalten. »Hör gefälligst auf, nett zu mir zu sein, sonst fang ich noch an zu heulen.«

Sie wollte sich abwenden, doch er legte ihr die Hände auf die Schultern und hinderte sie daran. »Erin.«

»Was?«

»Du hättest es weiß Gott verdient, dass ich netter zu dir bin. Du verdienst vieles ...«

»Aber du kannst es mir nicht geben. Bla, bla, bla. Ich weiß. Habe ich denn je irgendetwas von dir verlangt? Hmm?« Nein. Kein einziges Mal hatte sie bis jetzt mit ihm über ihre Sehnsüchte oder Wünsche gesprochen.

Er öffnete den Mund, klappte ihn aber gleich wieder zu.

»Also, soweit ich mich erinnere, habe ich verdammt noch mal keine einzige Forderung an dich gestellt, außer vielleicht, dass du nicht gleich aus dem Bett flüchtest, nachdem wir uns gel...« Sie verstummte abrupt und räusperte sich. »Nachdem wir gefickt haben.«

Seine dunklen Augen wurden schmal. »Erin«, sagte er erneut. Es klang wie eine Warnung.

»Was denn noch?« Sie schob das Kinn nach vorn, hatte keine Lust darauf, jetzt diese Unterhaltung – oder überhaupt eine Unterhaltung – mit ihm zu führen.

»So idiotisch ich mich auch verhalten haben mag, sag bitte nicht ›ficken‹. Das ist herabwürdigend, sowohl für dich als auch für ...«

»Für wen? Für dich? Für uns?«, fragte sie mit erhobener Stimme. »Nun hör mir mal gut zu: Solange du nicht bereit bist, dich so zu mir zu bekennen, dass aus dir und mir ein ›Uns‹ wird, solange lasse ich mir nicht verbieten, den Ausdruck ›ficken‹ zu gebrauchen. Denn in einem muss ich dir absolut recht geben, nämlich, was dein Verhalten mir gegenüber angeht. Diesbezüglich habe ich in der Tat etwas Besseres verdient.« Sie deutete auf die Tür. »Und jetzt raus mit dir. Ich gehe duschen. Allein.«

Cole sah aus, als wollte er noch etwas sagen, doch dann tat er das, was sie verlangt hatte: Er drehte sich um, ging hinaus und ließ sie allein.

Den Rest des Vormittags und einen Gutteil des Nachmittags brachte Cole damit zu, mit ihr unbekannten Leuten zu telefonieren und ihnen Fragen über alte Fälle zu stellen. Er rief Nick an und verlangte den Einbau einer besseren Alarmanlage, obwohl Erin versuchte zu intervenieren. Sie war der Ansicht, es sei überflüssig, da sie schon morgen wieder ausziehen konnten. Doch Nick schien kein Problem damit zu haben und versprach, im Laufe des Tages jemanden vorbeizuschicken.

Erin rief Evan an und berichtete von den neuesten Ereignissen, ohne die Verbindung zu Cole zu erwähnen, weil sie Evan auf gar keinen Fall zusätzliche Munition liefern wollte. Es kostete sie ohnehin schon einige Mühe, ihm klarzumachen, dass sie ihm nicht verraten konnte, wo sie sich versteckt hielt. Sie verspürte nicht die geringste Lust auf eine weitere Konfrontation zwischen den beiden Streithähnen. Sie versprach Evan, sich bald wieder zu melden, während er ihr versicherte, dafür zu sorgen, dass ihre Fälle auf andere Mitarbeiter verteilt wurden. Bei der Vorstellung, dass ihre Kollegen schon wieder ihretwegen mehr arbeiten mussten, plagte sie das schlechte Gewissen. Erst die Fehlzeiten wegen der schwangerschaftsbedingten Übelkeit und jetzt das. Allmählich hatte sie echt das Gefühl, ihre Position und ihre Kollegen zu missbrauchen.

Nach der Geburt hatte sie dann erst einmal Mutterschaftsurlaub, und wie es danach weiterging, würde sich noch zeigen. Ihr schwirrte der Kopf, wenn sie daran dachte, was das alles bedeutete, doch sie schob diese Gedanken bewusst beiseite. Jetzt galt es, sich der Gegenwart zu stellen, und danach blieb ihr noch genug Zeit, sich mit der Zukunft auseinanderzusetzen. Und bis ihre Brüder diese durchgeknallte Stalkerin gefunden hatten, saß sie hier fest.

Mit Cole.

Wo steckte der Kerl eigentlich? Sie hatte vorhin kurz die Alarmanlage piepsen gehört, was bedeutete, dass er eine der Außentüren geöffnet und hinausgegangen war.

Zu ihrer Überraschung trat ein paar Minuten später ihre Mutter in die Küche, schwer mit Einkaufstüten beladen. »Mom!« Erin eilte ihr hocherfreut entgegen. »Ich kann nicht fassen, dass du da bist.«

Ella stellte die Einkaufstüten ab und drehte sich zu ihrer Tochter um. »Lass dich drücken.« Sie breitete die Arme aus, und Ella schmiegte sich an sie, genau wie früher, als sie noch ein kleines Mädchen gewesen war.

Eingehüllt in den vertrauten Geruch ihrer Mutter spürte sie, wie der Druck, der auf ihrer Brust lastete, etwas nachließ. »Woher wusstest du, wo ich bin?«, fragte sie.

»Sam hat mich angerufen und erzählt, was passiert ist. Cole hatte ihn gebeten, mich zu fragen, ob ich ein paar Besorgungen für euch machen und sie vorbeibringen könnte, und hier bin ich.«

Erin spähte über ihre Schulter. »Und wo ist Cole?«

»Wahrscheinlich holt er gerade deine neuen Kleider aus dem Auto.«

»Was?«

Ihre Mutter runzelte die Stirn. »Hat er dir nicht gesagt, dass er mich auch gebeten hat, noch mal in den Umstandsmode-Laden zu gehen, weil doch deine neuen Kleider alle ... äh ... kaputt sind.« Das war die diplomatischste Umschreibung, die Erin je gehört hatte. »Er hat gesagt, ich soll möglichst alles, was wir dir neulich besorgt hatten, noch mal kaufen – und falls ich sonst noch etwas finde, das dir gefallen könnte, soll ich das auch gleich mitnehmen«, sagte sie mit einem Funkeln in den Augen, das deutlich verriet, was sie von diesem Auftrag hielt. Dann drehte sie sich um und begann, die mitgebrachten Lebensmittel auszupacken.

Erin stand wie vom Donner gerührt da. »Das hat er gesagt?«

Ihre Mutter nickte. »Und er bezahlt alles. Er hat mir sofort die Rechnung abgenommen, als ich gekommen bin. Nun klapp den Mund wieder zu, ehe du eine Fliege verschluckst.«

Erin sank auf den nächstbesten Stuhl. Sie musste erst einmal verarbeiten, was sie soeben gehört hatte. Auf der einen Seite war Coles Verhalten durchaus einleuchtend, denn sie hatte nichts anzuziehen. Im Augenblick trug sie ihre weiteste Jogginghose und eines seiner alten T-Shirts, das er für sie aufs Bett gelegt hatte. Aber er hätte ihre Mutter auch einfach bitten können, bloß ein, zwei Kleidungsstücke zu besorgen, um die Zeit zu überbrücken, bis sie selbst wieder einkaufen gehen konnte.

Doch er hatte Ella damit beauftragt, jedes einzelne Teil nachzukaufen, und noch mehr, und er würde alles aus der eigenen Tasche bezahlen.

»Er hat ein schlechtes Gewissen«, sagte Erin. »Er fühlt sich dafür verantwortlich, dass es in meinem Leben gerade drunter und drüber geht und dass meine neuen Klamotten einer Irren zum Opfer gefallen sind. Er macht sich Vorwürfe.«

»Schon möglich. Vielleicht verspürt er aber auch den Drang, sich um dich zu kümmern, und hat in dieser Aktion eine gute Gelegenheit dazu gesehen.«

Erin zog die Nase kraus. »Das bezweifle ich.«

»Nun sei doch nicht so kleingläubig! Sogar dein Bruder war beeindruckt.«

»Sam?«

»Jep. Er meinte, er wäre nie auf die Idee gekommen, so etwas Nettes zu tun. Mike …«

Erin sprang auf. »Ich will nicht hören, was Mike wieder rumzumäkeln hatte.« Sie schnappte sich die nächstbeste Tüte, um ihrer Mutter beim Verräumen der Lebensmittel zur Hand zu gehen.

»Wart's ab«, sagte Ella. »Mike war nämlich der Ansicht, *kein* Mann würde auf so eine Idee kommen, es sei denn, die Betreffende liegt ihm wirklich sehr am Herzen.«

»Was?« Erin, die soeben die Eier in den Kühlschrank hatte stellen wollen, erstarrte mitten in der Bewegung. »Mike hat sich auf Coles Seite geschlagen? Er ist der Meinung, dass ich Cole etwas bedeute?«, hakte sie ungläubig nach.

Ja, Mike hatte ihr versprochen, nicht mehr ständig auf Cole herumzuhacken, aber bislang hatte sie den Eindruck gehabt, dass das ein reines Lippenbekenntnis gewesen war. Niemals hätte sie geglaubt, dass ihr großer Bruder tatsächlich seine Meinung von Cole ändern würde.

Ella nickte. »Und dann hat er Sam natürlich aufgezogen, weil er noch Single ist und ihm erklärt, er würde es erst verstehen, wenn er einmal ähnlich für eine Frau empfindet.«

»Ich glaube, ich falle gleich in Ohnmacht«, murmelte Erin.

Ihre Mutter lachte leise und schloss die Kühlschranktür. »Wieso? Weil sich Mike jetzt für Cole starkmacht? Oder weil er mit der Behauptung, dass du Cole sehr am Herzen liegst, womöglich ins Schwarze getroffen haben könnte?«

Erin schloss die Augen und wünschte mit jeder Faser ihres Körpers, dass Mike recht hatte. Dass Cole tatsächlich etwas für sie empfand – so viel wie Mike für Cara.

»Ich weiß, was ich empfinde und was ich will, und manchmal habe ich das Gefühl, dass ich kurz davor stehe, zu ihm durchzudringen, aber dann wird irgendein Schalter in seinem Männerhirn umgelegt, und er zieht sich vor mir zurück. Es ist fast, als würde er zu viel für mich empfinden und als würde ihm dieser Umstand eine Heidenangst einjagen.«

»Vielleicht ist es ja tatsächlich so. Vergiss nicht, seine Eltern sind im Gegensatz zu Simon und mir getrennt. Und als seine Mutter zum zweiten Mal geheiratet hat, war er schon älter und reichlich zynisch. Bis dahin hatte Jed bereits dafür gesorgt, dass sein Selbstbild überwiegend negativ war. Du weißt ja, welche Auswirkungen eine solche Erziehung auf junge Menschen hat, deren Charakter sich erst noch formen muss.«

»So was in die Richtung hat Cole auch einmal erwähnt, als ich ihn gefragt habe, warum der Einfluss von Brody nicht stärker war als der seines Vaters, der eine so schlechte Meinung von ihm hatte.«

Wenn man so lange eingetrichtert bekommt, dass man nichts wert ist und nichts kann, dann glaubt man es irgendwann selbst. Jed hat sechzehn Jahre lang sein Gift verspritzt.

Sie schauderte bei der Erinnerung an seine Worte. »Jedes Mal, wenn er seine ablehnende Haltung einnimmt, nehme ich mir vor, gar nicht darauf einzugehen. Aber es verletzt mich, und dann kann ich nicht anders, als doch zu reagieren.« Und diesmal war sie mit ihrer Reaktion wohl etwas über das Ziel hinausgeschossen.

Solange du nicht bereit bist, dich so zu mir zu bekennen, dass aus dir und mir ein »Uns« wird, solange lasse ich mir nicht verbieten, den Ausdruck »ficken« zu gebrauchen. Denn in einem muss ich dir absolut recht geben, nämlich, was dein Verhalten mir gegenüber angeht. Diesbezüglich habe ich in der Tat etwas Besseres verdient.

Damit hatte sie seine schlimmsten Selbstzweifel bestätigt. Sie rieb sich die Augen. Sie war eben gekränkt gewesen, wütend, frustriert und wegen der Schwangerschaftshormone nicht sie selbst.

»Du bist auch nur ein Mensch, Erin. Mach dir keine Vorwürfe, wenn man dir das hin und wieder anmerkt.«

Erin zwang sich zu lächeln. »Du bist die Beste, weißt du das?«

»Du auch, Liebes. Und Cole ebenfalls.«

Erin nickte. Das hatte sie jetzt auch begriffen. »Zu schade, dass ihm das selbst nicht klar ist.«

Ella tätschelte ihr die Schulter. »Wenn ihm jemand die Augen öffnen kann, dann du.«

Erin schüttelte den Kopf. Sie war von ihren diesbezüglichen Fähigkeiten weit weniger überzeugt als ihre Mutter. Natürlich war es leichter, die Dinge klarer zu sehen, wenn sie seinetwegen nicht gerade von Gefühlen überwältigt war.

Tja, sie würde sich künftig noch mehr bemühen müssen, einen kühlen Kopf zu bewahren, wenn sie mit dem heißblütigen, halsstarrigen Mann zu tun hatte, den sie unbedingt zu dem ihren machen wollte.

Cole lag auf dem Bett, starrte an die Decke des Schlafzimmers und fragte sich, wie es sein konnte, dass aus seinem Leben als einsamer Undercover-Agent plötzlich ein derartiges ... Chaos hatte werden können. Egal. Eines wusste er mit Sicherheit – es würde ein Ende haben. Jetzt gleich.

Erins Ausbruch heute Morgen hatte nur bewiesen, was er schon die ganze Zeit hätte wissen müssen: Für das Leben, wie er es führte, war sie nicht geschaffen, genauso wenig wie für eine Affäre. Er machte ihr falsche Hoffnungen, wann immer er mit ihr schlief, nur um sie gleich darauf wieder zu enttäuschen, indem er sich in sein Schneckenhaus zurückzog. Aber damit musste nun Schluss sein.

Denn in einem muss ich dir absolut recht geben, nämlich, was dein Verhalten mir gegenüber angeht. Diesbezüglich habe ich in der Tat etwas Besseres verdient.

Und er hatte vor, sicherzustellen, dass sie etwas Besseres bekam. Er würde dafür sorgen, dass Erin diesen Albtraum unbeschadet überstand – mit intaktem Stolz und intaktem Herzen –, und dann würde er sich vom Acker machen, wie er es schon vor langer Zeit hätte tun sollen.

Das Klingeln seines Mobiltelefons riss ihn aus seinen tristen Gedanken, was ihm ganz recht war. »Hallo?«

»Tag, Sanders, hier ist Rockford.«

»Was gibt es Neues?« Hoffentlich etwas, das es ihnen ermöglichen würde, die Stalkerin möglichst bald dingfest zu machen.

»Wann kommen Sie zu uns zurück?«, wollte Rockford wissen.

Cole stand nicht der Sinn nach Spielchen. »Gar nicht, wenn ich nicht bald ein paar Antworten erhalte.«

Rockford fluchte.

Cole schob sich die freie Hand hinter den Kopf. »Es ist mir ernst.«

»Nicht zu fassen, dass Sie für so eine Tussi alles aufs Spiel setzen.«

Cole biss die Zähne zusammen und hatte das Gefühl, in seinem Kopf müsste gleich ein Blutgefäß platzen. »Wenn Sie noch einmal so über sie reden, biete ich meine Dienste der Konkurrenz an.«

Sein Vorgesetzter stöhnte auf. »Sie ist also nicht nur die Mutter Ihres Kindes.« Wieder stieß er ein paar Flüche hervor. »Und ich werde Sie so oder so verlieren.«

»Nein, werden Sie nicht. Liefern Sie mir, was ich benötige, dann bin ich ehe Sie es sich versehen wieder da.«

Cole hörte Papier rascheln, dann sagte Rockford: »Victoria Maroni ist nach ihrer Aussage vor Gericht spurlos verschwunden. Die Kollegen vom Zeugenschutz haben sie nicht mehr gesehen.«

Cole schoss aus dem Bett hoch, doch anstatt wilde Flüche auszustoßen, wurde er ganz still. Genauso reagierte er auch, wenn er undercover im Einsatz war und spürte, dass sich die Situation zuspitzte. »Wie, und man hat nicht versucht, sie ausfindig zu machen?«

»Nein, wozu sollte man auch Geld oder Energie darauf verschwenden, sie ihm Auge zu behalten? Sie hat ausgesagt, damit war ihre Aufgabe erledigt, der Angeklagte wurde verurteilt. Fall erledigt.«

Mitnichten, dachte Cole. Victoria Maroni war also untergetaucht, und seine Kollegen hatten keine Ahnung, wo sie sich herumtrieb.

Er fuhr sich mit den Fingern durch die Haare. Diese Verrückte konnte überall sein, auch in Serendipity. Aber eigentlich hätte sie in einem Nest wie diesem doch auffallen müssen. Es sei denn ... Vielleicht war sie ja nicht ständig in der Stadt, sondern kam und ging unbemerkt.

»Sanders? Sind Sie noch dran?«

»Ich muss los. Ich melde mich wieder.«

»Hey, ich habe Ihnen die Information geliefert, die Sie haben wollten. Sie schulden mir ...«

»Bis demnächst!«, unterbrach Cole ihn und legte auf, um sogleich Mike anzurufen. »Sag deinen Leuten, sie sollen sich Fotos von Victoria Maroni besorgen und sie diesem John Brass zeigen. Ich möchte wetten, sie ist die Brünette, die ihn damit beauftragt hat, auf Erin zu schießen.« Cole war nun ganz sicher, dass sie hinter allem steckte, aber er brauchte Beweise.

»Mit wem hast du da gerade geredet?«, fragte Erin und gesellte sich zu ihm ins Schlafzimmer.

»Wo ist deine Mom?«

»Nach Hause gefahren.« Erin deutete auf das Telefon, um ihm zu signalisieren, dass sie eine Antwort erwartete.

»Ich habe mit Mike telefoniert.« Er berichtete ihr, was er soeben erfahren hatte.

»Das bestätigt also deine Vermutung.«

Er nickte.

»Tja, das nützt mir leider herzlich wenig.« Sie begann, im Zimmer auf und ab zu gehen.

»Aber jetzt haben wir zumindest schon mal ein Gesicht und wissen, nach wem wir suchen müssen. Deine Brüder können den Leuten Fotos zeigen. Serendipity ist eine kleine Stadt. Irgendjemand muss Victoria gesehen haben.«

»Okay, ich werde versuchen, positiv zu denken«, sagte Erin nach einer kurzen Pause.

»Gut.«

»Ähm, Cole?«

»Ja?«

Sie trat näher, ließ sich auf der Bettkante nieder. Sein T-Shirt war ihr viel zu groß, aber es gefiel ihm, wenn sie seine Klamotten trug. Schließlich würde er sie künftig nicht mehr nackt sehen, und das hier war immer noch besser als gar nichts.

»Meine Mutter hat mir erzählt, dass du sie gebeten hast, mir neue Umstandskleider zu besorgen.«

»Das meiste hängt schon im Schrank. Ein paar Sachen sind noch in den Tüten.« An die Unterwäsche und dergleichen hatte er sich nicht gewagt.

»Ich … Vielen Dank. Es ist unglaublich süß von dir, mir alles zu ersetzen, und …«

»Das war das Mindeste, was ich tun konnte, nach allem, was geschehen ist.« Er wollte von ihr nicht zu einer Art Held hochstilisiert werden. Nur weil er ihr neue Schwangerschaftsklamotten hatte besorgen lassen, hieß das noch lange nicht, dass er ihr das geben konnte, was sie wollte.

Er erhob sich. In seinen Schläfen pochte das Blut.

»Wo willst du hin?«

»Ich bringe meine Sachen ins Nebenzimmer.«

Sie zuckte zurück, als hätte er sie geschlagen. Genau so hatte er sich vorhin gefühlt, als er begriffen hatte, wie sehr er sie jedes Mal, wenn er mit ihr schlief, verletzte. Nicht, dass er sich jetzt dafür rächen wollte, im Gegenteil: Von heute an würde er ihr den gebührenden Respekt zollen. Es wäre grausam gewesen, weiterhin immer wieder ihre Nähe zu suchen.

Sie verschränkte die Arme vor der Brust. »Wir haben doch eine Abmachung getroffen, damals im Joe's. *Ganz egal, was das nun genau zwischen uns ist und wie lange es dauert ...*« Ihre Stimme zitterte, aber sie blieb gefasst.

»Schon, aber da war mir noch nicht klar, wie sehr ich dich damit verletze. Wir sind uns nahe, schlafen miteinander, du machst dir Hoffnungen, ich ziehe mich zurück ... es ist ein Teufelskreis. Du hast etwas Besseres verdient. Zumindest in diesem Punkt sind wir uns ja jetzt einig.«

Sie senkte den Blick, leckte sich über die Lippen, als müsste sie sich sammeln, ehe sie etwas darauf erwiderte. Schließlich hob sie den Kopf und sah ihm in die Augen. »Du bist nicht so, wie Jed behauptet. Das habe ich von Anfang an versucht, dir klarzumachen. Und du weißt, dass ich das heute früh nur aus Frust gesagt habe, und weil ich schwanger bin. Das Eingesperrtsein bekommt mir nicht, dabei kann das womöglich noch wochenlang so gehen.«

»Und ich habe von Anfang an versucht dir klarzumachen, dass ich nicht der Richtige für dich bin. Man erwartet mich in Manhattan, und dorthin kehre ich zurück, sobald wir Victoria geschnappt haben und du wieder in Sicherheit bist.

Ich werde weiter als verdeckter Ermittler tätig sein und weiß der Geier wie lange untertauchen müssen, ohne dich kontaktieren zu können. Keine Anrufe, noch nicht einmal eine SMS. Das ist ganz sicher nicht das Leben, das du dir vorgestellt hast.«

»So, meinst du«, sagte sie zornig, mit schmalen Augen.

»Einer von uns beiden muss doch rational denken.«

»Ach, weil es ja so rational ist, wenn du denkst, du wüsstest, was ich aushalten kann und was nicht oder, noch besser, was ich tun oder lassen sollte.«

»Ganz recht.«

Sie atmete aus, lange und sichtlich aufgebracht. Er rüstete sich für die unausbleibliche Explosion, doch Erin drehte sich um und ging schweigend zur Tür.

»Wo willst du hin?«

Sie wirbelte herum. »Keine Ahnung, aber auf einem 325 Quadratmeter großen Anwesen wird sich hoffentlich irgendwo ein Plätzchen weit, weit weg von dir finden.« Damit stolzierte sie von dannen und ließ Cole mit seinem Brummschädel allein.

Zwei Tage nach Coles Auszug aus dem Elternschlafzimmer hatte er das Gefühl, verrückt zu werden. Am Montagabend hatte sich Erin wieder einigermaßen beruhigt, doch im Verlauf der darauffolgenden Tage wurde Cole klar, dass sie die Spielregeln drastisch geändert hatte.

Hatte sie bislang das Kochen ihm überlassen und darauf bestanden, dafür wenigstens das Putzen und Aufräumen zu übernehmen, so hatte sie nun wieder auf Selbstversorgermodus umgeschaltet. Sei es morgens, mittags oder abends, stets war sie vor ihm in der Küche, wärmte sich eines der von Ella Marsden vorgekochten Gerichte auf und aß dazu einen der Fertigsalate, die ebenfalls ihre Mutter mitgebracht hatte. Somit musste Cole selbst sehen, wo er blieb. Er könne ihr selbstverständlich gern Gesellschaft leisten und sich an den vorhandenen Speisen bedienen, wenn er keine Lust habe, zu kochen, hatte sie ihm gesagt, aber sie tat keinen Handstreich mehr für ihn.

Sie wusch nur noch ihre eigene Wäsche, hielt nur ihr Schlafzimmer und das angrenzende Bad in Schuss und räumte die Küche auf, nachdem sie sich etwas zu essen gemacht hatte. Ihr Verhalten war höflich, aber distanziert – genau so, wie man sich einem Leibwächter gegenüber benahm, mit dem man keine Affäre hatte.

Nein, dachte Cole. Wie er Erin kannte, wäre sie in diesem Fall bedeutend freundlicher gewesen. Bestimmt hätte sie angeboten, eine zweite Portion Lasagne aufzuwärmen oder eine zweite Schüssel Salat anzurichten.

Er hatte angenommen, sie wäre nicht mehr sauer, und vielleicht war sie das auch nicht, aber sie verfolgte ganz offensichtlich nur noch ihre eigenen Interessen. Wobei er erst herausfinden musste, was das für Interessen waren. Er wusste nur eines: Sie wohnten zwar noch unter einem Dach, lebten aber lediglich nebeneinander her.

Sie war wieder ganz die unabhängige Erin, die sie gewesen war, ehe er bei ihr eingezogen war, und Cole fand es schrecklich, wenngleich er es irgendwie verstand.

Er ging zu der gläsernen Schiebetür, durch die man auf die Terrasse gelangte, und spähte zu Erin hinaus, die es sich auf einem der Liegestühle bequem gemacht hatte. Sie hatte ein Glas Wasser und ihren eReader auf dem Beistelltisch deponiert und telefonierte, wobei sie das Gesagte mit lebhaften Gesten unterstrich.

Der violette Bikini, den sie hier, fern von Freunden, Familie und neugierigen Blicken trug, raubte ihm fast den Atem, denn er überließ so gut wie nichts der Fantasie.

Das Oberteil brachte ihre inzwischen schon wieder etwas vollere Oberweite hervorragend zur Geltung, und das Höschen mit dem hohen Beinausschnitt schloss am Bund mit einem weißen Streifen ab, den sie zu Bräunungszwecken tiefer als nötig hinuntergeschoben hatte. Cole ließ den Blick über ihre verführerischen Kurven und das Bäuchlein wandern und biss so fest die Zähne zusammen, dass er Angst hatte, einer seiner Backenzähne könnte splittern.

Da er jedoch keine Lust hatte, sich unnötig zu quälen, wandte er sich schließlich ab.

Im selben Augenblick klingelte es.

Erfreut über die Ablenkung ging er in den Flur, um zu öffnen. Zu seiner Überraschung standen Mike und Cara auf der Veranda vor der Tür.

Er ließ die beiden herein. »Was gibt's?«, fragte er. Hoffentlich hatte Mike nicht vor, ihm mal wieder einen seiner Vorträge zu halten.

»Cara wollte mal sehen, wie es Erin so geht, und ich dachte, ich komme mit.«

»Erin sitzt hinten auf der Terrasse. Sie freut sich bestimmt über etwas Gesellschaft«, sagte Cole. Zumal sie den Kontakt zu ihm auf ein Minimum reduziert hatte.

»Gute Idee, bei dem schönen Wetter.«

»Hier entlang.« Er führte sie durch die Küche und die Schiebetür auf die Terrasse.

Erin wirkte kein bisschen erstaunt über den Besuch, und als Cara ihr Oberteil ablegte und darunter ein Bikini zum Vorschein kam, bei dessen Anblick Mike beinahe die Augen aus dem Kopf fielen, schloss Cole, dass Erin die beiden wohl eingeladen hatte, ohne ihm Bescheid zu geben.

Diesbezüglich konnte ihn mittlerweile gar nichts mehr überraschen. Er übernahm die Rolle des Gastgebers, bot Getränke an, holte die gewünschten Softdrinks und ließ sich dann auf dem Gartenstuhl neben Mike nieder.

»Du siehst ja richtig scheiße aus«, stellte dieser fest und streckte die Beine aus.

»Na, vielen Dank auch. Solltet ihr beide nicht im Dienst sein?«

Mike grinste. »Cara hat heute frei, und ich bin der Boss.«

»Gibt's irgendwelche Neuigkeiten?« Cole konnte es kaum erwarten, Victoria endlich hinter Gittern sitzen zu sehen.

Mike schüttelte den Kopf. »Brass hat bestätigt, dass Victoria Maroni die Frau war, die ihm aufgetragen hat, auf Erin zu schießen, aber das war's auch schon. In der Zwischenzeit lasse ich Erins Haus und deine Wohnung überwachen. Wir haben ein paar Leute an den Orten in Manhattan postiert, wo sich Victoria vor der Aufnahme ins Zeugenschutzprogramm gerne aufgehalten hat. Und wir haben angefangen, den Bewohnern von Serendipity ihr Bild zu zeigen, im Supermarkt zum Beispiel oder bei Joe's. Nichts.«

Cole schnaubte. »Allmählich reißt mir der Geduldsfaden«, brummte er.

Mike musterte ihn argwöhnisch. »Was ist eigentlich bei euch beiden los? Kein Blickkontakt, kein Austausch von Zärtlichkeiten ...«

Cole hatte nicht viel zu verlieren, wenn er ihm reinen Wein einschenkte. »Es wird dich freuen zu hören, dass ich endlich zur Vernunft gekommen bin und die Finger von Erin lassen werde, bis das alles vorbei ist und ich mich vom Acker machen kann.«

Mike hob eine Augenbraue. »Wie es aussieht, bist du der gleiche dämliche Knallkopf wie ich«, sagte er lachend.

»Was gibt's denn da drüben zu lachen?«, wollte Cara sogleich wissen.

»Kümmere dich um deine eigenen Angelegenheiten, Baby.«

»Na, warte, das wirst du noch bereuen.« Cara hob drohend den Zeigefinger, warf ihm dann aber eine Kusshand zu.

Erin schnaubte belustigt, sichtlich erfreut darüber, dass endlich einmal jemand ihrem Bruder den Kopf zurechtrückte.

Cole verdrehte bloß die Augen.

»Hey, du weißt, man soll über nichts urteilen, ehe man es nicht selbst ausprobiert hat«, erinnerte ihn Mike. »Also, was ist passiert? Warum benehmt ihr euch plötzlich nicht mehr wie ein Paar?«

Cole rückte seine Sonnenbrille zurecht und ließ den Blick über den frisch gemähten Rasen wandern. »Na ja, wie gesagt, es läuft nichts mehr zwischen uns.«

Mike setzte sich anders hin, die Ellbogen auf die Knie aufgestützt, und musterte Cole, als könnte er direkt in ihn hineinblicken. »Wenn meine Schwester glücklich ist, bin ich das auch. Deshalb habe ich beschlossen, dir gegenüber Nachsicht walten zu lassen, nachdem sie mich davon überzeugt hatte, dass du sie glücklich machen kannst. Also, was hat diesen Sinneswandel bewirkt?«

Cole hatte nach wie vor keine Lust auf solche Unterhaltungen, aber wenn Mike beschlossen hatte, ihm auf den Zahn zu fühlen, musste er sich wohl oder übel fügen. »Sobald sie in Sicherheit ist, nehme ich meine Tätigkeit als verdeckter Ermittler wieder auf. Findest du es wirklich sinnvoll, eine Beziehung weiterzuführen, die früher oder später unweigerlich enden muss? Zumal Erin inzwischen zugegeben hat, dass sie mehr will, als ich ihr geben kann. Je länger wir zusammen sind, desto mehr leidet sie. Und das war nie meine Absicht, auch wenn du das vielleicht nicht glauben wirst.«

Mike musterte ihn eine Weile schweigend, dann sagte er: »Was hältst du davon: Du lässt die Sache jetzt erst einmal nach deinen Vorstellungen weiterlaufen, und wenn du merkst, dass du allmählich durchdrehst, aus Angst, sie zu verlieren, meldest du dich bei mir, und dann trete ich dir in den Hintern, genau wie Sam es bei mir getan hat.«

Cole hatte keine Ahnung, was Mike damit meinte, doch ehe er nachhaken konnte, erklang das Gedudel zweier verschiedener Klingeltöne, und Mike und er zückten synchron ihre Mobiltelefone.

Mit einem äußerst mulmigen Gefühl ging er ran und verfolgte, wie Mike dasselbe tat. Sie wechselten ein paar Sätze, dann legten sie fast zeitgleich wieder auf und sahen sich an.

Mike nickte, als wollte er Cole eine Erlaubnis erteilen, die dieser gar nicht benötigte.

Cole ging zu den beiden Frauen, die gerade über eine lustige Bemerkung von Cara lachten. »Erin?«

Es war garantiert kein Zufall, dass ihre Miene absolut ausdruckslos war, als sie den Kopf hob und ihn ansah.

Cole ignorierte das Ziehen in der Brust, das er dabei verspürte.

»Was ist los?«

Er wünschte, er könnte diese Angelegenheit regeln, ohne sie damit zu behelligen, aber er wusste auch, dass sie es ihm nie verzeihen würde, wenn er ihr irgendwelche Informationen vorenthielt. »Das Eingesperrtsein hat ein Ende. Sam hat soeben eine Frau verhaftet, die sich hinter deinem Haus herumgedrückt hat.«

Kapitel 14

Cole und Mike begaben sich stante pede aufs Revier und ließen die verärgerte Erin mit Cara zurück. Erin hatte unbedingt mitkommen wollen, doch Mike, Cole und Cara waren der Ansicht gewesen, dass es keine gute Idee war, wenn sie auch nur in die Nähe der Frau kam, die ihr seit Wochen nachstellte.

Auf dem Revier angekommen, wäre Cole am liebsten gleich in den Raum gestürmt, in dem Victoria verhört wurde, um zu übernehmen, aber Mike hielt ihn zurück. »Lass meine Leute ihre Arbeit tun. Sam ist bei ihr.«

»Dann will ich zumindest zusehen.«

Mike musterte ihn schweigend, dann sagte er: »Du erweckst den Eindruck, als könntest du jeden Moment explodieren.«

»Da liegst du verdammt richtig. Aber keine Sorge, ich hab mich im Griff.«

Mike nickte. »Also gut, gehen wir. Ich kann nur hoffen, dass ich es nicht bereuen werde.«

Ein paar Minuten später befand sich Cole in dem Kabuff auf der anderen Seite der halbtransparenten Glasscheibe, hinter der Victoria von Sam verhört wurde.

Er schob die Hände in die hinteren Jeanstaschen und

verfolgte das Geschehen aufmerksam. Sam saß mit dem Rücken zu ihnen, Victoria starrte ihn an. Cole betrachtete sie prüfend. Es war zwar schon eine Weile her, seit er sie zuletzt gesehen hatte, aber sie sah irgendwie ... anders aus.

Doch so eingehend er ihr Gesicht auch studierte, er kam nicht dahinter, woran es lag.

Er trat etwas näher an die Glasscheibe, wohl wissend, dass sie ihn nicht sehen konnte, und stützte sich mit einer Hand an der Wand ab. »Lass mal hören, was sie sagen.«

»Nur, wenn du mir versprichst, ruhig zu bleiben.«

Cole nickte, und Mike drückte auf einen Knopf, um den Lautsprecher einzuschalten.

»Also, noch mal von vorn«, sagte Sam gerade. »Name?«

»Das ist nicht sein Ernst.« Cole ballte die Fäuste vor Wut, bis seine Armmuskeln schmerzten.

Mike legte ihm warnend eine Hand auf die Schulter. »Hör einfach zu.«

»Den habe ich Ihnen doch schon zigmal gesagt. Ich bin und bleibe Nicole Farnsworth, und wenn Sie mich noch so oft fragen.«

»Farnsworth war Victorias Mädchenname«, bemerkte Cole. »Ihre Eltern sind steinreich. Waren gar nicht begeistert, als sich ihr Töchterlein mit einem Mafioso eingelassen hat. Victoria ist trotzdem mit ihm durchgebrannt.«

Aber warum gab sie sich plötzlich als eine andere aus?

»Habt ihr schon ihre Fingerabdrücke?«, fragte Cole.

»Natürlich, schließlich wurde sie wegen Landfriedensbruchs verhaftet. Sie werden gerade mit denen in der Datenbank abgeglichen. Ich habe vorhin, als wir angekommen sind, gleich nachgefragt.«

Cole rümpfte die Nase. »Landfriedensbruch? Was ist mit den anderen Vergehen? Versuchter Mord, Stalking ...«

»Ja, ja, das kommt alles noch. Im Augenblick brauchen wir bloß einen Grund, um sie hierbehalten zu können.«

Wieder betrachtete Cole die Frau. Das dunkle Haar war länger – aber das konnte in der Zwischenzeit einfach gewachsen sein –, und sie kleidete sich legerer als früher. Victoria hatte stets ausgesehen wie aus dem Ei gepellt: sehr gepflegt und perfekt geschminkt, dunkler Lippenstift, toupierte Haare. Die Frau, die sie hier vor sich hatten, wirkte ... weicher.

Genau. Weicher. Sanfter. Und sie hatte behauptet, ihr Name sei Nicole.

Hm ...

Cole zückte sein Handy und wählte. »Ich brauche Informationen über Victoria Maronis Geschwister, und zwar sofort«, bellte er und legte auf, ohne die Antwort abzuwarten.

»Du glaubst, sie sagt die Wahrheit?«, fragte Mike.

Cole nickte, obwohl ihm bei dem Gedanken daran, was das bedeutete, übel wurde. »Die Frau, die da drin bei Sam sitzt, hätte neben Vincent Maroni keine fünf Minuten überlebt.«

Mike fluchte, verständlicherweise, wie Cole fand, denn das hieß, Victoria war noch immer da draußen. Zumindest war mit Cara eine ausgebildete Polizistin bei Erin. Ein schwacher Trost, aber immerhin.

Mike griff zum Telefon und wählte. »Wir brauchen dringend die Fingerabdrücke.«

»Lass mich zu ihr. Wenn mich mein Bauchgefühl nicht trügt und sie tatsächlich die Wahrheit sagt, kann ich mehr aus ihr rausholen als Sam.«

»Vergiss es. Ein Verhör muss von einem Polizisten durchgeführt werden.«

»Ich bin Polizist.«

»Aber außerhalb deines Zuständigkeitsbereichs. Andererseits könnte ich mir vorstellen, dass sie bei dir eher redet. Vorausgesetzt, sie schämt sich für ihre Schwester, wenn sie hört, was das Biest so alles angerichtet hat.«

Cole nickte. »Gehen wir.«

Auf dem Flur eilte ihnen ein junger Polizist entgegen. »Hier sind die Fingerabdrücke, die Sie haben wollten, Boss«, keuchte er und reichte Mike eine Mappe. Dieser schlug sie auf, überflog kurz das Ergebnis und nickte Cole zu.

»Dann mal los.« Er öffnete die Tür.

Sam und die Frau, die ihm gegenübersaß, wandten überrascht den Kopf, als Mike und Cole den kleinen Verhörraum mit den schmutziggrauen Wänden betraten, dessen Möblierung lediglich aus zwei Stühlen und einem Tisch bestand.

Sam erhob sich. »Was gibt's?«

»Wie es aussieht, sagt sie die Wahrheit.« Mike klatschte die Mappe auf den Tisch.

Die Frau fuhr zusammen. Sie hätte Cole leidgetan, wenn es hier nicht um eine so ernste Angelegenheit gegangen wäre.

»Ich hab doch *gesagt*, ich bin nicht Victoria«, sagte sie triumphierend und sah mit geröteten Wangen zu Sam, der es einigermaßen zerknirscht zur Kenntnis nahm.

Als sie sich zur Überraschung aller erhob und zur Tür ging, verstellte ihr Mike den Weg. »Können Sie mir mal verraten, wohin Sie wollen?«

Sie blinzelte verdattert, als läge die Antwort auf der Hand. »Na ja, ich bin nicht die Person, die Sie suchen, also kann ich ja jetzt gehen.«

Tja, da hatte sie sich leider getäuscht. »Nicht so voreilig«, knurrte Cole. »Sie haben sich unerlaubterweise auf einem Privatgrundstück herumgetrieben, und außerdem müssen wir Ihnen ein paar Fragen zu Ihrer Schwester stellen. Also, *hinsetzen*«, befahl er mit erhobener Stimme, sodass sie vor Schreck erneut zusammenzuckte.

Das bestätigte nur, was Cole bereits vermutet hatte: Sie war längst nicht so abgebrüht wie ihre Schwester.

Dafür erhielt sie unversehens Schützenhilfe von Sam, der so hastig aufgesprungen war, dass sein Stuhl nach hinten kippte. »Hey, brems dich gefälligst ein«, bellte er Cole an. »Das ist nicht dein Verhör.«

Sieh einer an, dachte Cole. Der »harmlose« Marsden-Bruder hatte sich auf einen Schlag in einen knallharten Cop verwandelt.

»Immer mit der Ruhe.« Mike trat an den Tisch, während Sam den Stuhl wieder aufstellte. »Miss Farnsworth, darf ich vorstellen: Detective Cole Sanders vom NYPD. Er ...«

»Sie sind Cole? Der Cole, wegen dem meine Schwester total ausgeflippt ist?« Ihre blauen Augen musterten ihn prüfend.

»Was wissen Sie?«, fragte Cole, der seinen Unmut nur mit Mühe im Zaum halten konnte. Er wollte endlich Antworten, aber Sam hatte recht – Nicole einzuschüchtern würde sie auch nicht rascher ans Ziel bringen.

»Setzen Sie sich doch wieder«, sagte Sam denn auch und deutete auf den Stuhl.

Sie gehorchte.

»Möchten Sie etwas trinken?«, fragte er dann.

Mike fuhr herum und starrte seinen Bruder fassungslos an.

»Das ist nett, aber nein, danke«, antwortete sie dankbar, dann sagte sie, zu Cole gewandt: »Bevor ich Ihre Frage beantworte, möchte ich wissen, was meine Schwester angestellt hat. Also, erzählen Sie mal, und dann verrate ich Ihnen, was immer Sie wissen wollen.«

Cole wechselte einen Blick mit Mike und Sam. »Das wissen Sie nicht? Haben Sie denn keinen Kontakt zu ihr?«

Wie es schien, waren ihre Worte ernst gemeint gewesen, denn sie verschränkte wortlos die Arme vor der

Brust. Vielleicht hatte sie ja doch mehr Mumm in den Knochen als Cole zunächst angenommen hatte.

»Willst du?«, fragte er Mike, schließlich befand er sich in dessen Zuständigkeitsbereich.

Mike zuckte die Achseln. »Sag ihr, was sie wissen will.«

Also listete Cole die Vorfälle der vergangenen Wochen auf, für die, wie sie annahmen, Victoria Maroni verantwortlich zeichnete, angefangen bei der Schussverletzung bis hin zu dem Einbruch bei Erin und den kaputten Kleidern.

»Es ist schlimmer, als ich dachte«, murmelte Nicole Farnsworth nach seinem Bericht halblaut. Sie war blass geworden.

»So, nun sind Sie dran. Wann haben Sie zuletzt mit Ihrer Schwester gesprochen? Was wissen Sie über ihren Verbleib? Und warum waren Sie auf Erins Grundstück?«, fragte Sam mit ungewohnt sanfter Stimme.

Nanu? So hatte Cole ihn ja noch nie erlebt. Er konnte nur hoffen, dass Sam wusste, was er tat.

»Ehe ich antworte, möchte ich, dass Sie die Vorwürfe gegen mich fallenlassen.«

Die drei Männer starrten sie verblüfft an.

Cole straffte die Schultern. »So war das aber nicht abgemacht. Sie wollten wissen, was Ihre Schwester angestellt hat, und wir haben Sie darüber aufgeklärt.«

»Na, Sie müssen verzeihen, dass ich im Eifer des Gefechts nicht an alles gedacht habe. Schließlich ist es das erste Mal, dass man mich verhaftet, in Handschellen abgeführt und mir Fingerabdrücke abgenommen hat.

Haben Sie überhaupt eine Ahnung, wie demütigend so was ist?« Sie funkelte Sam erbost an. »Ich sage Ihnen nur so viel: Ich habe versucht, herauszufinden, was meine Schwester vorhat. Ob sie diese Erin, hinter der sie her war, tatsächlich aufgestöbert hat. Und ich wollte Erin warnen.«

Cole schnaubte ungläubig. »Ach ja? Indem Sie sich vor ihren Fenstern rumdrücken und sie erschrecken?«

»Na ja, mal angenommen, ich hätte geklingelt, hätten Sie oder Erin mich auf eine Tasse Kaffee reingebeten?«, fragte Nicole sarkastisch.

Sam grunzte belustigt. »Okay, da ist was dran.«

»Ach, halt den Mund«, brummte Cole.

Nicole ließ sowohl ihn als auch Mike links liegen. »Lassen Sie die Vorwürfe gegen mich fallen, oder ich sage nichts mehr ohne meinen Anwalt«, sagte sie zu Sam, als wüsste sie ganz genau, dass sie sich an ihn wenden musste, wenn sie sich durchsetzen wollte.

Vielleicht machte sie sich aber auch nur den Umstand zunutze, dass sich Sam ihr gegenüber plötzlich so übertrieben nachsichtig verhielt.

Mike stöhnte. »Also gut, ich kümmere mich darum. Und *Sie*« – er zeigte mit dem Finger auf Nicole – »werden jetzt gefälligst mit der Sprache rausrücken. Schließlich geht es hier um meine Schwester.« Damit rauschte er ab und ließ die Tür hinter sich zuknallen, ohne sich noch einmal umzudrehen.

Einen Augenblick herrschte Stille, dann räusperte sich Sam. »Erin ist auch meine Schwester. Wir haben also alle drei ein persönliches Interesse an der Klärung dieser Angelegenheit«, erklärte er. »Sie müssen uns alles sagen, was Sie über Victoria und ihre Pläne wissen. Erzählen Sie uns doch erst einmal, wann Sie zuletzt von ihr gehört haben.«

Nicole fuhr sich mit den Fingern durch die Haare. Ihre Hand zitterte. »So einfach ist das nicht. Vicky war seit jeher etwas ... nennen wir es mal *labil*. Sie hat psychische Probleme.« Sie zögerte, als würde sie überlegen, wie viel sie enthüllen sollte.

Cole beschloss, sie nicht zu drängen, in der Hoffnung, mehr zu erfahren, wenn es ihm gelang, ihr Vertrauen zu gewinnen.

»Sie brauchte immer schon sehr viel Aufmerksamkeit und Bestätigung, und die hat sie sich meist von Männern geholt.«

»Aber ihr Ehemann hat sie behandelt wie Dreck«, wandte Cole ein.

Nicole schluckte. »Tja, sie hat als Kind nicht allzu viel Aufmerksamkeit von unseren Eltern bekommen, aber das hat sich schlagartig geändert, als sie anfing, mit Vincent auszugehen. Sie haben ihr den Umgang mit ihm untersagt. Sie ist trotzdem mit ihm durchgebrannt. In den Jahren danach hat sie sich nur höchst selten gemeldet. Erst nach der Razzia, bei der Vincent gestorben ist, haben wir zum ersten Mal seit einer Ewigkeit wieder ein ausführliches Gespräch geführt.«

»Und worum ging es in diesem Gespräch?«, wollte Sam wissen.

Nicole verschränkte die Finger ineinander. »Sie hat mir von ihrer Aufnahme in ein Zeugenschutzprogramm erzählt, wobei sie mit dem Anruf gegen die Vorschriften verstoßen hat, vermute ich. Sie sollte in einem großen Prozess gegen einige von Vincents Geschäftspartnern aussagen, und danach wollte sie sich auf die Suche nach dem Mann machen, der – wie sie sagte – sie aufrichtig liebte und sie behandelt hatte wie eine Königin.« Nicoles blaue Augen ruhten auf Cole. »Ich gebe zu, sie ist zuweilen etwas neben der Spur, aber wenn Sie ihr falsche Hoffnungen gemacht haben, dann gnade Ihnen Gott.«

»Ich war bloß nett zu ihr«, presste Cole hervor, der diese Anschuldigungen endgültig satt hatte. »Ich habe mich so verhalten, wie man sich einer Lady gegenüber normalerweise verhält, was allerdings in den Kreisen ihres Ehemannes eher selten vorkam. Sie tat mir leid, wenn Sie es genau wissen wollen, und man muss schon ein bisschen meschugge sein, wenn man mein freundschaftliches, hilfsbereites Benehmen derart überinterpretiert. Außerdem hätte ihr spätestens zu dem Zeitpunkt, als sie erfahren hat, dass ich verdeckter Ermittler bin, klar sein müssen, warum ich mich mit ihr angefreundet habe.«

»Sie brauchten Informationen von ihr.« Nicole bedachte ihn mit einem missbilligenden Blick.

»Genau. Und ganz ehrlich, nachdem ich erkannt hatte, dass sie über die Organisation rein gar nichts weiß, habe ich bloß noch versucht, sie zu beschützen, als man Maronis Truppe das Handwerk gelegt hat. Das war alles.« Cole breitete die Arme aus, um zu unterstreichen, dass er alles in seiner Macht Stehende getan hatte, um ihrer Schwester zu helfen.

Nicole hielt den Blick eine Weile auf ihre ineinander verkrampften Finger gesenkt, ehe sie den Kopf hob und erst Cole und dann Sam ansah. »Wie war das noch? *Man muss schon ein bisschen meschugge sein, wenn man mein freundschaftliches, hilfsbereites Verhalten derart überinterpretiert.* Tja, Vicky leidet unter einer bipolaren Störung.« Beim letzten Wort versagte ihr die Stimme.

Na, also, dachte Cole und lehnte sich an die Wand. Endlich war die Wahrheit ans Licht gekommen. Die große Frage lautete nun: War Nicole bereit, nicht nur ihrer Schwester, sondern auch ihnen zu helfen?

Sam legte ihr eine Hand auf den Arm. »Danke für Ihre Aufrichtigkeit. Nimmt sie irgendwelche Medikamente?«

Nicole schluckte. »Das sollte sie zumindest, aber wenn es ihr gut geht, hört sie immer wieder damit auf, oder sie nimmt sie nicht, weil sie sich weigert zu glauben, dass sie auf die Einnahme von Medikamenten angewiesen ist, um ein einigermaßen normales Leben führen zu können.«

Dann hatten sie es hier also mit einer psychisch Kranken zu tun. Blieb nur zu hoffen, dass Victoria sich noch einen Rest gesunden Menschenverstand erhalten hatte, auf den sie bauen konnten.

»Hat sie Ihnen verraten, was sie nach der Zeugenaussage vorhatte?«, fragte Cole. »Wo wollte sie hin?«

Nicole zuckte die Achseln. »Auf meine Frage hin meinte sie nur: ›Cole gehört mir, und ich hole ihn mir zurück.‹ Daraus habe ich geschlossen, dass sie mal wieder keine Tabletten nimmt. Ich habe versucht, den Kontakt zu ihr aufrechtzuerhalten, aber sie ging nicht mehr ans Telefon und hat sich nur sporadisch bei mir gemeldet.« Nicole verkrampfte die Finger so fest ineinander, dass die Gelenke weiß hervortraten. »Vor ein paar Tagen hat sie mich dann mitten in der Nacht angerufen. Sie war total hysterisch, hat erzählt, dass sie Cole beobachtet und auf eine Gelegenheit wartet, um mit ihm zu reden, und dann hat sie irgendwas von einer Erin Marsden gefaselt, die ihr im Weg steht und all ihre Pläne gefährdet.«

»Das ergibt doch keinen Sinn. Warum ist sie nicht gleich nach dem Prozess zu mir gekommen?«, fragte Cole.

»Soweit ich das verstanden habe, hat sie sich erst einmal in Serendipity auf die Lauer gelegt, um Sie zu beobachten und sich einen Eindruck von Ihrem Leben zu verschaffen. Und sie hat gesehen, wie Erin Ihre Wohnung verlassen hat.«

»Das war vor vier Monaten!« Cole hatte das Gefühl, sein Kopf müsste gleich explodieren.

»Ich weiß. Ich sage doch, sie ist psychisch krank. Sie hat schon immer lieber Pläne geschmiedet, als aktiv zu werden. Aber wenn sie dann doch irgendwann zur Tat schreitet, geht sie aufs Ganze.«

»So wie damals, als sie mit Vincent durchgebrannt ist«, stellte Sam fest.

Nicole nickte.

»Und wann haben Sie dann wieder von ihr gehört?«

»Nachdem sie gesehen hatte, wie sich Cole und Erin

im Coffee Shop unterhalten haben. Da sind bei ihr die Sicherungen durchgebrannt. Ich glaube, an dem Tag hat sie beschlossen, gegen Erin vorzugehen. Aber ich wusste nicht, dass sie einen Heckenschützen angeheuert hat! Ich hätte nie gedacht, dass sie gewalttätige Tendenzen hat.« Nicole barg stöhnend das Gesicht in den Händen. »Ich weiß nicht, was ich sagen soll.« Als sie schließlich den Kopf hob, spiegelte sich Kummer in ihrer Miene.

»Haben Sie eine Ahnung, wo sie sich versteckt hält?«, fragte Sam sanft. »In Serendipity kann sie nicht sein, hier wäre sie längst jemandem aufgefallen.«

Tränen schimmerten in ihren blauen Augen. »Na ja, also …«

»Was?« Cole spürte, wie sich seine Nackenhaare sträubten.

»Vicky hatte für sich und Cole bereits eine Art Liebesnest eingerichtet, aber dann hat sie erfahren, dass Erin schwanger ist. Sie war außer sich vor Wut, als sie sich vergangenen Freitag das letzte Mal bei mir gemeldet hat.«

Cole entging nicht, dass sie sich schon wieder an Sam gewendet hatte, obwohl es hier doch in erster Linie um Cole ging. *Interessant*, dachte er und fragte: »Und wo befindet sich dieses ›Liebesnest‹?«

Nicole breitete die Arme aus. »Keine Ahnung.«

»Wer könnte es denn wissen?«, hakte Cole nach.

Sie zuckte die Achseln und sah hilfesuchend zu Sam.

Dieser räusperte sich. »Denken Sie nach. Würde sie die Hilfe eines Maklers in Anspruch nehmen? Hat sie irgendwelche Freundinnen, denen sie sich anvertraut haben könnte?«

Nicole rieb sich die Stirn und überlegte. »Hmmm ...«

»Fällt Ihnen denn gar niemand ein?«, drängte Sam ungeduldig.

»Also, Freundinnen scheiden aus. Was die Pflege von Freundschaften anbelangt, ist Vicky nicht sonderlich begabt.«

»Kennt sie vielleicht einen Immobilienmakler?«, fragte Cole.

Sie schüttelte den Kopf.

»Oder einen Innenarchitekten?« Sam war verzweifelt auf der Suche nach weiteren Ideen. »Irgendjemandem muss sie doch die Adresse genannt haben, zu der die Möbel geliefert werden sollten.«

»Nun, es gibt da einen Antiquitätenhändler, von dem sie einige Unikate bezogen hat, sowohl für die beiden Häuser, die Victor gehörten, als auch für ihre Wohnung.«

Cole atmete aus. »Rufen Sie ihn an.«

»Ich habe seine Nummer nicht. Ich kann mich noch nicht einmal an seinen Namen erinnern. Dazu müsste ich in Ruhe nachdenken, und das kann ich nicht, wenn Sie mich so unter Druck setzen.«

Cole nickte und ging zur Tür. »Okay, ich gehe.« Diese Frau war ihre einzige Hoffnung, Victoria vor dem nächsten Anschlag auf Erin zu finden, und sie würde nicht kooperieren, wenn er ihr weiter zusetzte. »Beantworten Sie mir nur noch eine Frage.«

Sie drehte sich um. »Und zwar?«

»Für wie gefährlich halten Sie Ihre Schwester? Wie groß ist die Bedrohung, die von ihr ausgeht?«

Nicole biss sich auf die Unterlippe. »Ganz ehrlich? So außer Kontrolle habe ich sie noch nie erlebt. Deshalb bin ich ja auch nach Serendipity gekommen. Ich wollte sie ausfindig machen und versuchen, ihr klarzumachen, dass sie sich nur so benimmt, weil sie ihre Medikamente abgesetzt hat. Und ich wollte Erin warnen.«

Puh. »Danke für die ehrliche Einschätzung.«

Nicole ließ den Kopf hängen. »Sie ist meine Schwester. Ich will, dass sie eine Therapie macht.«

Cole hätte es vorgezogen, wenn Victoria in den Knast wanderte, oder zumindest in eine Klapsmühle gesteckt wurde, weit weg von Erin und seinem ungeborenen Kind, aber das konnte er ihrer Schwester nicht sagen. Sie brauchten Nicole, um auf dem Laufenden zu bleiben.

Aber sie begegnete Cole nach wie vor mit spürbarem Argwohn. Mit Sam sprach sie ganz anders.

Cole lehnte sich an die Wand und überlegte angestrengt, dann blickte er zu Sam. »Kann ich kurz mit dir reden?«, fragte er und deutete mit dem Kopf auf das Nebenzimmer.

Sam legte Nicole eine Hand auf den Arm. »Rühren Sie sich nicht von der Stelle. Ich bin gleich wieder da.«

Nachdem Cole und Mike aufs Revier gefahren waren, sonnten sich Erin und Cara noch eine Weile auf der Terrasse, obwohl es Erin ganz entschieden gegen den

Strich ging, dass man sich gegen sie verschworen und sie gezwungen hatte, hierzubleiben. Sie konnte es nicht erwarten, dieser Frau endlich Auge in Auge gegenüberzustehen. Sich der Gefahr zu stellen. Natürlich war ihr klar, dass es vernünftiger war, sich und das Baby zu schützen, aber es nervte sie trotzdem, dass sie nun dazu verurteilt war, tatenlos herumzusitzen.

Wenigstens war es weiterhin wolkenlos und warm, genau das richtige Wetter für ein ausgiebiges Sonnenbad.

Erin war gedanklich gerade etwas zur Ruhe gekommen, als das Klingeln von Caras Handy der friedlichen Stille ein jähes Ende bereitete.

»Hallo?« Cara lauschte kurz, dann sagte sie: »Verstehe. Ja, ich erzähl's ihr, danke. Sag Sam, er soll auf der Hut sein.«

Erin setzte sich aufrecht hin. »Wieso soll Sam auf der Hut sein?« Ihr Puls beschleunigte sich.

Cara sah sie an. »Wie es aussieht, ist die Frau, die Sam verhaftet hat, nicht Victoria, sondern ihre Zwillingsschwester Nicole. Und Victoria leidet angeblich unter einer bipolaren Störung und hat ihre Medikamente abgesetzt, was ihr irrationales, impulsives Verhalten wenigstens teilweise erklären dürfte.«

»Sie würde mir ja leidtun, wenn sie nicht so ein Durcheinander in meinem Leben verursacht hätte«, sagte Erin. »Okay, sie tut mir ein bisschen leid, aber das ändert nichts an der Tatsache, dass sie eine Bedrohung für mich darstellt.«

Cara nickte. »Nicole dagegen ist harmlos. Laut Mike

ist sie um dein Haus herumgeschlichen, weil sie auf der Suche nach ihrer Schwester war und dich warnen wollte.«

Erin runzelte die Stirn. »Und warum glaubt Mike ihr das?«

»Keine Ahnung. Wir müssen abwarten, was er uns berichten kann, wenn er zurückkommt. Aber ich schätze, hundertprozentig überzeugt ist er auch nicht, denn er hat Sam aufgetragen, Nicole nicht aus den Augen zu lassen, für den Fall, dass Victoria Kontakt zu ihr aufnimmt.«

Erin stöhnte. »Das heißt, diese Psychopathin läuft immer noch frei rum.«

»Leider, ja.«

Erin erhob sich. »Ich muss irgendetwas unternehmen.« Sie begann, auf der Terrasse auf und ab zu gehen. »Wir müssen sie aus der Reserve locken. Sie ist hinter mir her, also sollte ich ihr den Eindruck vermitteln, als könnte sie mich tatsächlich kriegen.«

»Nur über meine Leiche«, meldete sich Cole da zu Wort, der soeben um die Hausecke bog. Er trug eine verwaschene Jeans und ein weißes T-Shirt, in dem seine breite Brust und seine muskulösen Arme perfekt zur Geltung kamen. Seine Miene war finster, der Frust war ihm deutlich anzusehen.

»Wo kommst du denn plötzlich her?«, fragte Erin.

»Ich habe vorsichtshalber eine Runde um das Grundstück gedreht, um mich davon zu überzeugen, dass alles okay ist.«

»Aha.«

»Ich werde nicht zulassen, dass man dich als Köder missbraucht. Eigentlich hat es Victoria ja auf mich abgesehen und nicht auf dich.«

Erin nickte bedächtig. Ihr war da gerade eine Idee gekommen. »Dann tun wir doch so, als würde sie bekommen, was sie will.«

»Was?« Cara legte ihr eine Hand auf den Arm. »Wie meinst du das?«

Erin schluckte den Kloß hinunter, den sie plötzlich in der Kehle hatte. »Wir inszenieren eine Szene. Du machst in aller Öffentlichkeit mit mir Schluss und stellst klar, dass wir nie ein richtiges Paar sein werden.«

Cole starrte sie an. »Sie wird sich trotzdem von dir bedroht fühlen, schließlich bist du die Mutter meines Kindes.«

Als könnte sie das je vergessen. Fakt war, er wollte ohnehin nicht zu ihr stehen. Oder konnte es nicht. Wobei derartige Haarspaltereien jetzt eigentlich auch keinen Unterschied mehr machten.

»Ich weiß. Ich versuche nur, mich in Victoria hineinzuversetzen. Sie will einen Mann, der sie liebt und sich um sie kümmert. Einen Mann, der sie braucht. Und sie befindet sich ganz offensichtlich gerade in einer manischen Phase. Ich wette, sie kann es kaum erwarten, endlich mit dir zu reden. Sie wird jede noch so kleine Chance nützen. Wir müssen also dafür sorgen, dass sie den Eindruck bekommt, du würdest dich über ein Wiedersehen mit ihr freuen.«

Cole legte den Kopf schief. »Und wie sollen wir das bewerkstelligen?«

Cara verfolgte das Gespräch aufmerksam, als würde sie hinter Erins Worten eine verborgene Bedeutung vermuten, schließlich war sie nun genauestens darüber informiert, was in letzter Zeit so alles zwischen Erin und Cole vorgefallen war. Doch Erins Plan zielte wirklich nur darauf ab, Victoria zu ködern. Ihre eigene Unsicherheit tat nichts zur Sache, auch wenn Coles Worte sie tief verletzen würden.

»Du wirst vor aller Augen sagen, nur weil ich von dir schwanger bin, bedeutet das noch lange nicht, dass wir je eine richtige Familie werden. Und dass du nichts dagegen hast, wenn ich mir einen neuen Partner suche, weil du aus Erfahrung weißt, dass ein Kind nun einmal zwei Elternteile braucht. Und dass du dir ebenfalls eine andere suchen wirst.«

Cole musterte sie mit schmalen Augen.

»Und was zum Teufel versprichst du dir davon?«

Cara blinzelte. »Na ja, so verquer das alles klingen mag, aber es ergibt durchaus einen Sinn: Auf diese Weise erfährt Victoria, dass du offen bist für etwas Neues und Erin kein Hindernis mehr ist.«

Erin nickte. »Genau. Danach ziehen wir beide hier aus und kehren in unsere eigenen vier Wände zurück. Sobald du wieder allein lebst, weiß sie, dass es dir Ernst war, und dann wird sie die Gelegenheit beim Schopf packen und zu dir kommen. Et voilà«, schloss sie mit einer kleinen Verbeugung.

Dass ihr speiübel war, ließ sie sich nicht anmerken. Ja, sie hatte immer gewusst, dass das Zusammensein mit Cole nicht ewig währen würde, aber sie war noch nicht bereit für das Ende. Und bei dem Gedanken an die bevorstehende Szene in der Öffentlichkeit graute ihr. Doch mit etwas Glück würde es Cole auf diese Weise gelingen, Victoria ein für alle Mal hinter Gitter zu bringen.

»Okay, aber wenn wir das tatsächlich durchziehen, dann will ich, dass Cara an meiner Stelle dein Bodyguard wird und rund um die Uhr für deinen Schutz sorgt, bis Victoria gefasst ist«, sagte er. Seine Miene war finsterer denn je.

Cara nickte, ehe Erin protestieren konnte. »Einverstanden. Ich nehme mir so lange frei. Zum Glück hab ich einen guten Draht zum Chef.« Sie grinste. »Wobei Mike ohnehin alles daransetzen würde, damit seine Schwester in Sicherheit ist.«

»Aber ...«

Cole brachte Erin mit einem einzigen Blick zum Schweigen. »Wenn du deinen Plan in die Tat umsetzen willst, wirst du meine Bedingung wohl oder übel akzeptieren müssen.«

Sie presste die Lippen zusammen und hätte ihn am liebsten angeschrien, weil er so über ihren Kopf hinweg entschied. Andererseits hatte auch er Zugeständnisse gemacht, indem er in ihren Plan eingewilligt hatte, also schwieg sie.

»Dann sind wir uns also einig.« Er verschränkte die Arme vor der Brust und musterte sie abwartend.

Cara schob sich zwischen die beiden. »Wie wär's, wenn ihr eure kleine Show am Mittwoch bei Joe's abzieht?«, schlug sie vor. »Ich werde dich trösten, nachdem Cole dich abserviert hat, und dann fahre ich dich hierher zurück, während Cole allein nach oben in sein Apartment geht. Wenn Victoria ihn nicht noch am selben Abend aufsucht, ziehst du am Donnerstag um, und wir warten bei dir zu Hause ab, wie es weitergeht.«

Cole atmete aus. »Okay.«

»Was meinst du dazu?«, fragte Cara, zu Erin gewandt.

Diese hob ergeben die Hände. »Meinetwegen, dann warten wir eben noch bis Mittwoch.« Was waren schon zwei Tage, nach all der Warterei der letzten Zeit?

Sie wollte endlich wieder ein normales Leben führen, selbst wenn sie dafür ein erniedrigendes öffentliches Drama in der städtischen In-Kneipe über sich ergehen lassen musste.

Kapitel 15

Ehe sie es sich versahen, war auch schon der Mittwoch angebrochen. Cole graute vor dem, was ihm bevorstand. Wobei die Idee brillant war, wie er sich widerstrebend eingestehen musste. Erin war zwar in ihrem Versteck in Sicherheit gewesen, andererseits war es auf diese Weise aber unmöglich gewesen, Victoria zu schnappen. Doch nach dem heutigen Abend würde sie sich garantiert blicken lassen. Er konnte Erin den Wunsch, endlich wieder ein normales Leben zu führen, nicht verübeln, hätte jedoch niemals zugelassen, dass sie selbst als Lockvogel fungierte.

Es war besser, wenn er diese Rolle übernahm.

Und sobald sie diese Scharade hinter sich gebracht hatten, konnte er wieder sein altes Leben als einsamer Wolf aufnehmen, von dem er sich um keinen Preis hatte verabschieden wollen. Doch wieso verspürte er jetzt plötzlich keine Lust mehr, wieder in die kleine Wohnung über Joe's Bar zu ziehen? Wieso wäre es ihm lieber, weiterhin mit Erin zusammen zu wohnen, auch wenn sie ihm die kalte Schulter zeigte? Er hatte sich offenbar bereits daran gewöhnt, mehr Platz zu haben, von der angenehmen Gesellschaft ganz zu schweigen.

Es fehlte ihm ja bereits jetzt, abends neben Erins warmem Körper einzuschlafen.

Cole schüttelte entnervt den Kopf. Es war wohl ganz vernünftig gewesen, die Pseudobeziehung zwischen ihnen zu beenden, ehe er noch mehr durchdrehte.

Er ging in die Küche, wo Erin gerade eine Schüssel Joghurt mit Müsli löffelte. Sie hatte wieder ihre alten Essgewohnheiten aufgenommen. Er kochte zwar nach wie vor, konnte sie jedoch nicht dazu bewegen, etwas davon zu essen.

»Ich mache Spiegeleier, willst du eins abhaben?«

»Nein, danke. Ich bin fast satt.«

Er stöhnte. »Wie lange willst du mich eigentlich noch dafür bestrafen, dass ich das einzig Richtige getan habe?«

Erin sah ihn mit einer Unschuldsmiene an. »Tu ich doch gar nicht.«

»Tust du doch. Und du schneidest dir damit ins eigene Fleisch.«

Sie schüttelte den Kopf. »Weil ich dein Spiegelei verweigere?«

»Weil du alles verweigerst, was mit mir zu tun hat, selbst meine Gesellschaft.« Huch, hatte er das jetzt wirklich gerade gesagt?

Der Anflug eines Lächelns huschte über ihr Gesicht. »Du sendest nach wie vor zweideutige Signale aus.« Damit erhob sie sich und räumte wortlos ihre Schüssel in den Geschirrspüler.

Cole fluchte verhalten. Dann klingelte sein Telefon. Es war Mike, wie ihm ein Blick auf das Display verriet.

»Hey«, sagte Cole und wandte sich ab.

»Nicole hat sich bei Sam gemeldet«, berichtete Mike. »Sie hat von ihrer Mutter die Nummer dieses Antiquitätenhändlers bekommen, und gerade hat sie Sam eine Adresse genannt, wo sich Victoria offenbar häuslich niedergelassen hat. Es ist etwa zwanzig Autominuten von Serendipity entfernt.«

»Und, fährst du gleich hin?«

»Ja. Ruf an, falls ihr Victoria sichtet.«

Mike beendete das Gespräch, und Cole drehte sich wieder zu Erin um. »Das war Mike. Wir haben eine Vermutung, wo sich Victoria versteckt hält.«

»Wenn er sie findet, müssen wir die Aktion heute Abend nicht durchziehen, oder?«

»Das müssen wir auch nicht, wenn er Victoria nicht findet. Wir können uns immer noch dafür entscheiden, abzuwarten, bis sie von allein auftaucht.«

Und irgendwie wäre er verdammt erleichtert gewesen, wenn sich Erin für diese Variante entschieden hätte.

Erin hatte sich so lange nicht mehr richtig aufgebrezelt, um auszugehen und Spaß zu haben, dass sie sich den Umständen zum Trotz richtig Mühe gab, was Make-up und Frisur anging. Schwangerschaftsklamotten hin oder her, sie wollte gut aussehen. Und sie wollte vor dem großen Schauspiel noch ein wenig mit ihren Freundinnen plaudern, deshalb hatte sie Trina und Macy angerufen. Ein bisschen moralische Unterstützung konnte nicht schaden. In ihren Plan hatte sie die beiden noch nicht eingeweiht, das wollte sie dann vor Ort machen.

Außerdem war das die ideale Gelegenheit, um ein bisschen Stress abzubauen. Am Nachmittag hatte Mike angerufen und berichtet, er hätte das »Liebesnest« gefunden, nicht jedoch Victoria selbst. Er hatte sich gefragt, ob Nicole sie womöglich gewarnt hatte, konnte es aber nicht beweisen und musste sich wohl oder übel damit zufriedengeben, dass Sam weiterhin die Augen offen hielt.

Mike hatte sich sogar kurz in Victorias neuem Domizil umgesehen, und er war entsetzt über das, was er dort gefunden hatte – überall lagen und hingen unzählige Fotos von Cole, allesamt Schnappschüsse, die aus größerer Entfernung aufgenommen worden waren. Er sei sich fast wie in einer Folge von *Criminal Minds* vorgekommen, hatte er gesagt. Tja, vielleicht sollte man für Leute wie Victoria eine Sendung mit dem Titel *Amerikas größte Psychopathen* ins Leben rufen.

Sie hatten beschlossen, getrennt zu Joe's Bar zu fahren, quasi als ersten Hinweis auf das, was später noch folgen sollte. Erin hatte sich den Plan zwar höchstpersönlich ausgedacht, aber sie war nicht ganz sicher, ob ihre schauspielerischen Fähigkeiten auch für einen glaubwürdigen Auftritt ausreichten.

Als sie sich nach unten begab, ging Cole bereits im Flur auf und ab. Er trug Jeans und ein weiches graues T-Shirt und sah wie üblich so appetitlich aus, dass Erin sich zusammenreißen musste, um nicht in Fantasien abzuschweifen. »Cara sollte jeden Moment kommen, um mich abzuholen.«

Er drehte sich zu ihr um. »Wir kriegen sie«, versprach er. Wie es aussah, hatte er nur Victorias Festnahme im Sinn und dachte nicht daran, dass sie danach getrennte Wege gehen würden.

Erin rang sich ein Lächeln ab. »Das will ich hoffen. Ich habe das Versteckspiel nämlich gründlich satt.«

»Bei einer richtigen Observierung würdest du wohl nicht lange durchhalten«, bemerkte er und blieb stehen, um kurz aus dem Fenster zu spähen, ehe er sich wieder zu ihr umdrehte.

Sie lachte. »Ich würde wahrscheinlich vor Langeweile die Wände hochgehen.«

Er grinste, was die angespannte Stimmung, die zwischen ihnen herrschte, endlich etwas auflockerte.

Dann ertönte draußen eine Autohupe und bereitete der Stille im Haus ein jähes Ende. Erin riss sich von seinem Anblick los. »Also, bis nachher.«

Cole hob zum Abschied die Hand, und Erin atmete einmal tief durch und trat ins Freie.

Als sie wenig später mit ihren Freundinnen in der Bar saß, konnte sie nur an eines denken. »Wo bleibt Cole denn so lange?«, fragte sie Cara leise.

»Keine Ahnung«, antwortete ihre Schwägerin, die neben ihr Platz genommen hatte. »Er sollte längst hier sein. War er nicht zur Abfahrt bereit, als ich dich abgeholt habe?«

Erin nickte. »Er hat gesagt, er kommt in ein paar Minuten nach.«

»Hast du ihn angerufen?«

Erin legte den Kopf schief und hob eine Augenbraue.

»Okay, blöde Frage.« Cara lachte. »Na ja, noch ist nicht Showtime, also lass uns inzwischen von etwas anderem reden. Wie geht es dir denn damit, dass die Neuigkeit von deiner Schwangerschaft allmählich die Runde macht?« Sie tätschelte Erins Bauch.

Erin nahm einen Schluck von ihrem Mineralwasser. »Na ja, ganz gut, zumal ich mich ja kaum frei bewegen durfte, seit ich mich verplappert habe.«

Cara zog die Nase kraus. »Verstehe. Und, hat dich heute Abend schon jemand darauf angesprochen?«

»Die meisten hier sind bereits informiert, weil sie neulich bei Nick und Kate waren.« Erin deutete auf die Leute, die sich um den Tisch versammelt hatten, darunter auch Macy und Trina. Obwohl die Bar gut besucht war, hatte sich Erin sogleich einen Sitzplatz gesucht. Noch war ihr Bäuchlein kaum zu sehen, aber sie konnte nicht verhindern, dass sich die Neuigkeit wie ein Lauffeuer in der Stadt verbreitete.

Plötzlich ertönte hinter ihr die vertraute Stimme von Evan Carmichael. »Erin! Was treibst du denn hier?« Er trat zu ihr und musterte sie vorwurfsvoll.

»Ähm ... Es ist nicht das, wonach es aussieht«, versicherte sie ihm. Sie wusste, wenn sie ihren Job behalten wollte, musste sie ihm sagen, warum sie hier war. »Moment noch. Ich erkläre dir gleich alles, ja?«

Hastig drehte sie sich zu Cara um. »Ich muss kurz mit meinem Boss reden, aber ich bleibe in der Nähe. Ich suche mir nur irgendwo eine ruhige Ecke, okay?«

Cara runzelte die Stirn. »Erin ...«

»Ich muss es tun«, beharrte Erin und erhob sich, ehe Cara protestieren konnte. »Mein Arbeitsplatz steht auf dem Spiel.«

Cara stöhnte. »Also gut, aber sieh zu, dass wir immer Blickkontakt haben. Ich rufe inzwischen Cole an. Dein Bruder steht an der Bar und hält ebenfalls die Augen offen«, sagte sie und deutete mit dem Kopf auf Mike, der am Tresen lehnte und mit einigen seiner Mitarbeiter plauderte. Doch Erin entging nicht, dass er immer wieder aufmerksam den Blick durch den Raum schweifen ließ. »Schlag Alarm, falls es irgendwelche Schwierigkeiten gibt.«

»Ich bin gleich wieder da.«

Sie stellte sich mit Evan etwas abseits an die Wand, wo sie jedoch ständig von Leuten angerempelt wurden, die sich an ihnen vorbeidrängten. Außerdem machte die laute Musik eine Unterhaltung praktisch unmöglich.

»Das ist doch sinnlos. Komm mit«, knurrte Evan und schob Erin in Richtung Toiletten. Sie schüttelte zwar den Kopf, aber er ließ sich nicht von seinem Vorhaben abbringen. Nun gut, sie konnte ihren Bruder auch von dort aus noch sehen, denn Evan stand mit dem Rücken zur Bar. *Entspann dich,* sagte sie sich.

»Also, was ist los?«, wollte Evan wissen. »Und ich frage dich das nicht als dein Vorgesetzter, sondern als dein Freund. Ich kenne dich inzwischen nämlich recht gut, und ich weiß, du würdest niemals abends auf einen Drink hierherkommen, wenn du tagsüber nicht bei der Arbeit warst.« Er musterte sie prüfend, wobei ihm die Sorge um Erin deutlich anzusehen war.

Erin erzählte zunächst von der Stalkerin und erklärte dann, warum sie in die Bar gekommen war und was sie sich vom heutigen Abend erhoffte.

Evan nickte bedächtig. »Und wo ist dein Spießgeselle?«

Erin schluckte schwer. »Er sollte eigentlich längst da sein. Keine Ahnung, wo er bleibt.«

Evan verzog das Gesicht und konnte nicht verhehlen, was er von Cole hielt. »Weißt du überhaupt, worauf du dich da eingelassen hast? Dir muss doch klar sein, dass du dich unter Wert verkaufst.«

Erin straffte die Schultern. Sie hasste es, wenn man ihr sagte, wer oder was gut für sie war, und sie wurde zur Furie, wenn sich irgendwelche Menschen, die Cole gar nicht kannten, beleidigend über ihn äußerten. Ja, vielleicht war er nicht der richtige Mann für sie, aber er hatte ihr Gründe genannt, die sie respektieren musste. Doch das rechtfertigte nicht, dass Evan schlecht über ihn redete.

»Hör zu, du bist mein Boss und ein enger Freund und meinst es gut, und ich weiß das zu schätzen, aber wie ich dir bereits gesagt habe, geht dich das Thema Cole rein gar nichts an. Er wird auf absehbare Zeit definitiv eine Rolle in meinem Leben spielen und damit basta.« Ihre Stimme klang selbst für ihre eigenen Ohren schrill und gereizt.

Evan trat einen Schritt zurück und betrachtete sie. »Warum zum Teufel? Wann kapierst du endlich, dass er dich einfach sitzenlassen wird, wenn er erst die Nase voll von dir hat?«

Der Kerl hatte echt Nerven. Erin blinzelte ungläubig. Seine Frage war nicht nur unverschämt und unangebracht, sie bewies vor allem, dass er null Feingefühl hatte. Er war schlicht und ergreifend eifersüchtig! Und so was schimpfte sich Freund!

Vorhin hatte sie ihre Worte mit Bedacht gewählt, doch jetzt war Schluss mit vornehmer Zurückhaltung. »So, du willst wissen, warum? Weil er der Vater meines ungeborenen Kindes ist, darum!«, fuhr sie ihn an.

Evan öffnete den Mund, brachte jedoch keinen Ton heraus. Sein Blick wanderte von ihrem Gesicht hinunter zum Bauch. Erin strich den fließenden Stoff ihres Oberteils glatt, sodass man darunter den Ansatz ihres Babybauchs erahnen konnte. Natürlich hätte sie es ihm lieber schonend beigebracht, aber er hatte es ja nicht anders gewollt.

Evan zwang sich, ihr wieder in die Augen zu sehen. An seiner Schläfe pulsierte eine Ader. »Mir fehlen die Worte.«

»Das merke ich. Kommt ja nicht allzu oft vor. Hör zu, Evan ...«

Er hob die Hand. »Lass gut sein. Ich werde dasselbe tun. Etwas anderes bleibt mir ohnehin nicht übrig.«

Ehe sie noch etwas erwidern konnte, hatte er sich auch schon umgedreht und ließ sie allein im Korridor vor den Toiletten stehen. Diesmal war es Erin, die den Mund aufklappte, ohne etwas zu sagen.

Sie atmete ein paar Mal tief durch, darum bemüht, sich etwas zu beruhigen, bevor sie an ihren Tisch zurückkehrte.

Gerade, als sie sich wieder einigermaßen im Griff hatte und sich auf den Weg machen wollte, wurde sie von hinten angerempelt.

Sie fuhr herum und sah sich einer Frau mit toupierten blonden Haaren gegenüber, die sie abfällig musterte. »Kennen wir uns?«, fragte Erin.

»Nein, aber du solltest dir mein Gesicht trotzdem merken. Weil ich hier nämlich diejenige bin, auf die es ankommt und nicht du.«

Beim hasserfüllten Blick ihres Gegenübers lief es Erin eiskalt über den Rücken. Sie schauderte, als ihr klar wurde, wen sie vor sich hatte. »Victoria.«

Victorias Augen leuchteten auf. »Ah, er hat mich also erwähnt.«

»Ja«, murmelte Erin. Sie wusste instinktiv, was sie zu tun hatte. »Er hat sogar ziemlich oft von dir geredet.«

»Dann ist dir doch klar, dass es keinen Sinn hat, dein Kind als Mittel zum Zweck einzusetzen, denn in Wahrheit will er mich.«

»Cole und ich sind kein richtiges Paar«, presste Erin mühsam hervor. Ihre Kehle war wie ausgetrocknet. »Er liebt mich nicht, und genauso wenig liebe ich ihn.«

»Du lügst doch!«, fauchte Victoria.

Erin überlegte fieberhaft. Sollte sie warten, bis sich Cara auf die Suche nach ihr machte? Sollte sie schreien und damit riskieren, dass Victoria flüchtete? »Victoria ...« Sie holte tief Luft, dann griff sie nach dem Handgelenk der Frau.

Doch ehe sie richtig zupacken konnte, hatte sich Victoria auch schon mit einer raschen, heftigen Bewegung losgerissen. Erin wirbelte herum. »Mike!«, brüllte sie, aber es war zu spät – Victoria Maroni rannte bereits in Richtung Hintertür und verschwand. Bis sich Mike durch das Gedränge zu ihr vorgearbeitet hatte, konnte Erin nur noch auf die halb geöffnete Tür deuten.

Mike spurtete los, konnte Victoria aber nirgends mehr entdecken. »Wo zum Teufel steckt eigentlich Cole?«, knurrte er verärgert, als er zurückgekehrt war. Inzwischen hatte sich die Aufregung im Lokal wieder etwas gelegt, und Cara und Sam hatten sich zu Erin gesellt.

Erin zuckte die Achseln. »Als Cara und ich vorhin losgefahren sind, hat er gesagt, er kommt gleich nach.« Sie drehte sich zu Cara um. »Hast du ihn schon erreicht?«

Ihre Schwägerin schüttelte den Kopf.

Erin kramte ihr Mobiltelefon aus der Handtasche, um ihn anzurufen. »Oh«, sagte sie mit einem Blick auf das Display. Ein Anruf in Abwesenheit. Sie hörte Coles Nachricht sogleich ab.

»Was ist?«, fragte Mike ungeduldig, während sie mit immer größer werdenden Augen lauschte.

»Sein Vater musste ins Krankenhaus. Er hatte einen Herzinfarkt.« Erin wurde schwindelig. Sie dachte an Cole, daran, was das für ihn bedeutete. »Er ist gleich hingefahren, weil er wusste, dass Cara gut auf mich aufpassen wird. Er meldet sich, sobald er mehr weiß.«

Er hatte sie nicht gebeten, ins Krankenhaus zu kommen und ihm beizustehen. Hatte nicht gesagt, dass er froh wäre, sie bei sich zu haben. Nein. Er hatte beschlossen, diese Krise allein durchzustehen. Typisch Cole.

Tja, aber da hatte er sich gründlich getäuscht, denn Erin dachte nicht im Traum daran, ihn jetzt im Stich zu lassen.

Cole fand es schon an guten Tagen schwierig, mit seinem Vater auszukommen, und der heutige Tag zählte definitiv nicht zu den guten. Kaum war er vorhin in den Wagen gestiegen, hatte sein Handy geklingelt. Es war eine Krankenschwester dran gewesen, die sich kurzerhand Jeds Mobiltelefon geschnappt und die ICE-Nummer gewählt hatte. Es wunderte Cole sehr, dass sein Vater ausgerechnet ihn als im Notfall zu kontaktierende Person abgespeichert hatte, zumal Jed über die Eigeninitiative der Krankenschwester alles andere als erfreut gewesen war und das auch unmissverständlich kundgetan hatte, als sein Sohn vorhin sein Zimmer auf der Intensivstation betreten hatte.

Cole war völlig überfordert mit den Gefühlen, die ihn in dem Augenblick erfasst hatten, als er von der Herzattacke seines Vaters erfahren hatte. Er hatte nie darüber nachgedacht, dass sein alter Herr sterblich war. Vielmehr hatte er bislang immer das Gefühl gehabt, er werde ihn wohl bis in alle Ewigkeit piesacken und beleidigen. Doch eines war ihm klar: Intensivstation, das bedeutete, die Lage war ernst. Bei der bloßen Vorstellung hatte Cole gleich wieder einen Frosch im Hals.

Zum Glück hatte ihm sein Vater höchstpersönlich

dabei geholfen, seine Gefühle im Zaum zu halten. Bei seinem Eintreffen hatte sich Jed nämlich dermaßen aufgeregt, dass die Ärzte Cole gebeten hatten, das Zimmer wieder zu verlassen. Stress sei nicht gut für den Patienten, hatte es geheißen. Also hatte sich Cole in den Warteraum begeben, den er bereits kannte, weil er hier auch gesessen hatte, während Erins Schusswunde verarztet worden war.

Erin.

Nach dem Anruf der Krankenschwester vorhin hatte er mit sich gehadert. Es hatte ihm zutiefst widerstrebt, sie zu versetzen, aber der Drang, zu seinem Vater ins Krankenhaus zu fahren, war dann doch stärker gewesen. Zumindest wusste er sie bei Mike und Cara gut aufgehoben.

Seit seinem Eintreffen war nun bereits eine gute Stunde vergangen, und man hatte ihm noch immer nichts Genaueres über Jeds Zustand sagen können.

Er starrte noch eine Weile an die Decke, dann beschloss er, sich im Stationszimmer nach dem Stand der Dinge zu erkundigen. Auf diese Weise blieben auch die Nerven seines Vaters geschont.

»Cole?«

Das war Erins Stimme. Er fuhr herum. Tatsächlich, da war sie, und hinter ihr kam zu seiner großen Erleichterung Cara angetrabt. Erin war also nicht einfach Hals über Kopf aufgebrochen, nachdem sie seine Nachricht abgehört hatte.

»Was machst du denn hier? Du hättest ruhig im Joe's bleiben können.«

Sie schürzte die samtigen Lippen. »Du wolltest das wohl ganz allein durchstehen, wie?«

Er nickte. Natürlich, was sonst?

»Und du hast ernsthaft angenommen, das würde ich zulassen?«

Cole musste unwillkürlich grinsen. »Tja, ich hätte es besser wissen müssen.« Er warf einen Blick über ihre Schulter. »Hi, Cara.«

»Und, wie geht es Jed?«, fragte Erin.

»Keine Ahnung.« Cole registrierte überrascht, dass seine Stimme belegt klang. Die ganze Angelegenheit nahm ihn offenbar mehr mit, als er es sich selbst hatte eingestehen wollen. Er räusperte sich. »Ich wollte mich gerade im Stationszimmer erkundigen, wie es aussieht.«

»Ich komme mit. Cara, du kannst ruhig zu Mike zurückfahren. Unsere Pläne in Bezug auf Victoria können wir vorerst ohnehin abhaken. Ich bleibe hier bei Cole und fahre dann mit ihm nach Hause.«

»Kommt nicht in Frage«, protestierte Cole. »Du lässt dich von Cara und Mike nach Hause bringen. Ich habe keine Ahnung, wie lange das hier noch dauert.«

»Ein Grund mehr für mich, zu bleiben.« Erin bedeutete Cara mit einer Handbewegung, sie könne getrost nach Hause fahren.

Ts. Nun, er hätte sich denken können, dass sie sich nicht so ohne Weiteres abwimmeln ließ, und insgeheim war er erleichtert, weil sie sich über seinen Befehl hinweggesetzt hatte. Er wollte sich weder den Ärzten noch Jed allein stellen. Und schon gar nicht der Tatsache, dass das Leben seines Vaters womöglich an einem seidenen Faden hing.

Cara blickte zwischen den beiden hin und her. »Also, wenn ich die Wahl habe zwischen einem Abend mit euch beiden und diesen uralten Zeitschriften dort« – sie deutete auf die zerfledderten Illustrierten, die auf dem Tisch lagen – »oder einem Abend mit meinem Ehemann, dann fällt mir die Entscheidung nicht schwer. Außerdem ist Erin bei dir vermutlich besser aufgehoben«, murmelte sie.

Cole hob eine Augenbraue. »Wieso?«

Cara zuckte lediglich die Achseln, und dann umarmte sie ihn zu seiner Überraschung kurz, ließ ihn aber gleich wieder los. »Ich hoffe, dein Dad kommt bald wieder auf die Beine. Mach's gut.«

Cole war ihr dankbar, dass sie es dabei beließ, denn Umarmungen und Gefühlsbekundungen waren für Cara genauso ungewöhnlich wie die Panik, die immer wieder in ihm aufstieg.

»So, ich geh dann mal. Gute Nacht.«

Cole nickte. »Fahr vorsichtig.«

»Mach ich. Und ihr meldet euch gefälligst, sobald es etwas Neues gibt, ja?«

»Natürlich«, versprach Erin. Dann drehte sie sich zu Cole um. »Komm mit, wir machen uns auf die Suche nach dem Arzt.«

Cole schüttelte den Kopf. »Moment noch.«

»Was ist los?« Sie blickte ihn mit einer Unschuldsmiene an, die ihn nach Caras kryptischer Bemerkung erst recht misstrauisch machte.

»Sag du es mir.«

Erin blinzelte. »Ich weiß nicht, was du meinst.«

»Warum hat Cara gerade eben angedeutet, bei mir wärst du besser aufgehoben? Ist in Joe's Bar irgendetwas passiert?«

»Wolltest du dich nicht nach Jeds Gesundheitszustand erkundigen?« Erin marschierte auf die Schwingtür zu, doch Cole legte ihr einen Arm um die Taille und hielt sie zurück.

»Raus mit der Sprache, was ist passiert?«, fragte er, als sie aufgehört hatte zu zappeln.

»Ähm ... Ich ... Ich hatte eine ... klitzekleine Auseinandersetzung mit Victoria«, gestand Erin und zog die Nase kraus.

Cole gefror bei ihren Worten förmlich das Blut in den Adern. »Was?!«

Sie zwang sich, ihm in die Augen zu sehen. »Es war so: Cara und ich hatten uns gerade hingesetzt, als plötzlich Evan vorbeikam. Ich war ihm natürlich eine Erklärung schuldig, schließlich war ich die letzten Tage nicht im Büro. Leider war es ziemlich laut und voll, deshalb haben wir uns schließlich in den Korridor vor den Toiletten gestellt. Es bestand keine Gefahr. Cara und Mike waren in Rufweite.«

»So, so, keine Gefahr. Klingt mir irgendwie aber nicht danach«, knurrte Cole mit zusammengebissenen Zähnen.

»Hallo? Ich stehe unversehrt vor dir, oder?«

»Aber sie ist dir viel zu nahe gekommen!«

Erin strich ihm mit der Hand über den Arm, wohl in

dem Versuch, ihn etwas zu beruhigen, doch es war vergebliche Liebesmüh – er machte sich Vorwürfe, weil er nicht da gewesen war, um sie zu beschützen.

»Erzähl weiter«, forderte er sie auf.

Sie seufzte. »Evan und ich haben uns gestritten ...«

»Hat er sich etwa aufgeregt, weil du es gewagt hast, abends auszugehen?«

Erin schüttelte den Kopf. »Äh, nein, das war nicht der Grund.«

»Sondern?«

»Er ... Er hat einen beleidigenden Kommentar über dich vom Stapel gelassen, und da habe ich ihm gesagt, er wird sich wohl damit abfinden müssen, dass du in nächster Zeit zu meinem Leben dazugehören wirst, weil ich nämlich von dir schwanger bin, und dann habe ich ihm meinen Babybauch gezeigt. So, siehst du?« Sie demonstrierte, wie sie Evan mit den Tatsachen konfrontiert hatte. Ihre Augen sprühten vor Zorn.

Cole starrte sie an und musste sich sehr zusammennehmen, um nicht zu lachen, als er sich Carmichaels verdattertes Gesicht vorstellte. Es fiel ihm schwer, und noch schwerer fiel es ihm, ihr nicht gleich einen langen, leidenschaftlichen Kuss zu geben, weil sie ihn mal wieder verteidigt hatte. Er verspürte nicht nur eine überwältigende Bewunderung für diese Frau, sondern auch enorme Dankbarkeit, weil sie sich immer wieder ganz selbstverständlich für ihn starkmachte, ob er es nun verdient hatte oder nicht.

»Hör gefälligst auf zu lachen.«

Jetzt musste er erst recht grinsen. »Ich geb mir Mühe.«

Sie verdrehte die Augen.

»Wie hat Carmichael reagiert?«, wollte Cole wissen.

»Er war sauer und ist abgezischt.« Erin verzog das Gesicht. »Und dann hat mich jemand von hinten angerempelt.«

Sogleich wurde Cole wieder ernst. Nur Erin gelang es, ihn so erfolgreich abzulenken, dass ihm kurz entfallen war, worum es bei dieser Unterhaltung eigentlich ging. »Und was ist dann passiert?«

»Sie hatte eine blonde Perücke auf, deshalb habe ich sie erst nicht erkannt, aber als dann der Groschen gefallen ist und ich sie beim Namen angesprochen habe, war sie ganz aus dem Häuschen, weil ich über sie im Bilde war. Leider hat sie mir nicht geglaubt, als ich versucht habe, sie davon zu überzeugen, dass wir nicht richtig zusammen sind. Dann ist sie abgehauen, obwohl ich versucht habe, sie festzuhalten. Sie hat sich losgerissen und ist durch den Hinterausgang davongelaufen. Ich habe zwar gleich nach Mike gerufen, und er und Cara waren auch sofort zur Stelle, aber Victoria war natürlich trotzdem längst über alle Berge.« Erin breitete die Arme aus. »Das war's auch schon.«

Von wegen, dachte Cole. Sein Herz pochte so heftig, dass er den Puls sogar in den Schläfen spüren konnte. Mike und Cara hätten Erin gar nicht erst erlauben dürfen, sich so weit von ihnen zu entfernen. Tja, jetzt war es auch nicht mehr zu ändern. Aber nun war ihm klar, was Cara mit ihrer Bemerkung vorhin gemeint hatte.

»Es ging alles unheimlich schnell«, fügte Erin hinzu, als hätte sie seine Gedanken gelesen. »Es waren nur ein paar Sekunden, ehrlich. Ich hatte die ganze Zeit über Blickkontakt mit Cara und Mike. Ich hatte bloß nicht damit gerechnet, dass ...«

»Dass dich Evan einfach so stehen lassen würde.« Das steigerte Coles Wut auf Carmichael nur noch zusätzlich. Ihr Boss war zwar nicht ihr Leibwächter, aber er war über den Ernst der Lage und über die Gefahr, in der Erin schwebte, informiert gewesen – und doch hatte sein gekränktes Ego den Verstand blitzschnell ausgeschaltet, sobald sie ihm erzählt hatte, dass sie von einem anderen schwanger war.

Erin legte Cole eine Hand auf die Wange. »Keine Sorge, es ist alles in Ordnung. Victoria ist uns zwar durch die Lappen gegangen, aber nun bin ich ja hier, bei dir, und jetzt konzentrieren wir uns erst einmal auf Jed. Das ist im Augenblick wichtiger.«

Cole atmete tief durch, um sich etwas zu sammeln. »Du treibst mich noch in den Wahnsinn«, brummte er.

Sie tätschelte ihm die Schulter. »Tja, ich lasse eben nichts unversucht, um dich von deinen Problemen abzulenken.«

Er schüttelte den Kopf. »Sie hätte niemals so nahe an dich rankommen dürfen. Sie ist verrückt. Was, wenn sie ein Messer dabeigehabt hätte?« Er ballte die Fäuste. Er wusste nicht, was er getan hätte, wenn er sie auf diese Weise verloren hätte.

Die Schwingtür öffnete sich, und ein Mann in einem weißen Kittel kam auf sie zu. »Mr. Sanders?«

»Ja?« Cole ging ihm entgegen. Seine Nerven lagen blank.

So schwierig und angespannt sein Verhältnis zu Jed auch sein mochte, er war immer noch sein Vater, und der kleine Junge in Cole sehnte sich nach wie vor danach, Frieden mit ihm zu schließen. Anerkennung würde er von seinem Vater wohl auch in Zukunft keine bekommen, aber er wäre schon zufrieden, wenn sie endlich aufhören würden, sich ständig anzufeinden, wenn sie das Kriegsbeil begraben und vielleicht sogar einen dauerhaften Waffenstillstand vereinbaren konnten. Schließlich bekam Jed demnächst ein Enkelkind. Und Cole wollte unter allen Umständen vermeiden, dass sein Nachwuchs derselben negativen, ablehnenden Haltung ausgesetzt war wie er.

Mal sehen, ob mein alter Herr überhaupt noch eine Zukunft hat, dachte Cole und lauschte mit einem bangen Gefühl der Prognose des Arztes, der sich ihnen als Dr. Wilson vorgestellt hatte. Ein paar Minuten später schwirrte ihm nur ein einziger Begriff im Kopf umher.

»Eine Operation.« Er sprach es laut aus, hatte aber trotzdem nach wie vor das Gefühl, dass alles nur ein schlimmer Traum war.

Sein Vater benötigte einen vierfachen Bypass, ohne den er Dr. Wilson zufolge schon bald einen weiteren Herzinfarkt erleiden würde, und zwar höchstwahrscheinlich mit tödlichem Ausgang.

Der Arzt, ein schon etwas älterer Herr mit schütterem grauen Haar, hatte begonnen, ihnen den Eingriff genauer zu erläutern, und Cole lauschte seinen mit medizinischen Fachausdrücken gespickten Ausführungen, ohne auch nur die Hälfte davon zu verstehen. Er war völlig überfordert mit den Details der Operation, und ihm graute bei der Vorstellung, dass man seinem Vater die Brust aufschneiden und ihn während des Eingriffs mithilfe einer Herz-Lungen-Maschine künstlich beatmen würde. Also dachte er stattdessen über die komplizierte Beziehung zu Jed nach. Wenn sich doch nur noch etwas daran ändern ließe, ehe sein Vater unters Messer kam!

Erin ergriff seine Hand, und die Wärme, die von ihr ausging, beruhigte ihn und half ihm, sich besser zu konzentrieren, sodass nun etwas mehr von dem, was der Arzt sagte, zu ihm durchdrang.

Gerade war die Rede davon, dass Jed wegen seines hohen Blutdrucks und des erhöhten Cholesterinspiegels ein Risikopatient war. »Ihr Vater litt zudem schon eine ganze Weile unter Schmerzen in der Brust, allerdings hat er es verabsäumt, seinen Hausarzt darüber zu informieren. Er hat erst zum Telefon gegriffen, als es ihm wirklich schlecht ging. Und er hat es nur noch mit Mühe geschafft, den Notruf zu wählen.«

Cole schnappte entsetzt nach Luft. Dieser verfluchte alte Dickschädel!

Während Dr. Wilson die möglichen Risiken der Operation aufzählte, schaltete Cole erneut geistig ab. Er wollte gar nicht hören, was alles schiefgehen konnte, sonst würde er die kommenden paar Stunden selbst nicht lebend überstehen.

»Nichtsdestoweniger sind die Aussichten für Ihren Vater nicht schlecht, wenn er erst aus der Narkose erwacht ist«, schloss der Arzt und holte Cole damit wieder zurück in die Wirklichkeit.

»Wann soll's losgehen?«, fragte Cole.

»Gleich morgen früh. Die Operation dauert vier bis sechs Stunden, eventuell auch länger. Mit anderen Worten, das wird morgen ein anstrengender Tag für Sie. Ich schlage vor, Sie fahren nach Hause und versuchen zu schlafen.«

»Ich würde ihn gern sehen.« Jed hatte vorhin gezetert, er könne ihn hier nicht brauchen, und Cole hätte nicht gewusst, wie er weiterleben sollte, wenn das die letzten Worte waren, die er aus dem Mund seines Vaters vernommen hatte.

Dr. Wilson runzelte die Stirn. »Die Krankenschwestern haben mir berichtet, dass ihn Ihr Besuch vorhin fürchterlich aufgeregt hat. Wenn das noch einmal vorkommt, können wir uns die Bypass-OP gleich sparen, denn sein Zustand ist mehr als prekär«, sagte er mit einer an Brutalität grenzenden Aufrichtigkeit, doch Cole war ihm dankbar für seine Unverblümtheit.

»Okay, dann nicht.«

»Ich hätte da einen Vorschlag«, meldete sich Erin zu Wort.

»Nein, schon gut«, winkte Cole ab. Seine Gefühle waren nicht so wichtig. Die Gesundheit seines Vaters hatte jetzt oberste Priorität.

Erin schüttelte den Kopf. »Jed Sanders und sein Sohn haben ein recht schwieriges Verhältnis zueinander, aber Jed weiß, wie es um ihn steht, richtig? Er ist doch darüber informiert, dass er morgen operiert wird, nicht wahr?«

Dr. Wilson nickte.

»Dann fragen Sie ihn, ob er seinen Sohn sehen will. Oder noch besser, überlassen Sie das mir.«

»Erin ...«, sagte Cole warnend.

»Ich kenne Jed seit meiner Kindheit, und er mag mich. Normalerweise jedenfalls.« Weder Cole noch Erin erwähnten, dass sie ihn vor ein paar Wochen des Hauses verwiesen hatte, wobei Jed ihr das bestimmt nicht mehr übelnahm. Trotzdem war es Cole gar nicht recht, dass Erin versuchen wollte, bei seinem Vater für ihn Stimmung zu machen. Es war ihm zuwider, dass sie stets aufs Neue als Streitschlichter fungieren musste, und peinlich obendrein, weil Jed immer wieder davon anfing, was für einen Versager er doch zum Sohn habe.

»Vielleicht *will* er ja sogar mit dir reden, weil ihm der Ernst der Lage bewusst ist«, sagte Erin leise. Sie bedachte erst Cole und dann den Arzt mit einem beschwörenden Blick. Cole schnaubte. Mit diesem Augenaufschlag hatte sie garantiert schon so manchen Geschworenen von ihrer Sicht der Dinge überzeugt. Er konnte ihr jedenfalls keinen Wunsch abschlagen, wenn sie ihn so flehentlich ansah, und er war ziemlich sicher, dass auch Jed Wachs in ihren Händen sein würde.

»Also, was ist, darf ich zu ihm?«

Dr. Wilson umklammerte sein Klemmbrett etwas fester. »Sie sind ganz schön hartnäckig, Miss ...«

»Marsden. Erin Marsden.«

Wilson hob eine Augenbraue. »Ah. Ich kenne Ihren Vater; sein Onkologe hat ihn im Vorjahr zu mir geschickt, als er sich für eine Behandlungsmethode entscheiden musste.«

»Ach, tatsächlich?« Cole entging nicht, dass Erin bekümmert die Stirn in Falten legte, als sie so unerwartet an die Krebserkrankung ihres Vaters erinnert wurde und drückte ihr die Hand. Sie hatten die Rollen getauscht, jetzt spendete er ihr Trost.

»Manche der bei der Chemotherapie zum Einsatz kommenden Medikamente haben schädliche Nebenwirkungen für das Herz. Bei der Behandlung von Krebspatienten wird deshalb eng mit diversen anderen Abteilungen kooperiert. Auf diese Weise können wir mit Rücksicht auf die Vorgeschichte und die Verfassung des Patienten einen maßgeschneiderten Therapieansatz ausarbeiten.«

»Verstehe.« Erin nickte. »Meine Eltern haben sich sehr bedeckt gehalten, was die Krebserkrankung meines Vaters anging. Über die Details seiner Behandlung waren wir Kinder nicht informiert. Ich weiß nur, dass die Ärzte dieser Klinik ihn geheilt haben, also vielen Dank für Ihren Einsatz.« Sie strahlte Dr. Wilson an, ihre Sorgenfalten waren wie weggewischt. »Und ich bin überzeugt, dass auch Jed hier ganz hervorragend versorgt wird.«

»Wir tun unser Bestes. Tja, dann kommen Sie mal mit zu Mr. Sanders. Wenn Sie ihn genauso geschickt um den Finger wickeln wie mich, wird er Ihnen garantiert aus der Hand fressen. Und wenn er verspricht, sich nicht noch einmal so aufzuregen, darf sein Sohn gerne noch kurz zu ihm rein.«

Die beiden unterhielten sich über Cole, als wäre er gar nicht da, aber ihm war bewusst, dass er tief in Erins

Schuld stand. Einfach unglaublich, wozu diese außergewöhnliche Frau so imstande war, wie auch immer sich sein dickköpfiger Vater schlussendlich entscheiden mochte.

Kapitel 16

An der Tür zu Jeds Zimmer hielt Erin inne, entsetzt darüber, wie zerbrechlich der alte Mann mit einem Mal wirkte. Dr. Wilson hatte ihren Besuch bereits angekündigt, Jed erwartete sie also. Er starrte aus dem Fenster auf den Parkplatz hinaus und wandte den Kopf, als sie sachte an den Türrahmen klopfte.

»Hallo, Erin«, sagte er. »Der Arzt hat schon angekündigt, dass du mich sprechen willst.«

Sie nickte und ging zu ihm. »Du redest also noch mit mir, obwohl ich dich neulich vor die Tür gesetzt habe?«, fragte sie mit einem flüchtigen Lächeln und zog einen Stuhl heran, um sich an sein Bett zu setzen.

»Na ja, ich kann dir eben nicht lange böse sein, und das wusstest du auch, sonst hättest du den Arzt nicht gebeten, dich zu mir zu lassen. Ich nehme mal an, mein sauberer Herr Sohn ist auch hier.«

Erin schluckte. »Ja. Er macht sich deinetwegen große Sorgen. Als vorhin der Anruf kam, hat er alles stehen und liegen lassen und ist sofort hergefahren.«

»Die Mühe hätte er sich sparen können. Ich komme auch so wieder auf die Beine«, sagte Jed schroff.

Doch seine Stimme zitterte, woraus Erin schloss,

dass er selbst an seinen großspurigen Worten zweifelte.
»Natürlich. Aber nur für den Fall, dass du dich irrst: Willst du wirklich, dass zwischen Cole und dir so vieles unausgesprochen bleibt? Oder, schlimmer noch, dass die letzte Erinnerung, die dein Sohn an dich hat, die Szene vorhin ist, als du ihm gesagt hast, dass du ihn nicht sehen willst?«

Jed drehte den Kopf zur Seite und starrte wieder aus dem Fenster.

»Hör zu, Jed, ich weiß nicht, wie es dazu kam, dass du eine derart schlechte Meinung von Cole hast, und es interessiert mich auch nicht. Das ist eine Angelegenheit zwischen euch beiden«, sagte Erin. »Aber ich bin die Mutter deines Enkelkindes, und wenn du irgendwann eine Beziehung zu diesem Kind aufbauen willst, dann wirst du zuerst einmal die Beziehung mit deinem Sohn klären müssen. Denk mal drüber nach.«

Sie ließ ein paar Minuten verstreichen, und als sie das Gefühl hatte, dass Jed sich ihre Worte nun lange genug durch den Kopf hatte gehen lassen, fuhr sie fort: »Cole wollte vor der Operation noch zu dir, aber der Arzt hat es ihm verboten, weil du dich vorhin so aufgeregt hast, und das ist nicht gut für dich. Was meinst du, wirst du es schaffen, dich zur Abwechslung einmal in einem normalen, zivilisierten Umgangston mit Cole zu unterhalten?«

Der bockige alte Esel stierte weiter wortlos aus dem Fenster. Zum Glück hatte Erin dank ihrer Tätigkeit als Anwältin viel Übung darin, halsstarrige Zeugen weichzukochen, also wartete sie schweigend ab, entschlossen, erst zu gehen, wenn sie das erwünschte Resultat erzielt hatte.

Sie wusste nicht, wie viel Zeit vergangen war, als Jed schließlich brummte: »Du wirst hier so lange hocken bleiben, bis ich klein beigebe, stimmt's?«

Erin grinste nur. Genau das hatte sie vorgehabt, aber wie es aussah, war sie ihrem Ziel, den alten Mann umzustimmen, schon einen kleinen Schritt näher gekommen. »Es würde mir wirklich viel bedeuten, wenn du mit ihm redest«, sagte sie, um den Druck noch etwas zu erhöhen.

Jed starrte sie so lange an, dass ihr schon unwohl in ihrer Haut war.

»Ach herrje«, sagte er nach einer Weile. »Du liebst ihn.«

Erin spürte, wie sie feuerrot anlief, aber sie dachte gar nicht daran, vor Jed einen Seelenstriptease hinzulegen. »Er ist ein grundanständiger Kerl. Warum willst du das partout nicht wahrhaben?« Das war die beste Antwort, die ihr auf die Schnelle einfiel.

Damit war nun wieder Jed am Zug, und es dauerte, bis er sich zu einer Antwort durchringen konnte. »Okay, er kann reinkommen«, knurrte er schließlich widerstrebend.

Das war zwar nicht die Antwort auf die Frage, die Erin ihm zuletzt gestellt hatte, aber dafür hatte sie sich nun doch durchgesetzt. Wäre es nicht so schlimm um Jed bestellt gewesen, dann hätte sie wohl einen kleinen Freudentanz aufgeführt.

Stattdessen beugte sie sich zu ihm rüber und gab ihm

einen Kuss auf die wettergegerbte Wange. »Danke. Und viel Glück morgen. Wir sehen uns dann nach dem Eingriff. Du wirst es bestimmt gut überstehen.«

»Das werde ich wohl müssen, wenn ich den kleinen Bengel da drin sehen will«, sagte er barsch und deutete auf Erins Bauch, doch seine Stimme klang rau und auch eine Spur verängstigt.

Erin hatte prompt einen Kloß im Hals. Sie zwang sich zu nicken. »Dann hole ich jetzt Cole.«

Auf dem Weg zurück zum Warteraum dachte Erin über das kurze Gespräch nach, bei dem sie einen flüchtigen Blick hinter Jeds Fassade erhascht hatte. Blieb nur zu hoffen, dass die Furcht des alten Mannes zu einer Entspannung im Verhältnis zu seinem Sohn führen würde. Sie berichtete Cole, sein Vater sei nun bereit, ihn zu empfangen, und dann schickte sie ein kurzes Stoßgebet gen Himmel, dass dies nicht die letzte Chance für die beiden sein würde, sich endlich miteinander auszusöhnen.

Cole war, als würde die Last eines ganzen Lebens – seines Lebens – auf seinen Schultern ruhen, als er sich auf den Weg zum Zimmer seines Vaters machte. Er hatte schon mit Drogendealern, Mafiabossen und Mördern zu tun gehabt, aber eine solche Beklommenheit wie jetzt, vor der Begegnung mit seinem Vater, hatte er bislang nur selten empfunden. Er wusste, sein alter Herr war enttäuscht von ihm, und diese Erkenntnis hatte jeden Bereich seines Lebens durchdrungen, seit er als Jugendlicher begriffen hatte, warum sich Jed ihm gegenüber stets so aggressiv verhielt. Als Erwachsener hatte er dann irgendwann festgestellt, dass er sich wohler fühlte, wenn er in die Rolle eines anderen schlüpfen konnte, statt er selbst zu sein, ein Umstand, für den er lange Jed verantwortlich gemacht hatte.

Seit seiner Rückkehr nach Serendipity vor ein paar Wochen war ihm allerdings klar geworden, dass er die Schuld daran nicht sein Lebtag lang seinem Vater in die Schuhe schieben konnte. Doch für derlei tiefsinnige Gedankengänge war nun nicht der richtige Zeitpunkt, auch wenn letztendlich der Herzinfarkt seines Vaters der Auslöser dafür gewesen war.

Als Cole das Zimmer betrat, gab er sich größte Mühe, nicht nur den piepsenden Herzfrequenzmonitor zu ignorieren, sondern auch die Tatsache, dass sein Vater, der bislang eine äußerst imposante Erscheinung gewesen war, an einem Tropf hing und aussah, als wäre er geschrumpft.

»Hallo, Dad«, sagte Cole steif und trat an das Klinikbett.

»Hallo«, murmelte Jed, war aber offenbar nicht in der Lage, ihm in die Augen zu sehen.

»Wie ich höre, kommst du gleich morgen früh unters Messer.«

Jed nickte. »Wenigstens muss ich nicht hungern, es hieß nämlich, ich kriege kein Frühstück, weil ich für den Eingriff nüchtern sein muss.«

Cole rang sich ein Schmunzeln ab. »Dr. Wilson meinte, so eine Bypass-Operation kann sich hinziehen, aber er sagt, er hat reichlich Erfahrung in diesem Bereich.«

»Kann mir ja egal sein, wie lang es dauert.«

Immer noch derselbe alte Griesgram, dachte Cole. »Ich komme vorher noch kurz vorbei, auch wenn du dann womöglich schon im Narkosedelirium bist.«

Jed zögerte, ehe er etwas darauf entgegnete. Seine Finger umklammerten die Seitengitter des Bettes so fest, dass die Gelenke weiß hervortraten. »Das wäre schön«, sagte er schließlich.

Cole hob eine Augenbraue, denn er hatte eine Abfuhr nach dem Motto »Das kannst du dir sparen« erwartet. Es musste daran liegen, dass Erin ihm ins Gewissen geredet hatte. Oder aber er hatte tatsächlich Angst. Tja, Cole würde es wohl nie erfahren, wie so vieles andere auch.

»Erin hat ihre Eltern angerufen. Simon und Ella werden dir nachher bestimmt noch einen kurzen Besuch abstatten.«

»Meinetwegen. Ich gehe sowieso nirgendwo hin.«

»Du kannst froh sein, dass du in den beiden so gute Freunde gefunden hast«, sagte Cole nachdrücklich.

»Damit willst du wohl andeuten, dass ich das gar nicht verdient habe, wie?«

Cole hob abwehrend die Hände. »Das habe ich weder gesagt noch angedeutet. Denk an das, was dein Arzt gesagt hat: nicht aufregen«, ermahnte er seinen Vater.

Jed stöhnte, dann legte er den Kopf auf dem Kissen ab. »Entschuldige. Alte Gewohnheiten.«

Entschuldige?! Das waren ja ganz neue Töne!

»Also, bei der Kindererziehung haben Ella und Simon jedenfalls ganze Arbeit geleistet. Erin ist ein feines Mädel«, fuhr Jed fort, ehe Cole seiner Verblüffung Ausdruck verleihen konnte.

»Da muss ich dir recht geben.« Es wunderte Cole nicht, dass sie sich, was Erin anging, zur Abwechslung einmal einig waren.

»Hör zu, Sohnemann ...« Jed hob den Kopf und sah ihm fest in die Augen.

Cole holte tief Luft. »Ja?« In Anbetracht der Tatsache, dass seinem Vater eine mehrstündige Operation bevorstand, konnte ihn nichts mehr überraschen.

»Lass nicht zu, dass du das Beste, was dir in deinem Leben begegnet ist, wieder verlierst«, sagte Jed.

Cole war einen Augenblick sprachlos. Ja, er war auf alles gefasst gewesen, aber *damit* hatte er nun doch nicht gerechnet. »Dad ...«

»Nein. Ich will jetzt keine ernsthafte Diskussion anleiern. Über kurz oder lang würden wir uns doch nur streiten. Schließlich tun wir seit Jahren nichts anderes. So was ändert sich nicht von heute auf morgen.«

Hm. Aber es klang ganz danach, als wäre Jed zumindest nicht abgeneigt, etwas an diesem Umstand zu ändern. Irgendwann, in ferner Zukunft.

Jed griff nach dem Pappbecher, der auf seinem Nachttisch stand, und nahm einen Schluck Wasser. »Aber vergiss nicht, was ich gerade gesagt habe. Nur für alle Fälle.«

Cole wurde flau, denn es war sonnenklar, was mit *nur für alle Fälle* gemeint war. Er beschloss, sich auf seinen Vater zu konzentrieren und nicht auf die offensichtlichen Anspielungen auf Jeds Mutter ... oder auf Erin. »Es wird alles gut.«

Jed antwortete nicht, er gähnte nur, was für Cole das Zeichen zum Aufbruch war. »Versuch jetzt zu schlafen. Ich komme morgen wieder. Wir sehen uns dann spätestens, wenn du aus der Narkose aufwachst. Oder jedenfalls, sobald ich zu dir darf.«

Sein Vater nickte, dann herrschte einen Augenblick verlegenes Schweigen, wohl deshalb, weil sie in den vergangenen Minuten gezwungen gewesen waren, miteinander auszukommen. Es hatte sie beide Kraft gekostet, aber Cole hatte es auch schön gefunden, mal endlich mit seinem Vater reden zu können, in dem Wissen, dass er ihn nicht anbrüllen würde.

Als er den Raum verließ, tat er etwas, das er, soweit er sich entsinnen konnte, seit Jahren nicht mehr getan hatte: Er sprach ein stummes Stoßgebet. *Lass ihn diese Operation heil überstehen, damit wir die Gelegenheit haben, noch mal neu anzufangen.*

Jahrelang hatte er sich eingeredet, Jed Sanders könne ihm gestohlen bleiben. Doch nun, im Angesicht der Gefahr, ihn zu verlieren, musste Cole zugeben, dass er sich danach sehnte, eine engere Beziehung zu seinem Vater aufzubauen. Ja, Jed hatte ihn zu einem großen Teil zu dem Menschen gemacht, der er heute war, aber er konnte ein anderer werden, und Cole spürte, auf eine surreale Art und Weise, die er nicht ganz verstand, dass sein Vater der Schlüssel zu dieser Verwandlung war.

Auf der Rückfahrt zu ihrem Übergangsdomizil am See herrschte behagliches Schweigen. Cole hatte nicht das Bedürfnis, über das Gespräch mit seinem Vater zu reden, und Erin fragte ihn nicht danach. Sie schloss aus seinem einigermaßen ruhigen Verhalten, dass es zumindest keinen Streit, keine Konfrontation gegeben hatte und war darüber sehr erleichtert.

Sie konnte sich nicht erinnern, wann sie zuletzt so erschöpft gewesen war. Im Zeitlupentempo erklomm sie die Treppe und hielt vor der Schlafzimmertür inne, weil sie annahm, dass Cole wie in den vergangenen Tagen auf getrennten Betten bestehen würde.

»Erin?«

»Ja?«

»Ich ... ach, egal.«

Hm. Sie musterte ihn prüfend. Die Müdigkeit war ihm deutlich ins Gesicht geschrieben. Aber es war nach den Ereignissen der vergangenen Stunden ja auch kein Wunder, wenn sie beide etwas mitgenommen waren.

»Was ist los?«, fragte sie und ging zu ihm.

Er schüttelte den Kopf und lehnte sich an das Treppengeländer. »Nichts, ich ...«

Erin beschloss, einen Vorstoß zu wagen. »Du willst jetzt nicht allein sein, hm?« Hoffentlich lag sie mit ihrer Vermutung nicht total daneben, sonst hatte sie sich ganz schön blamiert.

Doch er atmete aus und nickte dann. Erleichtert streckte sie ihm die Hand hin. Sie hatte auch keine Lust, allein zu sein. Sex kam im Moment zwar nicht in Frage, so müde, wie sie war, aber sie hatte ohnehin nicht den Eindruck, dass Cole es noch einmal riskieren würde, diese Grenze zu überschreiten. Im Augenblick war nur eines von Belang: ihre gemeinsame Sorge um Jed und die Angst vor neuen Anschlägen auf Erin, die die psychopathische Victoria womöglich bereits ausheckte. Vor diesem Hintergrund war es nur naheliegend, dass sie einander etwas Gesellschaft leisteten und gemeinsam abwarteten, bis der Morgen anbrach und Jed operiert wurde.

Cole konnte sich nicht entsinnen, dass er je gezögert hätte, einen Wunsch zu äußern oder sich einfach zu nehmen, was er wollte. Er war emotional ausgelaugt und total am Ende, aber in letzter Zeit hatte er Erin eindeutig zu viel zugemutet und wollte sie nicht noch einmal verletzen. Deshalb hatte er die Bitte, sie möge ihm Gesellschaft leisten, dann doch nicht ausgesprochen. Umso erleichterter war er nun über ihre Worte. Entweder kannte sie ihn schon so gut, oder sie verspürte dasselbe Bedürfnis nach Gesellschaft wie er.

In stummem Einverständnis begaben sie sich ins Elternschlafzimmer. Erin verschwand im Bad, um sich Gesicht und Hände zu waschen, während Cole aus Jeans und T-Shirt schlüpfte und sich schon mal unter die Decke kuschelte. Kaum lag er in Erins Bett, erfasste ihn ein Gefühl, über das er gar nicht näher nachdenken wollte, gegen das er aber auch nicht ankämpfen konnte: Das Gefühl, genau am richtigen Ort zu sein. Zu Hause zu sein.

Als Erin einige Minuten später aus dem Bad kam, trug

sie ein schwarzes Nachthemd, das ihr bis halb über die Oberschenkel reichte, gerade weit genug, um noch als einigermaßen züchtig durchzugehen. Es musste neu sein, denn Cole hatte es noch nie gesehen, und es war eindeutig für ihre wachsenden Kurven gedacht. Ihre Brüste, die schon wieder etwas üppiger wirkten, lugten verlockend aus dem mit Spitze besetzten Ausschnitt hervor, und obwohl er todmüde war, regte sich bei dem Anblick sogleich sein bestes Stück. Er rief sich in Erinnerung, dass *dafür* heute nicht der richtige Zeitpunkt war, konnte aber die Enttäuschung darüber nicht leugnen.

Erin blieb vor dem Bett stehen und sah ihm in die Augen.

»Komm ins Bett. Ich beiße nicht.«

Lachend legte sie sich zu ihm und rollte sich auf die Seite, wobei ihre Brüste beinahe aus dem Dekolletee kullerten.

Cole versuchte, gar nicht hinzusehen.

»Wie geht es dir?«, fragte sie ihn.

Er zuckte die Achseln. »Ich fühle mich total benommen, nach allem, was heute passiert ist. Ich weiß gar nicht recht, was ich fühlen soll. Und wir dürfen nicht vergessen, dass Victoria nach wie vor da draußen rumläuft und teuflische Pläne schmiedet.«

Erin schauderte und schluckte schwer. »Ich weiß. Wir könnten ja Sam bitten, morgen Vormittag ins Krankenhaus zu kommen und uns mit ihm gemeinsam eine neue Strategie zurechtlegen, während dein Vater operiert wird. Auf diese Weise wird zumindest die Zeit schneller vergehen.«

Cole nickte, den Kopf in die Hand gestützt. »Gute Idee.«

Sie schenkte ihm das süße und zugleich betörende Lächeln, das so typisch für sie war.

Dann gähnte sie, und er drehte sich zur Seite, um das Licht auszuschalten, als sie plötzlich ein überraschtes Quieken von sich gab.

Er fuhr herum. »Was ist los?«

Sie hatte die Augen weit aufgerissen, und ihre Miene war schwer zu deuten.

»Ich glaube, das Baby hat sich bewegt«, flüsterte sie ehrfürchtig.

Er blinzelte. Damit hatte er nun wirklich nicht gerechnet.

»Ha! Da – schon wieder! Es fühlt sich an wie ein Kitzeln von innen.« Ihr Gesicht leuchtete förmlich.

Es war ein magischer Moment, der auch Cole nicht unberührt ließ. Er spürte, wie unversehens eine freudige Erregung von ihm Besitz ergriff.

»Willst du ... willst du mal fühlen?«

Cole nickte gerührt, und sie nahm seine Hand und legte sie sich auf den Bauch. Ihre Haut war weich und glatt, und ihr Blick ruhte auf ihm, während sie in gespannter Stille abwarteten. Eine Weile tat sich nichts, und er war gerade im Begriff, die Hand wegzunehmen, da schnappte Erin aufgeregt nach Luft.

»Da, hast du es gespürt?«, fragte sie.

Er schüttelte den Kopf. Seine Enttäuschung war größer als erwartet.

Sie seufzte und runzelte die Stirn, und Cole hätte ihr

beim Anblick ihrer betrübten Schnute am liebsten einen Kuss auf die vollen Lippen gedrückt. »Ich hab's befürchtet. In meinem Babybuch stand, es ist gut möglich, dass die ersten Bewegungen nur die Mutter spürt. Aber in ein paar Wochen sollte es auch für dich so weit sein.«

Tja, bis dahin konnte er längst über alle Berge sein. Der Gedanke hing unausgesprochen zwischen ihnen, und Cole behielt ihn wohlweislich für sich, um die Nähe, die gerade zwischen ihnen herrschte, nicht zu zerstören. Er konnte und wollte nicht über das reden, was ihm gerade durch den Kopf ging, zumal er es selbst noch nicht so richtig verstand. Denn wenn er ganz ehrlich war, konnte er sich beim besten Willen nicht vorstellen, Erin und sein Baby zu verlassen. Und, was er noch furchteinflößender fand: Er wusste, es wäre ihm nicht anders ergangen, wenn Erin nicht schwanger gewesen wäre. Wenn er in den vergangenen Wochen nur sie hätte beschützen müssen.

Wer hätte das gedacht: Diese Frau, die nach außen hin so patent und unabhängig wirkte und zugleich so offen, gutmütig und großzügig war, hatte es doch tatsächlich geschafft, sich einen Platz in seinem Herzen zu sichern. Dabei waren Liebe und Partnerschaft bislang für ihn kein Thema gewesen, wegen seines Lebensstils und seiner Isolation vom normalen Leben, die nicht nur berufsbedingt, sondern auch privat durchaus selbst gewählt war.

Sex hatte für ihn bislang der Erfüllung eines Grundbedürfnisses gedient. Und dann hatte Erin vor ein paar

Monaten in ihrem lilablassblauen Brautjungfernkleid Joe's Bar betreten und sein Leben damit nachhaltig verändert. Im Moment wusste er einfach nicht, wie er seine Gefühle für sie mit dem Leben vereinbaren sollte, das er kannte.

Sie lagen eine Weile in behaglicher Stille da. Erin betrachtete ihn aufmerksam, als würde sie sein Mienenspiel verfolgen. Es schien sie nicht zu stören, dass seine Hand noch immer auf ihrem Bauch ruhte, im Gegenteil, sie drückte sie sogar noch etwas fester auf die kleine Wölbung, als könnte sie auf diese Weise bewirken, dass er die Bewegungen ihres Kindes doch noch spürte.

»Tja, ich schätze, jetzt kannst du das Licht ausmachen«, sagte sie schließlich etwas resigniert. Es hatte den Anschein, als wäre sie genauso enttäuscht wie er, dass er das Baby nicht hatte spüren können.

Er drehte sich um und knipste die Nachttischlampe aus.

»Und, alles okay?«, fragte sie in die Dunkelheit hinein.

Er wusste, dass sie damit auf Jed anspielte. »Es ist ja sonst nicht meine Art, mit dem Leben zu hadern, aber der Herzinfarkt meines Vaters hat mich doch ziemlich aus der Bahn geworfen.« Mit dem Resultat, dass der emotionale Schutzwall, den er errichtet hatte, um sich vor Jeds Verbalattacken abzuschirmen, eingestürzt war.

»Wollen wir hoffen, dass er den Eingriff gut übersteht«, sagte Erin. »Dann bekommt ihr noch einmal eine Chance, eure Beziehung zu kitten.«

Cole stöhnte. »Verlass dich da mal nicht zu sehr darauf.« Er selbst tat es weiß Gott auch nicht. Und er wollte nicht, dass sie sich grämte, wenn sich ihre Hoffnung auf eine Aussöhnung zerschlug.

Sie legte sich etwas anders hin, als wäre sie auf der Suche nach einer bequemeren Position. »Babys können Wunder wirken«, murmelte sie. »Heißt es jedenfalls immer.«

Mit Babys kannte er sich zwar nicht so gut aus, aber allmählich begann er, an Erin zu glauben. Die Minuten verstrichen, und bald erkannte er an ihren tiefen, regelmäßigen Atemzügen, dass sie im Begriff war, einzuschlafen. Er verzehrte sich förmlich danach, sie in die Arme zu nehmen und zu spüren, wie sich ihr weicher, schlaftrunkener Körper an ihn schmiegte. Schon jetzt fehlten ihm ihre Wärme, ihre Fröhlichkeit, das Lächeln, das sie ihm so oft geschenkt hatte.

Es kostete ihn seine ganze Kraft, aber er blieb auf seiner Seite des Bettes. Denn er hatte sich geschworen, keine widersprüchlichen Signale mehr auszusenden. Sie war für ihn da, weil er sie brauchte, und es wäre grundfalsch gewesen, das auszunutzen.

Wobei ihm der Wunsch, sie in die Arme zu schließen, kein bisschen falsch vorkam. Ganz im Gegenteil.

Kapitel 17

Als Erin am nächsten Morgen erwachte, fühlte sie sich sicher und geborgen. Ihr war, als wäre sie genau da, wo sie hingehörte: In den Armen des Mannes, der der Vater ihres Kindes war. Des Mannes, den sie liebte. Huch!? Kaum hatte sie sich bei diesem Gedanken ertappt, verließ sie fluchtartig das Bett.

Die vergangene Nacht war ein kostbares Geschenk gewesen, eines, mit dem sie nicht gerechnet hatte, und sie würde die Erinnerung daran stets in ihrem Herzen bewahren. Sie hatten zwar nicht miteinander geschlafen, aber die Intimität zwischen ihnen hätte auch nicht größer sein können, wenn er in ihr gewesen wäre. Er hatte die Hand auf ihren Bauch gelegt, hatte versucht, die Bewegungen ihres Kindes zu erspüren, war genauso ergriffen gewesen wie sie.

Er hatte keinerlei Annäherungsversuche gestartet, und selbst wenn er es getan hätte, hätte sie sich nicht lange gesträubt. Sie hätte ihn nicht abgewiesen, hätte diese letzte Chance auf ein Zusammensein mit ihm genutzt – und es später vermutlich bereut. Genau deshalb hatte sie sich auch zurückgehalten. Gestern Abend war es um Cole gegangen, um seinen Kummer, seinen Trost.

Sie hatte ihm diesen Trost gern gespendet, nachdem er in den vergangenen Wochen so viel für sie getan hatte. Er hatte sich aufopferungsvoll um sie gekümmert und für ihre Sicherheit gesorgt, und sie war froh über diese Gelegenheit gewesen, sich ein klein wenig dafür erkenntlich zu zeigen. Sie machte ihm auch keine Vorwürfe, weil er nicht in der Lage war, ihr mehr zu geben. Schließlich hatte er ihr nie falsche Versprechungen gemacht. Sie hatte getan, was sie konnte, hatte versucht, herauszufinden, ob mehr aus ihrer Affäre werden konnte, und inzwischen kannte und respektierte sie Coles Grenzen.

Sie wusste, was für ein besonderer Mensch er war, auch wenn er selbst es nicht wahrhaben wollte. Immerhin hatten sie nun eine gemeinsame Basis, die ihnen dabei helfen würde, künftig das Beste zum Wohl ihres Kindes zu tun. Und jetzt galt es, sich seelisch zu rüsten für den Tag, an dem Cole wieder in sein altes Leben zurückkehrte.

Ein paar Stunden später saß sie mit Cole im Warteraum des Krankenhauses und starrte auf die Uhr an der Wand. Nicht zu fassen, wie langsam die Zeit vergehen konnte. Die Sekunden, Minuten und Stunden schlichen im Schneckentempo dahin, obwohl sie von vornherein gewusst hatten, dass ihre Geduld auf eine harte Probe gestellt werden würde. Erin war von Natur aus optimistisch und davon überzeugt, dass Jed die Operation überleben würde, und sie war entschlossen, an dieser Überzeugung festzuhalten, solange es ging, auch wenn der Schock hinterher womöglich umso größer war. In der Zwischenzeit versuchte sie, für Ablenkung zu sorgen, damit Cole, der aussah, als könnte er jeden Moment die Wände hochgehen, nicht ständig an das dachte, was im OP ein paar Türen weiter vor sich ging.

Deshalb war sie froh, als Sam auftauchte, im Schlepptau eine junge Frau, die Victoria Maroni zum Verwechseln ähnlich sah. Doch nachdem Erin gestern das zweifelhafte Vergnügen gehabt hatte, Victoria Auge in Auge gegenüberzustehen, konnte sie auch deutlich die Unterschiede zwischen den beiden Schwestern erkennen. Nicole wirkte wach und aufmerksam, während Victoria eindeutig einen geistig verwirrten Eindruck erweckt hatte.

Erin erhob sich. »Danke, dass ihr gekommen seid.«

»Gibt's schon was Neues?«, erkundigte sich Sam sogleich.

Cole schüttelte stumm den Kopf, die Lippen zusammengepresst.

»Noch nicht«, sagte Erin. »Aber es ist noch zu früh. Der Arzt meinte, es ist ein sehr langer Eingriff.«

Sam nickte. »Verstehe. Erin, das ist Nicole Farnsworth.«

»Freut mich, Sie kennenzulernen«, sagte Erin und wagte sich vorsichtig einen Schritt näher, dann spürte sie, wie Cole ihr eine Hand um die Taille schlang und sie festhielt. Anscheinend traute er Nicole auch nicht so recht über den Weg.

Nicole lächelte verlegen. Sie schien sich mindestens genauso unwohl in ihrer Haut zu fühlen wie Erin. »Ich wünschte, ich könnte dasselbe behaupten, aber wenn

Ihnen meine Schwester nicht das Leben zur Hölle gemacht hätte, wäre ich gar nicht hier.«

Erin lächelte etwas breiter, voller Bewunderung für die Freimütigkeit ihres Gegenübers.

»Das mit Ihrem Vater tut mir leid«, sagte Nicole zu Cole. »Officer Marsden hat mir erzählt, warum wir uns hier mit Ihnen treffen.«

»Sam. Sie können mich Sam nennen«, mischte sich Erins Bruder ein. Es klang, als hätte er ihr das schon mehrere Male gesagt.

»Danke«, sagte Cole. »Und, hat sich Ihre Schwester gemeldet?«

Nicole schüttelte den Kopf. »Wahrscheinlich ist sie sauer, weil ich Sie zu ihrem Versteck geführt habe.«

»Sie kann doch gar nicht wissen, dass wir diese Information von Ihnen haben«, winkte Sam ab. »Schließlich hat sie die Adresse ja auch vor Ihnen geheim gehalten.«

»Ich weiß.« Nicole wandte den Blick ab. »Hören Sie, ich wollte Ihnen nur sagen, wie leid mir das alles tut. Ich schäme mich für das, was meine Schwester Ihnen angetan hat«, sagte sie mit einer hilflosen Geste.

Erin schüttelte den Kopf. »Sie sind nicht für das verantwortlich, was andere Menschen tun, Nicole.« Genau das hatte sie auch Cole immer wieder gepredigt. Und nur für den Fall, dass er es vergessen haben sollte, trat sie zu ihm, ergriff seine Hand und drückte sie.

Dann hob sie den Kopf und sah ihn an, doch seine Miene war ausdruckslos. Vermutlich war er wieder in Gedanken bei den Vorgängen im OP. Nun, sie konnte es ihm nicht verdenken.

»Danke.« Nicole zögerte einen Augenblick, strich mit den Händen über ihre beigefarbene Hose. »Ich werde übrigens bald nach Hause fahren. Ich hatte mir für die Suche nach meiner Schwester ein paar Tage freigenommen, aber da ich jetzt in einer Sackgasse gelandet bin und sie sich nicht mehr meldet ...« Sie verstummte.

»Tja, Erin hat ebenfalls einen Job und diverse Verpflichtungen, und sie musste auch alles stehen und liegen lassen, weil zu befürchten stand, dass ihr hinter der nächsten Ecke Ihre Schwester mit einem Messer auflauert«, meldete sich Cole plötzlich zu Wort. Er hatte das Gespräch also seinem Schweigen zum Trotz aufmerksam verfolgt.

Nicole verzog beschämt das Gesicht.

Sogleich trat Sam zu ihr. »Das ist nicht Nicoles Schuld, wie Erin gerade ganz richtig gesagt hat.« Er funkelte Cole bitterböse an.

Höchste Zeit, das Gespräch zu beenden, damit sich Cole wieder auf sich und seinen Vater konzentrieren konnte. »Vielen Dank, dass Sie gekommen sind, Nicole. Ich hatte zwar gehofft, Sie könnten uns ein paar neue Ideen liefern, wie wir an Ihre Schwester rankommen, aber ...«

»Tja, ich fürchte, ich kann Ihnen nicht helfen.« Nicole zuckte bedauernd die Achseln. »Ich war schon ganz stolz auf mich, weil ich es geschafft habe, Ihnen die Adresse ihres Verstecks zu liefern.«

Erin legte ihr eine Hand auf den Arm. »Ich glaube Ihnen.« Sie hatte über die Jahre mit so vielen Menschen zu tun gehabt, hatte unzählige Schuldige und Unschuldige befragt, und ihr Bauchgefühl sagte ihr, dass Nicole Farnsworth nur eine Frau war, die sich um ihre psychisch kranke Schwester sorgte, nicht mehr und nicht weniger.

Sam nickte Cole zum Abschied zu, dann sah er zu Erin. »Lasst es mich wissen, sobald es etwas Neues gibt.«

Erin lächelte. Sie wusste, die Anteilnahme ihres Bruders war nicht gespielt, er hatte Jed wirklich gern. Blieb nur zu hoffen, dass er seine Abneigung gegen Cole mittlerweile abgelegt hatte, wenngleich er nicht gerade erfreut darüber war, dass sich das Leben seiner Schwester dank einer einzigen Nacht für immer verändert hatte.

Sie selbst freute sich nämlich durchaus darüber.

Hätte man ihr heute die Möglichkeit geboten, die Zeit zurückzudrehen, sie hätte diese erste Nacht mit Cole niemals ungeschehen gemacht.

Erin blinzelte, überrascht von dieser Erkenntnis, und legte die Hand auf ihren Bauch, auf das Leben, das darin heranwuchs.

Ihr Baby. Coles Baby.

Wie hätte sie das jemals bereuen können?

Cole wusste nicht genau, wie viel Zeit vergangen war, als er aus dem Schlaf hochschreckte. Gab es etwas Unbequemeres als die Stühle im Warteraum eines Krankenhauses? Sein Genick schmerzte, weil er den Kopf in einem unnatürlichen Winkel an die Wand gelehnt hatte. Erin hatte sich auf den vier Stühlen neben dem seinen ausgestreckt, den Kopf auf seinem Oberschenkel. Sie hatte ihn nicht im Stich gelassen, hatte darauf beharrt, bei ihm zu bleiben – und zwar nicht, weil sie auf seinen Schutz angewiesen war. Ihre Brüder hätten in dieser Zeit ebenso gut für ihre Sicherheit sorgen können.

Als er ihr übers Haar strich, erwachte sie und streckte sich, wobei sie den Kopf an seinen Oberschenkel presste und unversehens gewisse Teile seines Körpers aus ihrem Dornröschenschlaf weckte.

»Hey«, murmelte sie und blinzelte zu ihm hoch.

»Hey.« Er lächelte sie an.

»Hab ich was verpasst?« Gähnend richtete die sich auf, und Cole vermisste sogleich ihre Nähe und Wärme.

Er schüttelte den Kopf. »Nein.«

Sie seufzte und schloss die Augen. Während er ihr schönes Gesicht betrachtete, wurde ihm bewusst, wie zerbrechlich sie wirkte, ihrer bewundernswerten inneren Stärke zum Trotz.

Ehe er noch etwas sagen konnte, ging die Tür auf, und Dr. Wilson kam auf sie zu.

Cole sprang auf, und auch Erin erhob sich. »Wie geht es meinem Vater?«, fragte er.

»Er hat die Operation gut überstanden und ist jetzt im Aufwachraum.«

Bei diesen Worten wich auf einen Schlag die ganze Anspannung der vergangenen Stunden aus Coles Körper, doch Erin schmiegte sich an ihn und war ihm körperlich wie seelisch eine Stütze. Wieder einmal hatte sie genau gespürt, was er brauchte.

Plötzlich hatte er einen Kloß im Hals, teils aus Erleichterung, teils aus Dankbarkeit für Erins bedingungslosen Beistand.

Er schluckte. »Danke.«

Wilson nickte nur. »Er wird noch eine Weile ziemlich benommen sein. Hinterlassen Sie Ihre Handynummer im Schwesternzimmer, und dann gehen Sie am besten nach Hause und ruhen sich etwas aus.«

Cole nickte.

»Wenn Sie in zwei, drei Stunden wiederkommen, dürfen Sie fünfzehn Minuten zu ihm«, fügte der Arzt hinzu, dann ließ er sie allein.

Erin drehte sich mit einem strahlenden Lächeln zu Cole um. »Das sind ja tolle Neuigkeiten!«, jubelte sie und warf sich ihm in die Arme. Ihre Wange war an die seine gepresst, ihr Unterkörper schmiegte sich an seine Hüften. Doch was er vor allem registrierte, waren die Erleichterung und die überschwängliche Freude, die sie ganz offensichtlich empfand.

»Ich wusste doch, dass ihr zwei noch eine Chance bekommt«, sagte sie, was bewies, dass er mit seiner Vermutung richtig lag – sie war nicht nur wegen Jed froh, dass alles gut gegangen war, sondern auch um seinetwillen.

Dann machte sie sich von ihm los. »Es ist vorbei«, murmelte sie und strich sich die zerknitterten Kleider glatt, ohne ihm in die Augen zu sehen.

Sie zog sich körperlich und seelisch vor ihm zurückzog, Cole spürte es genau. »Erin?«

»Hm?«

»Ist irgendetwas?« Das hier war nicht mehr die Erin, die vor und während der Operation seines Vaters für ihn da gewesen war.

Sie schüttelte den Kopf. »Alles bestens«, erwiderte sie eine Spur zu aufgekratzt. »Du hast ja gehört, was Dr. Wilson gesagt hat. Wir sollen nach Hause fahren, uns etwas hinlegen und in ein paar Stunden wiederkommen.«

»Jep. Hier können wir im Augenblick ohnehin nichts tun.«

»Okay.« Sie nahm ihre Handtasche und ging zur Tür.

»Erin!«, rief Cole ihr nach, und sie drehte sich zu ihm um und sah ihn mit erhobenen Augenbrauen an.

Er schluckte. »Danke, dass du für mich da warst.« Ohne sie hätte er in den letzten Stunden vermutlich den Verstand verloren.

»Gern geschehen.« Ihr angespanntes Lächeln ließ bei Cole sämtliche Alarmglocken schrillen. »Wozu hat man denn Freunde?«

Freunde. Das Wort hinterließ einen schalen Nachgeschmack in seinem Mund. Sein Gefühl hatte ihn also nicht getrogen: Kaum war sein Vater außer Lebensgefahr, trat sie den taktischen Rückzug an.

Die Sonne stand hoch am Himmel, als Erin, von Cole gefolgt, nach draußen trat. Sie ging schneller, um der emotionalen Nähe der vergangenen vierundzwanzig Stunden zu entkommen. Sie empfand zu viel für Cole und wollte mehr von ihm, als er ihr je geben würde, und darum hatte jetzt, da sein Vater über den Berg war, der Selbstschutz wieder oberste Priorität.

Es war ungewöhnlich kühl für die Jahreszeit. Während Erin über den Parkplatz eilte, versuchte sie sich zu erinnern, wo sie den Wagen abgestellt hatten.

»Erin! Warte!«, rief Cole hinter ihr.

Sie gehorchte, wohl wissend, dass es unmöglich war, vor Enttäuschung und Demütigung davonzulaufen.

Dann war in der nachmittäglichen Stille plötzlich das Aufheulen eines Motors zu hören, und Erin sah aus dem Augenwinkel, wie ein dunkler Wagen auf sie zuschoss. Die darauffolgenden Sekunden erlebte sie wie in Zeitlupe.

Cole schrie ihren Namen und machte einen Satz nach vorn, während sich Erin instinktiv in die nächstbeste Lücke zwischen zwei parkenden Fahrzeugen warf. Sie ignorierte den Schmerz, der sie beim Aufprall auf dem Bürgersteig durchzuckte, und rollte sich sogleich zusammen, um das Leben ihres Kindes zu beschützen. Einen Augenblick später kollidierte der Wagen, der auf sie zugerast war, krachend mit den beiden geparkten Autos hinter ihr. Das Fahrzeug, neben dem Erin zu liegen gekommen war, erbebte unter dem Aufprall, Glassplitter flogen durch die Luft.

Sie wusste nicht, wie lange sie mit angezogenen Beinen dagelegen hatte, ehe sie wieder einigermaßen klar denken konnte. Als sie Cole ihren Namen schreien hörte, rappelte sie sich auf und atmete einmal tief durch.

»Es geht mir gut!«, rief sie ihm zu.

Mit schmerzender Hüfte richtete sie sich auf, wobei sie sich mit einer Hand an dem Wagen neben sich abstützte, und trat einen Schritt nach vorn, blieb aber wie angewurzelt stehen, als sie einen spitzen Schrei vernahm.

»Lügnerin!«, kreischte Victoria und taumelte auf sie zu. »Du hast behauptet, ihr seid kein richtiges Paar und du liebst ihn nicht!«

Erins Kehle war wie ausgetrocknet, aber sie schluckte ihre Angst hinunter und zwang sich zu sagen: »Das tue ich auch nicht. Und wir sind wirklich kein Paar.«

Sie war unsäglich erleichtert, als Cole hinter Victoria auftauchte, versuchte jedoch, sich nichts anmerken zu lassen, damit er den Überraschungsmoment nutzen konnte.

»Du lügst! Du bist ständig mit ihm zusammen! Du klebst an ihm wie eine Klette!« Victoria raufte sich mit zitternden Fingern das zerzauste Haar. »Du musst endlich verschwinden und uns in Ruhe lassen!«

»Das wird sie auch«, meldete sich Cole mit ruhiger Stimme zu Wort.

Victoria fuhr herum. »Cole?« Ihre Stimme klang gleich eine Nuance weniger schrill.

Er nickte. »Lass uns reden«, sagte er und bedeutete ihr, näher zu treten.

»Du hast mit ihr geschlafen! Du hast sie geschwängert!«, echauffierte sich Victoria. Es klang gekränkt und eifersüchtig.

Als sich Erin wegen der stechenden Schmerzen in ihrer Seite an die Tür des Wagens lehnte, neben dem sie stand, riss Cole die Augen auf, doch Erin schüttelte den Kopf. Er musste sich jetzt ganz auf Victoria konzentrieren.

»Es war ein One-Night-Stand«, versicherte er. »Es hatte nichts zu bedeuten.«

Erin wusste zwar, er würde nichts unversucht lassen, um Victoria zu überwältigen, und gestern Abend war sie darauf eingestellt gewesen, so etwas zu hören, aber nach den Strapazen der vergangenen vierundzwanzig Stunden hatte sie nicht mehr die nötige Kraft dafür. Das Letzte, was sie jetzt brauchen konnte, war, dass Cole schlecht über all das redete, was sie verband.

»Aber du bist sogar bei ihr eingezogen!«, widersprach Victoria mit zitternder Stimme.

»Weil du mir keine andere Wahl gelassen hast. Du hast jemandem befohlen, auf sie zu schießen.«

»Hab ich nicht! Ich habe nur gesagt, er soll ihr einen Schreck einjagen.«

Erin schloss die Augen. Sie gab es also zu.

»Tja, mit jedem Anschlag auf Erin hast du mich gezwungen, sie zu beschützen, oder besser gesagt, mein Kind. Es ging mir immer bloß um das Kind, nicht um *sie*«, sagte Cole nachdrücklich und sah Victoria beschwörend an. Dann streckte er ihr die Hand hin. »Komm her zu mir. Komm in meine Arme und lass dich etwas beruhigen.«

»Du liebst sie also wirklich nicht?« Victoria warf Erin einen triumphierenden Blick über die Schulter zu, ehe sie sich wieder dem Objekt ihrer Begierde zuwandte.

»Kein bisschen.« Er bedeutete ihr, näher zu treten. Seine Worte versetzten Erin einen Stich, obwohl sie wusste, dass ihre Eifersucht fehl am Platz war.

»Komm her.«

Endlich gab Victoria ihren Widerstand auf und warf sich ihm in die Arme. Cole flüsterte ihr etwas ins Ohr und ließ die Hände unmerklich an ihren Armen nach unten gleiten, dann packte er sie an den Handgelenken und presste sie an das nächstbeste Auto.

»Hey, was soll das?« Als Victoria klar wurde, dass er sie an der Nase herumgeführt hatte, setzte sie sich fluchend und zeternd zur Wehr, doch Cole ließ sie nicht los.

Erin sah sich suchend nach ihrer Handtasche um, die sie in der Aufregung vorhin hatte fallen lassen. Kaum hatte sie sie lokalisiert und begonnen, darin nach ihrem Handy zu kramen, ertönten auch schon Polizeisirenen.

»Gott sei Dank.« Es war endlich vorbei. Sie spürte, wie ihre Knie nachgaben und sank zu Boden.

***

Cole hatte mit Victoria alle Hände voll zu tun und konnte sich deshalb nicht um Erin kümmern, die jedoch ohnehin sogleich von einigen herbeieilenden Krankenschwestern in die Notaufnahme gebracht wurde.

Mit Caras Hilfe gelang es ihm schließlich, Victoria zu überwältigen, die hysterisch kreischte, während sie von Cara über ihr Recht zu schweigen aufgeklärt wurde. Nicoles Eintreffen am Schauplatz trug nicht dazu bei, die Lage zu entspannen, im Gegenteil: Victoria warf ihrer Schwester vor, sie habe ihr die Tour vermasselt, was natürlich nicht den Tatsachen entsprach, doch Victoria konnte eben nicht mehr zwischen der Realität und ihren Hirngespinsten unterscheiden. Am Ende verabreichte man ihr eine Beruhigungsspritze, was bedeutete, dass ihre Verhaftung noch etwas warten musste. Sie wurde mit Handschellen an ihr Klinikbett gefesselt und von einem Polizisten bewacht.

Sobald Victoria keine Bedrohung mehr darstellte, wollte Cole sich vergewissern, dass Erin und das Baby nach dem Zwischenfall nicht in Gefahr schwebten, wurde allerdings von Cara zurückgepfiffen.

»Hey, ich brauche noch deine Aussage!«

»Ich muss nach Erin sehen.«

»Sam und Mike sind längst bei ihr, und wenn du willst, dass Victoria verhaftet wird und wir Anklage gegen sie erheben, dann wirst du mir ein paar Auskünfte erteilen müssen.«

Cole starrte seine uniformierte Kollegin an. Ihm war bewusst, dass sie nur ihre Arbeit tat, aber ihr Timing passte ihm ganz und gar nicht in den Kram. »Okay.«

»Du bist der einzige Zeuge. Erzähl mir, was hier genau passiert ist.«

Obwohl es ihm gegen den Strich ging, sich in Erinnerung zu rufen, wie der Wagen auf Erin zugeschossen war, schilderte er Cara detailliert die Geschehnisse von vorhin. »Victoria saß am Steuer und raste direkt auf Erin zu. Sie hat die beiden geparkten Fahrzeuge hier gerammt, ohne Zweifel mit dem Ziel, Erin zu verletzen«, schloss er.

Cara notierte sich alles, dann sah sie ihn an. »Danke, das war's vorläufig. Komm in den nächsten Tagen aufs Revier, um deine Aussage zu unterschreiben.«

Er nickte.

»Wie geht's denn deinem Vater?«, erkundigte sie sich.

»Er ist gerade im Aufwachraum«, presste Cole hervor. Er wusste, sie meinte es gut, aber in Gedanken war er bereits ganz woanders.

Sie nickte verständnisvoll. »Geh nur«, sagte sie und deutete mit dem Kopf auf den Eingang der Klinik.

Ein paar Minuten später hatte Cole die Dame am Eingang zur Notaufnahme überredet, ihn durchzulassen und marschierte zu den durch Vorhänge voneinander abgetrennten Kabinen, wo man Erin auch nach der Schussverletzung verarztet hatte. Er musste sich sehr zusammennehmen, um auf der Suche nach ihr nicht vor Ungeduld sämtliche Vorhänge aufzureißen.

»Cole!«

Er fuhr herum, als er seinen Namen hörte. »Sam. Wie geht es ihr?«

Erins Bruder kam auf ihn zu. »Den Umständen entsprechend gut. Sie wollen sie vorsichtshalber zur Beobachtung hierbehalten, aber der Herzschlag des Kindes ist kräftig.«

Cole wäre am liebsten vor Erleichterung an eine Wand gesunken, wäre denn eine in der Nähe gewesen. »Und Erin?«

»Hat ein paar blaue Flecken vom Sturz, aber ansonsten ist alles okay.« Sam klopfte ihm auf die Schulter. »Du bist schon viel zu lange hier. Warum gehst du nicht nach Hause und ruhst dich aus? Ich melde mich, sobald es Neuigkeiten gibt.«

Cole starrte ihn mit offenem Mund an. »Wie bitte? Erwartest du ernsthaft, dass ich nach Hause gehe, ohne Erin gesehen zu haben?«

Sam sah ihm in die Augen. »Sie braucht jetzt Ruhe.«

»Wer ist bei ihr?« Cole konnte sich nicht vorstellen, dass ihr Bruder sie allein gelassen hatte.

»Mike.«

Cole musterte Sam argwöhnisch. »Und du stehst hier draußen, um mich abzufangen, wie? Damit ich sie nicht belästigen kann.«

»Nein, ich wollte gerade unsere Eltern anrufen und ihnen sagen, dass alles in Ordnung ist. Hör zu, ich verstehe ja, dass du dir Sorgen machst, das tun wir alle.«

Cole ballte die Fäuste. »So, so. Ich wette, eure Eltern dürfen zu ihr, hab ich recht? Aber ich soll gefälligst abhauen, weil ...«

Sam atmete aus. »Erin will dich im Moment nicht sehen, Kumpel.«

Was zum Teufel ...? »Und warum nicht? Ist sie jetzt etwa zu dem Schluss gekommen, dass doch ich an der ganzen Misere schuld bin?« Cole fuhr sich durch die Haare. Die Vorstellung, sich nicht persönlich davon überzeugen zu können, dass es ihr und dem Baby gut ging, machte ihn halb wahnsinnig. Er wollte die Herztöne seines Kindes hören, wollte sein Bild auf dem Monitor sehen.

Sam schüttelte den Kopf. Er fühlte sich sichtlich unwohl in seiner Haut, was Cole höchst bedenklich fand.

»Na los, spuck es aus – was hat sie gesagt?«

»Dass du, jetzt, da Victoria keine Gefahr mehr für sie darstellt, nicht mehr den Leibwächter für sie spielen musst.« Sam zuckte bedauernd die Schultern.

Mist.

»Sie hat Angst, sie ist gestresst, und sie hat in letzter Zeit viel durchgemacht. Gib ihr einfach etwas Zeit, sich zu beruhigen und alles wieder klarer zu sehen«, fuhr Sam fort, und dann legte er Cole eine Hand auf den Rücken und schob ihn in Richtung Ausgang.

Cole ließ es geschehen, weil er wusste, es würde ihm nicht das Geringste nützen, eine Szene zu machen. Außerdem war er viel zu geschockt, um sich zur Wehr zu setzen. Erin wollte offenbar einen Schlussstrich ziehen. Bei dem bloßen Gedanken brach ihm der kalte Schweiß aus.

Dabei hatte *er* dieses Ende von vorneherein angekündigt. Immer wieder hatte er gesagt, sobald die Bedrohung vorbei war, würde er wieder seinen Job als verdeckter Ermittler aufnehmen, aus Serendipity und aus ihrem Leben verschwinden und nur noch gelegentlich um seines Kindes willen daran teilhaben. Wobei sie die Bedingungen dafür noch gar nicht festgelegt hatten.

Erin war verdammt geschickt vorgegangen. Erst hatte sie versucht, ihm vor Augen zu führen, dass sie durchaus in der Lage waren, eine richtige Beziehung zu führen. Doch er hatte sie ein ums andere Mal abblitzen lassen, und als sie begriffen hatte, dass er nicht in der

Lage war, ihr das, was sie wollte, zu geben, hatte sie sich einen emotionalen Schutzpanzer zugelegt. Genau deshalb hatte sie sich, sobald sein Vater über den Berg war, vor ihm zurückgezogen.

Sie hatte ihn richtig eingeschätzt, hatte geahnt, dass dieser Tag nahte, und sie hatte vorgesorgt. Es gefiel ihm ganz und gar nicht; vielmehr nervte es ihn tierisch, doch ihm blieb nichts anderes übrig, als ihre Entscheidung zu akzeptieren.

Denn es war an der Zeit für ihn, seine Siebensachen zusammenzupacken und in seine Welt zurückzukehren. Zu seiner Arbeit und dem Job, den er liebte, wie er sich bewusst in Erinnerung rufen musste, obwohl sein Magen allein bei dem Gedanken daran revoltierte.

»Cole?«

Er blinzelte. Sam hatte er über seine düsteren Gedanken völlig vergessen. »Äh, ja?«

»Alles klar?«

Cole zwang sich zu nicken. »Ja, alles bestens. Erin hat recht. Sie ist jetzt in Sicherheit und braucht mich nicht mehr. Wir haben Victoria geschnappt, und die wandert baldmöglichst in den Knast.«

Man hatte Erin sofort an den Wehenschreiber angeschlossen, außerdem hing sie an einem Tropf, nur für alle Fälle. Sie hatte nicht nachgehakt, hatte gar nicht wissen wollen, was »nur für alle Fälle« bedeutete.

Stattdessen mobilisierte sie ihre letzten Energiereserven, um ruhig zu atmen und positiv zu denken. Sie durfte ihr Baby nicht verlieren. Da sie sich nicht unnötig aufregen durfte, hatte sie Sam gebeten, sich draußen im Korridor zu postieren und Cole abzufangen, der bestimmt schon auf dem Weg zu ihr war. Aber nicht nur deshalb, sondern auch, weil sie ein Feigling war. Sie wusste, wenn ihr Cole jetzt unter die Augen trat, würde sie garantiert anfangen zu weinen. Sie brauchte etwas Zeit, um sich zu sammeln, und vor allem musste sie sichergehen, dass es dem Baby gut ging. Erst dann konnte sie sich um ihr gebrochenes Herz kümmern.

»Klopf, klopf!«

Erin erkannte die Stimme ihrer Freundin sofort. »Macy! Komm rein.«

Kaum hatte Macy auf der Bettkante Platz genommen, ließ Erin den Tränen freien Lauf. Macy tat instinktiv das Richtige: Sie nahm Erin in die Arme und streichelte ihr über den Kopf, bis die Tränen versiegten. Sie bombardierte sie nicht mit Fragen, wollte nicht wissen, welchen Aspekt ihres komplizierten Lebens sie denn nun genau beweinte.

»Danke«, schniefte Erin schließlich und tupfte sich mit einem rauen Papiertuch aus dem spitalseigenen Handtuchspender die Augen trocken.

»Gern geschehen. Wo sind denn alle?«

Erin zog die Nase hoch. »Sam habe ich gebeten, draußen auf dem Flur Wache zu halten, und Mike musste vor ein paar Minuten los. Ein Notfall.«

Macy nickte. »Okay. Was kann ich für dich tun?«

Genau deshalb liebte Erin ihre Freundin. »Wie du weißt, durften wir ein paar Tage in Nicks Haus am See wohnen. Könntest du bitte hinfahren, meine Sachen holen und zu mir nach Hause bringen? Du hast doch noch den Reserveschlüssel, oder?«

Macy nickte. »Mach ich. Steht sonst noch etwas an?«

»Im Moment nicht.«

Macy betrachtete sie besorgt. »Wann lassen sie dich hier raus?«

Erin zuckte die Achseln. »Keine Ahnung. Sobald wir sichergehen können, dass für das Baby keine Gefahr mehr besteht. Ich hab's jedenfalls nicht eilig.« Sie legte sich schützend die Hände auf den Bauch.

»Recht hast du. Ich bringe dir ein Stück Kuchen von Tante Lulu mit.«

»Du bist die Beste.«

Macy grinste. »Weiß ich doch.« Sie erhob sich. »Ich fahre gleich mal los. Falls du die Nacht über hierbleiben musst, komme ich abends nochmal vorbei.«

»Danke, Macy. Übrigens …« Erin verstummte.

Ihre Freundin legte den Kopf schief, sodass ihr das lange schwarze Haar über die linke Schulter fiel. »Ja?«

»Ich hab bislang mit niemandem darüber geredet, aber … ich habe mir schon ein paar Gedanken über die Zukunft gemacht … Wegen meiner Arbeit und dem Baby, meine ich. Es wird sich einiges ändern müssen.« Erin, stets vorausschauend, hatte bereits angefangen, Ideen zu sammeln und im Geiste Listen zu schreiben, wenngleich diese Ideen noch nicht ganz ausgereift waren.

»Lass es mich wissen, falls du Rat und Hilfe brauchst oder einfach nur jemanden, der dir zuhört. Ich stehe dir jederzeit gern zur Verfügung.«

Erin lächelte matt. »Ich weiß.«

»Darf ich dich etwas fragen?«

»Nur zu.«

»Was ist mit Cole?«

Erin schüttelte den Kopf. »Ich kann noch nicht über ihn reden. Ich will ihn auch nicht sehen. Ich weiß, es ist vorbei, aber ... Es gibt so einiges, um das ich mich kümmern muss, ehe er aus Serendipity verschwindet.«

Macy trat noch einmal einen Schritt näher. »Zum Beispiel?«

Erin starrte auf ihre weiße Waffelmusterdecke. »Na ja, ich sollte mich mit einem Anwalt zusammensetzen, um die Details in punkto Besuchsrecht, Unterhaltszahlungen und so weiter festzulegen ...« Sie unterdrückte ein Schluchzen, wild entschlossen, nicht erneut in Tränen auszubrechen.

»Ist das nicht ein bisschen verfrüht? Ich meine, du hast gerade ein paar traumatische Erlebnisse hinter dir, und jetzt, wo du deine Stalkerin endlich los bist, solltest du dir erst einmal etwas Zeit nehmen ...«

»Ich habe keine Zeit«, unterbrach Erin sie. »Jetzt, wo Victoria keine Bedrohung mehr darstellt und ich in Sicherheit bin, kann Cole jederzeit die Stadt verlassen und seine Tätigkeit als verdeckter Ermittler wieder aufnehmen. Ich muss für klare Verhältnisse sorgen, ehe er geht.«

Macy ergriff ihre Hand. »Okay. Wir tun, was immer du für nötig hältst. Und danach komme ich zu dir, und wir setzen uns mit Kuchen und Eis aufs Sofa, gucken *South Park: Der Film* und lachen über die dreckigen Witze.« Macy wackelte mit den Augenbrauen, und Erin schmunzelte. »Ich tue alles für dich, vorausgesetzt, du machst mich zur Patin deines Kindes.«

Erin verdrehte die Augen. »Als gäbe es da irgendwelche anderen Kandidatinnen.«

»Yippie!«, quietschte Macy und klatschte begeistert in die Hände. Ihr Lachen hallte durch den Raum.

Erin grinste. »Du bist unverbesserlich.«

»Na, also, geht doch!«, sagte Macy. »Dieses hübsche Lächeln würde ich jetzt gern wieder etwas öfter sehen.«

Erin antwortete nicht. Sie hatte das dumpfe Gefühl, dass sie in nächster Zeit nicht allzu oft lächeln würde, bei allem, was es noch zu planen und zu erledigen gab.

Kapitel 18

Als Cole ein paar Stunden später ins Krankenhaus zurückkehrte, sagte man ihm, er könne seinen Vater erst morgen besuchen, denn im Augenblick schlafe er tief und fest. Immerhin hatte man ihm versichert, alle lebenswichtigen Organe seien intakt. Also fuhr Cole wieder zu dem Haus am See, in dem er sich mit Erin vorübergehend einquartiert hatte. Er verspürte nicht die geringste Lust, seinen Kram zu packen und wieder in sein Apartment über Joe's Bar zu ziehen, aber das konnte schließlich auch noch bis morgen warten. Auch Erins Sachen musste er irgendwann im Laufe des kommenden Tages zu ihr nach Hause verfrachten. Im Moment wollte er sich nur von den Strapazen der vergangenen Tage erholen und all seine Probleme eine Weile vergessen.

Er schenkte sich einen Bourbon ein, ließ sich auf eines der überdimensionalen Fauteuils im Wohnzimmer plumpsen und hing seinen Gedanken nach. Zum ersten Mal seit Wochen war er allein, und ihm war, als wollte die im Haus herrschende Stille ihn verhöhnen, dabei hatte er es bislang stets genossen, seine Ruhe zu haben.

Er hatte gerade das Glas an die Lippen gehoben, da klingelte es. »Was ist denn jetzt schon wieder?«, brummte er und stand auf, um nachzusehen, wer es wagte, ihn zu stören, dabei war er eigentlich ganz froh über die Ablenkung.

Er öffnete die Tür, erblickte Erins beste Freundin und stöhnte.

»Dir auch einen schönen Nachmittag«, begrüßte Macy ihn übertrieben fröhlich und marschierte an ihm vorbei ins Haus.

»Fühl dich wie zu Hause«, knurrte er.

»Danke, aber ich bin bloß hier, um Erins Sachen zu holen.«

Cole knallte die Tür so fest zu, dass Macy zusammenzuckte.

»Wie geht es ihr?«, erkundigte er sich.

Macy musterte ihn argwöhnisch. »Rein körperlich ganz gut, bis auf ein paar Blutergüsse.«

»Und dem Baby?« Cole kippte sich einen Gutteil seines Bourbon in die Kehle, um für die Antwort gerüstet zu sein.

»Auch gut. Die beiden lassen sich nicht unterkriegen«, versicherte sie ihm, dann fragte sie zu seiner Überraschung: »Und wie geht es dir?«

Cole ließ ein raues Lachen hören.

»Was gibt's denn da zu lachen?«, wollte Macy wissen.

»Sag bloß, du machst dir Sorgen um mich.« Cole gönnte sich einen weiteren Schluck Feuerwasser.

Macy trat zu ihm, nahm ihm, ehe er wusste wie ihm geschah, das Glas aus der Hand und stellte es reichlich unsanft auf dem nächstbesten Tisch ab. »Meine beste

Freundin liebt dich, du Idiot. Natürlich mache ich mir Sorgen.«

Cole verschluckte sich und brauchte eine gute Minute, ehe er wieder sprechen konnte. »Hat sie das etwa gesagt?«

»Ihr Kerle könnt echt so dämlich sein«, knurrte Macy. »Sie musste es nicht sagen, weil es total offensichtlich ist. Und wie es scheint, bist du ebenfalls im Bilde, sonst würdest du dich nicht einfach aus dem Staub machen.«

Er straffte beleidigt die Schultern. »Von aus dem Staub machen kann keine Rede sein! Ich war für Erin da, seit ich von ihrer Schwangerschaft und von der Bedrohung durch Victoria Maroni wusste.«

»Tja, nur leider konntest du ihr das Einzige, was sie wirklich gebraucht hätte, nicht geben!« Macy bohrte ihm anklagend den Zeigefinger in die Brust.

»Aua! Das tut verdammt noch mal weh!«

»Jammerlappen.« Macy marschierte ins Wohnzimmer, wo sie sich auf die Couch plumpsen ließ und ihn eingehend musterte. Irgendwann würde sie mit diesen blauen Augen einem Kerl ganz schön den Kopf verdrehen, und Cole bedauerte den armen Burschen schon jetzt.

Er schüttelte den Kopf. »Was soll ich denn machen, Macy? Meine Arbeit ist gefährlich. Das fängt schon bei den Leuten an, mit denen ich zu tun habe. Leute wie Victoria Maroni. Und wie man sieht, lässt es sich nicht verhindern, dass sie sich gelegentlich in mein Privatleben drängen, was in diesem Fall sogar verheerende

Folgen für Erin und das Baby hatte. Dazu kommt, dass ich nie weiß, ob ich meine Mission lebend überstehen werde. Ich kann von Erin unmöglich erwarten, dass sie sich mit dieser Art von Leben arrangiert.«

Sie starrte ihn ungläubig an. »Tickst du eigentlich noch richtig? Glaubst du wirklich, du machst es ihr leichter, wenn du ihr nicht sagst, dass du sie liebst und dein Leben mit ihr verbringen möchtest, ehe du deine Arbeit wieder aufnimmst?« Ihre Stimme wurde lauter. »Sie liebt dich! Und sie wird nicht weniger leiden, nur weil du ihr verschweigst, dass du ihre Gefühle erwiderst. Die seelischen Qualen, vor denen du sie bewahren willst, bleiben ihr deswegen nicht erspart!« Macy maß ihn mit einem vernichtenden Blick.

Cole hatte ihre Standpauke wortlos über sich ergehen lassen und wagte nicht, sich abzuwenden, wagte nicht einmal zu blinzeln. »Scheiße«, murmelte er schließlich.

»Du sagst es.« Macy nickte und war sichtlich zufrieden mit sich, weil er seinen Denkfehler endlich erkannt hatte.

Cole schwirrte der Kopf. Sie hatte behauptet, dass er Erin liebte, und er hatte bei ihren Worten keinerlei Panik empfunden. Er verspürte auch nicht das Bedürfnis, Hals über Kopf die Flucht zu ergreifen. Und er konnte ihr nicht widersprechen.

Wie sollte er auch, wenn sie doch recht hatte?

Als ihm Sam vorhin gesagt hatte, Erin wolle ihn nicht sehen, war ihm gewesen, als hätte man ihm einen Faustschlag in die Magengrube verpasst. Mehr noch, als hätte man ihm das Herz herausgerissen. Doch der

Grund dafür war Cole erst jetzt aufgegangen, nachdem Macy ihn quasi mit der Nase darauf gestoßen hatte.

Sie hatte recht – Männer konnten tatsächlich ziemlich beschränkt sein. Und er ganz besonders.

Ihm schwindelte, und das lag nicht an dem bisschen Alkohol, den er intus hatte.

Macy sprang von der Couch auf. »Ich sehe schon, ich habe dich zum Nachdenken angeregt. Damit ist meine Arbeit hier getan. Wenn du mich jetzt entschuldigen würdest – ich muss die Sachen meiner besten Freundin einsammeln.«

Cole deutete auf die Tür. »Erins Kleider sind oben im Schlafzimmer. Die letzte Tür links. Ich kann sie ihr aber auch morgen vorbeibringen.«

Macy schüttelte den Kopf. »Sie hat mich gebeten, ihre Sachen abzuholen, und ich will ihr jede unnötige Aufregung ersparen, indem ich mich an ihre Anweisungen halte. Sie schmiedet übrigens gerade fleißig Pläne.«

Cole hob eine Augenbraue. »Und was sind das für Pläne?«

»Ich weiß nichts Genaues, und wenn ich es wüsste, dürfte ich es dir garantiert nicht sagen. Aber ich kann dir immerhin so viel verraten: Dir bleiben nur noch ein paar Tage, um zur Vernunft zu kommen. Sobald Erin von ihrem Arzt grünes Licht bekommt, heißt es für sie wieder *business as usual*.« Macy legte eine kleine Pause ein, um ihren Worten Nachdruck zu verleihen. »Soll heißen, wenn sie die Kugel erst einmal ins Rollen gebracht hat, wirst du es bedeutend schwerer haben, an sie heranzukommen – sei es nun emotional oder sonst wie.«

Cole schluckte. »Was willst du mir damit sagen?«

Macy zuckte die Achseln. »Sie hat erwähnt, dass sie sich mit einem Anwalt zusammensetzen will, um sich mit ihm über Besuchsrecht, Unterhalt und so weiter zu beraten. So, mehr kann ich dir wirklich nicht verraten.«

Das musste sie auch nicht.

So, so. Erin legte sich also bereits Strategien zurecht, um ihn künftig nicht nur emotional, sondern auch mit rechtlichen Mitteln auf Distanz zu halten. Zweifellos beschränkte sich die ihm zugedachte Rolle auf die des Unterhalt zahlenden Daddys, der ihr gemeinsames Kind nur nach einem vor Gericht ausgehandelten Zeitplan zu Gesicht bekam.

Ihm wurde übel. Er hatte immer angenommen, dass er genau das wollte und nicht mehr, und im Grunde hatte er ihr stets signalisiert, dass sie nicht mehr von ihm erwarten durfte. Dass er für ihr Auskommen und das ihres Kindes sorgen und wieder in sein altes Leben zurückkehren würde.

Ein Leben ohne Freunde, ohne Familie, ohne Beziehungen, ohne Verpflichtungen. Ein Leben, an dem er früher Gefallen gefunden hatte, weil er nichts anderes gekannt hatte. Weil es all seine Bedürfnisse erfüllt hatte. Bis zu jenem Abend vor ein paar Monaten, als Erin in seine Arme getanzt und in seinem Bett gelandet war. Sie hatte sich in sein Leben gedrängt und ihn, obwohl er sich mit Händen und Füßen gewehrt hatte, in das ihre hineingezogen. Hatte ungeahnte Gefühle in ihm geweckt und ihm Möglichkeiten aufgezeigt, die er nie zuvor in Betracht gezogen hatte.

Immer wieder hatte er diese Möglichkeiten und damit auch Erins unausgesprochene Liebe zurückgewiesen.

Cole rieb sich mit der Hand die brennenden Augen. »Macy?« Er sah sich suchend um, doch sie war verschwunden. Sie musste nach oben gegangen sein, während er hier seinen Gedanken nachhing.

Ein paar Tage, hatte sie gesagt. Das war nicht viel Zeit, um alles in Ordnung zu bringen und sein Leben zu ändern. Aber wenn er Erin für sich gewinnen wollte – und weiß Gott, das wollte er –, dann musste er es zumindest versuchen.

Tags darauf gestattete man Cole einen ersten fünfzehnminütigen Besuch bei Jed. Nach dem Gespräch mit Dr. Wilson hatte Cole angenommen, er wäre vorbereitet, doch als er seinen schlafenden Vater erblickte, der mittels verschiedenster Schläuche – Magensonde, Tropf, Thoraxdrainage und Beatmungsschlauch – an alle möglichen Geräte angeschlossen war, hatte er plötzlich doch einen Kloß im Hals. Unwillkürlich streckte er den Arm nach Erin aus, nur um festzustellen, dass sie nicht da war, um ihn zu stützen. Das bestärkte ihn mehr als alles andere in dem Entschluss, den er gefasst hatte und den er nach dem Besuch bei seinem Vater in die Tat umzusetzen gedachte. Er konnte nur darauf hoffen, das anvisierte Ziel zu erreichen, Garantien gab es leider keine.

Cole zog einen Stuhl heran und nahm am Kopfende des Bettes Platz, hütete sich aber, Jed zu wecken. Er brauchte seinen Schlaf. Cole genügte es bereits zu sehen, dass sein Vater atmete und sein Herz das Blut durch seinen Körper pumpte. Wie es aussah, bekamen sie nun tatsächlich noch einmal eine Chance. Cole hatte längst aufgehört, irgendetwas von Jed zu erwarten, und daran würde sich garantiert nichts mehr ändern. Aber er würde zumindest versuchen, mit seinem Vater auszukommen – nicht um seiner selbst willen, sondern für sein Kind.

»Hey, Dad.« Er beschloss, die Gelegenheit zu nützen und sich einiges von dem, was ihn seit Jahren belastete, ungestört von der Seele zu reden, selbst wenn sein Vater ihn vermutlich gar nicht hören konnte. »Ich bin echt heilfroh, dass du die Operation überlebt hast. Du siehst zwar ganz schön mitgenommen aus, aber du bist ein zäher Bursche. Du wirst es schon schaffen«, murmelte er.

»Ich weiß, ich war ziemlich schwierig als Teenager, und ich wette, wenn mein Sprössling mal in das entsprechende Alter kommt, werde ich es mit ihm oder ihr auch nicht leicht haben.« Cole lächelte schief, obwohl ihm bei der Vorstellung flau im Magen war.

Er holte tief Luft. »Keine Ahnung, warum wir zwei so überhaupt keinen Draht zueinander hatten, auch später nicht, als ich erwachsen war.« Er zögerte, ehe er fortfuhr, doch dann gab er sich einen Ruck und sprach aus, was er so lange in sich hineingefressen hatte. »Ich verstehe auch nicht, warum du mich so verachtest und warum ich dich mit meiner Berufswahl so enttäuscht habe.« Cole schüttelte den Kopf, und der Groll, der sich über die Jahre hinweg in ihm aufgestaut hatte, machte es ihm beinahe unmöglich zu atmen.

»Jedenfalls werde ich das meinem Kind nicht zumuten. Ich werde zumindest versuchen, es besser zu machen.« Wobei Cole ehrlich gesagt keinen blassen Schimmer vom Umgang mit Kindern hatte. Zu dumm, dass man die lieben Kleinen nicht mit einer Gebrauchsanweisung geliefert bekam! Wenigstens hatte er in Erin eine Orientierungshilfe. Ganz egal, wie ihre Beziehung langfristig aussah, er war überzeugt, dass sie sich stets bemühen würden, das Beste für ihr Kind zu tun.

Cole hatte endlich erkannt, dass er weit mehr wollte als nur eine von formalen Absprachen bestimmte Beziehung zu seinem Kind, aber nachdem er Erin so lange die kalte Schulter gezeigt und sie teils bewusst, teils ohne es zu bemerken, verletzt hatte, bezweifelte er ernsthaft, dass sie überhaupt noch etwas von ihm wissen wollte. Er hatte einige Male versucht, sich nach ihrem Befinden zu erkundigen, doch sie ging nicht ans Telefon, rief nicht zurück und antwortete auch nicht auf seine SMSe. Kein gutes Zeichen.

Trotzdem würde er sein Vorhaben in die Tat umsetzen, denn wie auch immer Erins Entscheidung ausfiel, er hatte inzwischen begriffen, dass er seinen Job an den Nagel hängen und ein neues Leben anfangen musste. Und zwar hier, in Serendipity, damit er eine richtige Beziehung zu seinem Kind aufbauen konnte.

»Ich werde versuchen, es besser zu machen. Besser

als bisher, und besser als du«, sagte er zu dem Mann, der dort vor ihm im Krankenhausbett lag.

Da schlug Jed zu seiner Überraschung die Augen auf und sah ihn an. Cole schluckte schwer und fragte sich, wie viel sein Vater wohl gehört haben mochte. Und ob irgendetwas davon den Eispanzer schmelzen lassen konnte, der Jed Sanders' Herz umgab.

Auch Cole hatte seinem Herzen einen Schutzpanzer angelegt. Bis er sich in Erin verliebt und erkannt hatte, wie viel nicht nur sie ihm zu bieten hatte, sondern auch das Leben ganz allgemein.

Der Arzt hatte Erin eine Woche Bettruhe verordnet und gesagt, wenn sie keine Krämpfe mehr habe, dürfe sie aufstehen und sich ganz allmählich wieder an ihre tägliche Routine herantasten. Doch Erin hatte bereits beschlossen, dass sich ihr Leben drastisch ändern musste, und zwar möglichst bald. Und da sie noch nicht mobil war, musste der Berg eben zum Propheten kommen.

Deshalb hielt sie seit einigen Tagen in ihrem Wohnzimmer Hof, genauer gesagt, auf der Couch, auf der ihr Hintern inzwischen vermutlich schon eine dauerhafte Kuhle hinterlassen hatte. Hier empfing sie ihre Eltern, ihre Brüder und diverse Freunde und Bekannte, darunter auch Macy, die ihr täglich etwas Leckeres aus Tante Lulus reichhaltigem Kuchensortiment brachte. Cole hatte mehrfach angerufen, ihr auf den Anrufbeantworter gesprochen und ihr mehrere Nachrichten geschickt, aber sie war noch nicht bereit, mit ihm Kontakt aufzunehmen. Erst musste sie sich und ihr Leben wieder einigermaßen in den Griff kriegen. Sie würde ihn erst empfangen, wenn sie nicht mehr die verliebte Erin war, sondern Erin, die knallharte Juristin, denn sie wusste, erst dann konnte sie ihn ziehen lassen, ohne an ihrer Trauer zu zerbrechen.

Aus diesem Grund hatte sie auch ihre aktuelle Besucherin zu sich gebeten. Es handelte sich um Nash Barrons Göttergattin, eine hübsche Brünette mit goldenen Strähnchen im Haar. »Ich weiß es wirklich zu schätzen, dass du gekommen bist, Kelly.«

Kelly lächelte. »Ist mir eine Freude, Erin, ehrlich. Du hast mir den perfekten Grund geliefert, Nash mit der Beaufsichtigung der Zwillinge zu beauftragen.« Sie grinste spitzbübisch.

Erin lachte. »Wie alt sind eure Jungs denn jetzt?«

»Dreizehn Monate, und ihren Spitznamen ›the terrible twins‹ haben sie sich redlich verdient.« Trotzdem war Kelly die Zuneigung zu den beiden kleinen Rackern deutlich anzusehen.

»Und, kommst du zum Arbeiten, wenn du mit den beiden allein zu Hause bist?«

»Kaum«, erwiderte Kelly ganz unverblümt. Sie war erst vor zwei Jahren hierhergezogen und arbeitete in der Kanzlei von Richard Kane, der in Serendipity ein renommierter Anwalt war. Als sie ihren Mann Nash kennengelernt hatte, war ihr nicht klar gewesen, dass dieser vor Jahren mit Annie Kane, der Tochter ihres Chefs, verheiratet gewesen war. Wie es der Zufall wollte, hatte sie sich etwa zur selben Zeit mit Annie angefreundet, ohne von deren Verbindung zu Nash zu ahnen. Zum Glück waren die beiden nicht im Streit auseinandergegangen, und außerdem hatte auch Annie inzwischen noch einmal geheiratet. Kürzlich hatte Nash Barron dann auch noch seine Kanzlei mit der von Richard Kane zusammengelegt, um seinem gesundheitlich angeschlagenen Ex-Schwiegervater etwas unter die Arme zu greifen. Es war alles ein bisschen ungewöhnlich, aber es funktionierte, weil alle gut miteinander auskamen.

»Ich musste meine Arbeitszeit drastisch reduzieren, und wir haben eine Haushaltshilfe eingestellt, damit ich hin und wieder auch in die Kanzlei kann«, fuhr Kelly fort. »Aber zum Glück kommt meine Schwester Tess oft vorbei, vor allem, seit sie den Führerschein hat. Das ist schon eine große Hilfe. Ehrlich gesagt habe ich meinen Job nur deshalb nicht ganz an den Nagel gehängt, weil ich sonst den Verstand verlieren würde.« Wie immer hielt sie mit der Wahrheit nicht hinter dem Berg. Sie strich sich die langen Stirnfransen aus den Augen. »Ich brauche diese paar Stunden, um mich davon zu überzeugen, dass meine grauen Zellen über dem Fläschchengeben und Windelnwechseln noch nicht abgestorben sind. Ich schätze mal, das wirst du mir bald nachfühlen können.« Sie lachte.

Erin stöhnte. »Lass mich raten: Es könnte eine Herausforderung werden, wenn ich als alleinerziehende Mutter weiterhin für die Bezirksstaatsanwaltschaft arbeiten möchte, zumal ich da öfter mal Nachtschichten übernehmen und Bereitschaftsdienst schieben muss.«

»Na ja, du wirst dir einen Babysitter suchen müssen, der allzeit bereit ist, aber es ist bestimmt irgendwie machbar. Alles ist machbar, wenn man es wirklich will.« Sie biss sich nachdenklich auf die Unterlippe.

Tja, das war die große Frage: Was wollte sie eigentlich? Nun, da das Baby schon seit einigen Monaten in ihrem Bauch heranwuchs, verbrachte Erin immer mehr Zeit damit, über die Mutterschaft nachzudenken – auch darüber, welcher Job am ehesten mit der Betreuung eines Kindes vereinbar war. »Ich muss mir erst einmal überlegen, was ich überhaupt will.«

Kelly beugte sich nach vorn. »Also, ich möchte Evan ja keine Leute abspenstig machen, aber … Na ja, nach der Zusammenlegung der Kanzleien von Nash und Richard sind einige Leute gegangen, und wir sind immer auf der Suche nach kompetenten Juristen, die uns neue Klienten bringen könnten.«

Erin riss die Augen auf. »Ach, echt?«

Kelly nickte. »Und ich kann dir versichern, dass wir sehr flexibel sind, was die Arbeitszeiten für frischgebackene Mütter angeht, weil ich nämlich selbst eine bin, und ich habe dafür gesorgt, dass Nash diesbezüglich sämtliche Regelungen, die mir nicht in den Kram gepasst haben, geändert hat.« Sie grinste, und es bestand kein Zweifel, wer in ihrer Ehe die Hosen anhatte.

Erin schluckte. Wie sie Kelly beneidete! Sie hatte einen Ehemann, den sie liebte und der ihre Gefühle erwiderte, und die beiden wohnten unter einem Dach und zogen ihre Kinder gemeinsam auf.

»Also, soll ich ein Treffen mit Nash arrangieren, damit ihr euch über die Einzelheiten austauschen könnt? Ich gebe zu, ich hätte dich gern aus ganz und gar eigennützigen Gründen in unserer Kanzlei. Ich könnte nämlich gut eine Freundin gebrauchen, die auch Mutter ist. Und für dich wäre es eine schöne neue Herausforderung – interessante Fälle, Abwechslung, keine abendlichen Überstunden, außer natürlich du bestehst darauf. Home office und Videokonferenzen werden bei uns großgeschrieben, und …«

Erin musste nicht lange nachdenken. »Ich bin dabei!« Nicht nur, weil Kelly so viele überzeugende Argumente vorgebracht hatte, sondern weil ihr insgeheim bereits seit längerem klar war, dass sie bei der Staatsanwaltschaft fehl am Platz war. Sie hatte schon jetzt das Gefühl, ihre Kolleginnen und Kollegen auszunutzen, weil sie so oft zu Hause bleiben musste und nicht mehr rund um die Uhr einsatzfähig war, und es würde garantiert nicht besser werden. Ganz im Gegenteil, wenn erst das Baby da war, würde sie noch weniger Zeit haben. Allerdings hatte sie bislang nicht so recht gewusst, womit sie sich künftig ihre Brötchen verdienen sollte. Deshalb kam ihr Kellys Vorschlag sehr gelegen.

»Klasse. Ich sage Nash, er soll dich anrufen und einen Termin mit dir vereinbaren.« Kellys begeisterte Miene bestärkte Erin in dem Gefühl, dass sie damit einen Schritt in die richtige Richtung tat.

»Hast du dich schon nach einem Babysitter umgesehen?«, fragte Kelly. »Den wirst du brauchen, wenn du wieder arbeiten gehst.«

Erin setzte sich etwas bequemer hin. »Am Anfang wird mir meine Mom helfen, und was danach kommt, hängt ganz von dem ab, was wir zwei als Nächstes besprechen werden.« Ihr Magen vollführte einen Salto bei der Erinnerung daran, warum sie Kelly eigentlich zu sich gebeten hatte.

Kelly hob eine Augenbraue, hakte aber nicht nach, sondern wartete geduldig ab.

Erin schloss die Augen, verbannte ihren Kummer in die hinterste Ecke ihres Herzens und konzentrierte sich auf die Gegenwart. »Ich bestehe natürlich auf das alleinige Sorgerecht«, sagte sie und zwang sich, Kelly anzusehen. »Und ich möchte einen Vertrag aufsetzen lassen, in dem unter anderem das Besuchsrecht des Kindsvaters geregelt ist, mit Rücksicht auf seine unregelmäßigen Arbeitszeiten.«

Kelly holte einen Schreibblock und einen Stift aus ihrer Tasche und begann, sich Notizen zu machen. »Was ist er denn von Beruf?«

»Cole ist als verdeckter Ermittler in Manhattan tätig. Er hat gesagt, bei seinem letzten Auftrag hat er ein Jahr undercover gelebt.« Erins Kehle schmerzte, aber es gelang ihr, die Tränen zurückzuhalten. »Ich gehe also davon aus, dass ich während seiner Aufträge nichts von ihm hören werde. Aber er will die Verantwortung für das Kind übernehmen, und da ich weiter arbeiten gehen möchte, muss er mich finanziell unterstützen, sonst kann ich mir keine Kinderbetreuung leisten.«

Kelly musterte sie besorgt. »Du wirst weit mehr brauchen als nur Geld für die Kinderbetreuung. Glaub mir, du wirst wollen, dass er einen angemessenen Anteil beisteuert, aber das dürfte ja kein Problem darstellen, nachdem er diesbezüglich seine Bereitschaft bereits signalisiert hat.«

»Ich glaube kaum, dass er sich querstellen wird.«

Eigentlich hätte sie es vorgezogen, gar nicht auf seine Hilfe angewiesen zu sein, aber Erin war nicht so dumm, aus Stolz sich selber zu schaden. Schließlich gab sie wegen ihres Kindes, an dessen Entstehung sie beide gleichermaßen beteiligt gewesen waren, ihre Karrierepläne auf, während er bald wieder dasselbe Leben wie zuvor führen würde. Sie grämte sich nicht, weil sie schwanger war und deswegen Opfer bringen musste, nein, sie freute sich sogar richtig auf das Baby und konnte die Geburt kaum noch erwarten. Aber das bedeutete noch lange nicht, dass sie unbedingt ganz auf sich gestellt sein wollte.

Wenn Cole sich tatsächlich nur finanziell einbringen konnte, dann würde sie nehmen, was sie benötigte, um über die Runden zu kommen. »Es geht hier nicht darum, ihn zu bestrafen oder mich an ihm zu rächen«, sagte sie zu Kelly. »Ich will nur so viel von ihm, dass ich für mein Kind sorgen und mal zu Hause bleiben kann, sooft sich die Möglichkeit ergibt.« Es war schon schlimm genug, dass dieses Baby nur einen vollwertigen Elternteil haben und den anderen kaum je zu Gesicht bekommen würde.

Erin rieb sich mit dem Handballen die Augen, worauf ihr Kelly wortlos ein Taschentuch reichte.

»Danke.« Erin war froh, dass Kelly sie nicht drängte,

über ihre Gefühle zu reden, sonst wäre sie garantiert in Tränen ausgebrochen.

Sie wartete ab, während sich Kelly noch ein paar Stichworte notierte.

»Ähm, Erin?«

»Ja?«

»Wie du vielleicht weißt, bin ich mit Annie Kane befreundet. Sie hat erzählt, dass ihr Mann Joe demnächst einen neuen Mieter für die kleine Wohnung über seinem Lokal suchen muss, weil Cole mit Ende des Monats auszieht«, sagte sie sanft. »Aber wahrscheinlich weißt du das bereits.«

Erin schüttelte den Kopf, darum bemüht, nicht die Fassung zu verlieren. »Nein, das wusste ich nicht. Aber ich bin in letzter Zeit auch nicht ans Telefon gegangen, wenn er angerufen hat. Gut möglich, dass er es mir sagen wollte.«

»Wenn du nichts dagegen hast, rufe ich Cole an und frage ihn, ob er einen Anwalt hat, der ihn in dieser Angelegenheit vertritt. Oder willst du lieber selbst mit ihm reden?«

»Nein, mach du das.« Erin wedelte mit der Hand. »Bitte«, fügte sie hinzu, schließlich war es nicht Kelly, auf die sie wütend war.

Im Grunde genommen konnte sie auch auf Cole nicht wütend sein. Schließlich hatte er ihr dieses Ende stets prophezeit. Wenn sie sich Hoffnungen gemacht hatte, obwohl er ihr ausdrücklich gesagt hatte, dass er für eine dauerhafte Beziehung nicht zu haben war, war ihr eben nicht zu helfen.

Trotzdem zog sie es vor, Cole möglichst aus dem Weg zu gehen. Mit pochenden Schläfen umklammerte sie die Decke, die sie sich über Bauch und Beine gebreitet hatte, und ihr war, als müsste ihr Herz jeden Augenblick entzweibrechen. Der stechende Schmerz in ihrer Brust und die Tatsache, dass sie in letzter Zeit ständig so nah am Wasser gebaut hatte, gaben ihr zu denken. Wie es aussah, war es wohl doch schwieriger, als sie angenommen hatte, über Cole Sanders hinwegzukommen.

Ein Glück, dass sich Kelly dankenswerterweise bereit erklärt hatte, sich um alles Weitere zu kümmern. Auf diese Weise konnte sie sich zumindest ihren Stolz bewahren – auch wenn er das Letzte war, was ihr noch blieb.

Am nächsten Morgen stattete Cole seinem Vater erneut einen Besuch ab und machte sich dann auf den Weg nach Manhattan, um seinen Boss persönlich von seiner Kündigung zu unterrichten. Rockford reagierte erwartungsgemäß alles andere als begeistert. Er schimpfte eine Weile mit hochrotem Kopf vor sich hin, doch am Ende wünschte er Cole zumindest Glück für seinen weiteren Lebensweg. Und er versicherte ihm, man würde ihn jederzeit mit offenen Armen aufnehmen, falls er sich in Serendipity langweilen sollte.

Nun gab es, was sein neues Leben anging, noch so einige Unsicherheitsfaktoren, doch eines wusste Cole gewiss: Mit Erin an seiner Seite würde er sich garantiert nie langweilen. Und das sagte ihm nicht sein Bauchgefühl, sondern sein Herz.

Da er nun schon mal in New York war, traf er sich auch gleich mit seiner Mutter und seinem Stiefvater und teilte den beiden mit, dass sie demnächst ein Enkelkind bekommen würden. Danach machte er sich an die Planung seiner Zukunft. Er kontaktierte einige alte Kollegen, denen er vertraute, denn er gedachte, einen eigenen Sicherheitsdienst mit Sitz in Serendipity zu gründen. Vielleicht konnte er für sein Vorhaben ja den einen oder anderen pensionierten Agenten gewinnen, die mittlerweile über das ganze Land verteilt lebten. Er gedachte eine Art Netzwerk zu schaffen, das es ihm ermöglichen würde, das Risiko für Leib und Leben gering zu halten und wenig zu reisen, und je mehr Leute er für seine Zwecke einspannen konnte, desto besser. Und bis das Geschäft lief, konnte er gelegentlich für Nick arbeiten und von seinen Ersparnissen leben – schließlich hatte er in den vergangenen Jahren kaum Geld ausgegeben und daher genügend auf der hohen Kante.

Es fühlte sich gut an, endlich einen Plan zu haben. Es gab ihm Hoffnung. Offenbar war es Erin gelungen, ihn gegen seinen Willen mit ihrem Optimismus anzustecken.

Erin war der letzte Punkt auf seiner To-Do-Liste, vorher galt es allerdings noch einige andere Aufgaben zu erledigen, und wenn sein Plan aufgehen sollte, musste Cole die Reihenfolge einhalten. Nur so konnte er ihr beweisen, dass er das, was er ihr sagen wollte, auch wirklich ernst meinte.

Nach seiner Rückkehr aus New York City fuhr er noch einmal ins Krankenhaus von Serendipity – gerade rechtzeitig vor dem Ende der Besuchszeit. Er sprach kurz mit dem Arzt, der soeben die Visite beendet hatte, dann machte er sich auf den Weg zu seinem Vater, der inzwischen von der Intensivstation in ein Einzelzimmer verlegt worden war. Man versuchte bereits, ihn zum Aufstehen zu bewegen, und Cole wollte sich gar nicht ausmalen, mit welchen Strapazen und Schmerzen das für seinen Vater verbunden war. Das Personal musste sich garantiert so einiges von Jed anhören. Vor dem betreffenden Zimmer angelangt, konnte Cole denn auch gleich eine Diskussion zwischen Jed und einer Krankenschwester mit anhören.

»Tun Sie mir jetzt bitte einen Gefallen und pusten Sie in dieses Röhrchen, Mr. Sanders. Wir wollen doch nicht, dass sich in Ihrer Lunge Flüssigkeit ansammelt.« Cole spähte in das Zimmer und erblickte am Bett seines Vaters eine ältere Krankenpflegerin, die ein Gerät zum Trainieren der Atmung in der Hand hielt.

Jed hatte den Kopf zur Seite gewandt und wich ihrem Blick aus. »Lassen Sie mich in Frieden«, brummte er.

Cole biss sich auf die Innenseite der Wange und überlegte, ob er einschreiten sollte.

»Erst, wenn Sie hier reingepustet haben. Eher werden Sie mich nicht los. Ich bin nämlich genauso stur wie Sie. Und ich habe keine Angst vor Ihnen.«

»Sie gehen mir auf die Nerven, Sie verfluchtes Frauenzimmer!«

»Ich heiße Reynolds, Lucy Reynolds, und wenn Sie jetzt artig hier reinpusten, dürfen Sie mich Lucy nennen.«

Sie hielt ihm das Gerät unter die Nase. Als sie sich anschickte, den widerspenstigen Patienten etwas aufzurichten, ließ dieser es zu Coles großer Verblüffung geschehen, wenngleich er dabei stöhnte und vor Schmerz das Gesicht verzog. Nachdem Jed Schwester Reynolds' Anweisungen gemäß gepustet hatte, durfte er sich wieder zurücklehnen.

»Gut gemacht, Jed!«, lobte sie ihn lächelnd.

»Für Sie bin ich immer noch Mr. Sanders, und zwar so lange, bis Sie aufhören, mir das Leben schwer zu machen.«

Sie reichte ihm ungerührt eine Tasse mit einem Strohhalm, und er trank einen kleinen Schluck.

Nun trat Cole kopfschüttelnd ein. »Hallo, Dad! Gut gelaunt wie eh und je, hm?«, sagte er und trat näher.

Sein alter Herr verdrehte die Augen.

»Er schlägt sich wacker«, meldete sich Schwester Reynolds zu Wort. Sie war eine attraktive Frau und etwa im selben Alter wie Jed.

»Tja, ich bin froh, dass Sie sich von seiner griesgrämigen Art nicht abschrecken lassen.«

»Ach, ich bin schon mit ganz anderen Kandidaten fertiggeworden«, winkte sie mit einem amüsierten Blick zu Jed ab, worauf dieser puterrot wurde und etwas in seinen nicht vorhandenen Bart murmelte.

»So, jetzt muss ich mich um ein paar andere Patienten kümmern, aber ich komme wieder. Klingeln Sie einfach, wenn Sie mich brauchen, Jed.« Damit drehte sie sich um und ging hinaus.

Cole zog einen Stuhl heran und setzte sich ans Bett

seines Vaters. Sie schwiegen sich ein paar Minuten an, dann sagte Cole: »Tja, du hast es also geschafft.«

»Ich habe höllische Schmerzen«, brummte Jed.

»Das kann ich mir vorstellen.«

Cole stützte sich mit einem Arm am eisernen Seitengitter des Bettes ab. »Ich muss dir etwas sagen, Dad.«

Jed sah ihm in die Augen. »Nämlich?«

Ehe Cole antworten konnte, klingelte sein Handy. Mist. Verärgert über die Störung zog er es aus der Tasche, warf einen Blick auf das Display und verengte die Augen, als er dort den Namen Kelly Barron las.

»Ist es was Wichtiges?«, erkundigte sich Jed.

Kelly war für ihren Mann Nash tätig, der Miteigentümer der größten Kanzlei in Serendipity war. »Ja, ist es.« Er konnte sich schon denken, warum Kelly ihn anrief, aber Cole wollte noch einmal mit Erin reden, bevor man ihm allerlei Übereinkünfte zur Unterzeichnung vorlegte. »Aber es kann noch eine Viertelstunde warten.« Er hatte ohnehin vorgehabt, sich noch heute darum zu kümmern.

Er nahm all seinen Mut zusammen und drehte sich wieder zu seinem Vater um. Er hatte sich auf diesen Augenblick vorbereitet, aber es würde trotzdem nicht einfach werden, zumal es ihm nach den Ereignissen der vergangenen Tage völlig unmöglich war, die Reaktion seines Vaters abzuschätzen.

»Ich habe beschlossen, in Serendipity zu bleiben. Auf Dauer.«

Jed blinzelte, das war aber auch der einzige Hinweis darauf, dass er die Worte seines Sohnes zur Kenntnis genommen hatte. »Weiß Erin Bescheid?«, fragte er nach einer Weile.

»Noch nicht. Ich hatte erst noch einiges zu erledigen.«

Jed nickte und starrte auf einen Punkt an der gegenüberliegenden Wand. »Was ist, wenn sie nichts mehr von dir wissen will?« Seine Stimme klang schwach und rau vom Beatmungsschlauch, doch seine unverblümten Worte waren typisch Jed, wenngleich ihnen der übliche beleidigende Unterton fehlte.

»Dann halte ich mich eben von ihr fern. Aber ich möchte für mein Kind da sein. Das ist mir wichtiger als mein Job.«

»Mach bloß nicht dieselben Fehler wie ich.«

Cole zuckte zusammen. Hatte er richtig gehört? Nein, das konnte nicht sein. Er musste sich getäuscht haben. Aber nachhaken konnte er auf keinen Fall. »Ich werde mein Bestes geben.«

»Das hatte ich mir auch vorgenommen. Meine Mutter, deine Großmutter, musste mich allein großziehen. Sie hat gearbeitet und mich im Grunde genommen ignoriert. Ich konnte tun und lassen, was ich wollte.«

Cole hatte es die Sprache verschlagen. Aber selbst wenn er etwas hätte sagen können, er hätte es nicht gewagt, seinen Vater zu unterbrechen, denn er hatte mit ihm noch nie über seine Vergangenheit geredet. Hatte es nie für wichtig erachtet. Cole wusste lediglich, dass sich Jeds Vater irgendwann abgesetzt hatte und dass seine Mutter gestorben war, während Jed bei der Army gewesen war.

»Ich war genau wie du. Ganz genau wie du.« Jed deutete auf eine Dose Ginger Ale, die auf dem Nachttisch stand, und Cole reichte sie ihm und steckte seinem Vater den Strohhalm in den Mund, wie er es vorhin bei Schwester Lucy beobachtet hatte. Jed nahm ein paar Schlucke, verzog das Gesicht und lehnte sich wieder zurück.

»Verhaftet haben sie mich auch.«

»Was?!?«

»Jep. Genau wie dich. Mit dem Unterschied, dass ich keine Mutter hatte, die mich rausgeholt hat und mit mir weggezogen ist. Im Gegenteil, sie wollte nichts mehr mit mir zu schaffen haben. Der Richter meinte damals, ich soll meine Strafe im Jugendknast absitzen, bis ich achtzehn werde – das waren nur noch ein, zwei Monate –, und er hat mir ans Herz gelegt, zur Army zu gehen und mir Disziplin beibringen zu lassen, damit ich nicht gleich wieder rückfällig werde. Hat mir sogar versprochen, den entsprechenden Vermerk in der Polizeiakte zu löschen, wenn ich es tue. Ich hab keine bessere Alternative gesehen, also habe ich seinen Rat befolgt.«

Cole hatte plötzlich einen ganz trockenen Mund, aber Jed schien ohnehin keine Antwort von ihm zu erwarten, denn er redete weiter.

»Dort hab ich dann einen Leutnant kennengelernt, der mich unter seine Fittiche genommen hat«, fuhr er fort. »Ein knallharter Bursche, der unbedingt einen Mann aus mir machen wollte. Es hat funktioniert. Die Disziplin und die Routine haben mir gutgetan, haben einen aufrechten Bürger aus mir gemacht. Wenn ich den Mann zum Vater gehabt hätte, wäre ich garantiert gar nicht erst im Gefängnis gelandet.«

Cole atmete aus. »Warum hast du mir das alles nie erzählt?«, fragte er. Die Erkenntnis, dass sie etwas gemeinsam hatten, dass er nach seinem Vater kam, hätte ihm vor Augen geführt, dass sein Vater ein Mensch war und keine gefühllose Maschine.

Jed umklammerte den Rand der Bettdecke. »Ich wüsste nicht, was das für einen Unterschied gemacht hätte.«

Cole spürte Wut in sich aufsteigen, wollte sich aber nicht mit seinem kranken Vater streiten. »Erzähl weiter«, forderte er ihn auf.

»Na ja, als du angefangen hast, aufmüpfig zu werden, dachte ich, ich könnte dir die Faxen austreiben, indem ich strenger mit dir bin. Doch stattdessen hast du nur noch schlimmer rebelliert. Das hat mich natürlich wütend gemacht und mich in meinem Entschluss bestärkt, dir auf meine Weise beizukommen.«

Cole öffnete den Mund, doch Jed kam ihm zuvor. »Ich kannte doch nichts anderes, und nachdem es bei mir geklappt hatte, dachte ich, warum soll es nicht auch bei dir funktionieren.«

Cole schüttelte ungläubig den Kopf. »Du hast mich also gar nicht wirklich gehasst.« Huch, hatte er das tatsächlich gerade laut ausgesprochen? Er fuhr sich mit den Fingern durch die Haare.

»Nein. Ich hab lediglich gesehen, dass du genau der gleiche Tunichtgut wirst wie ich, und das gefiel mir nicht.«

Cole wurde schwindelig. Er zwang sich, tief durchzuatmen. *Reiß dich zusammen*, dachte er. Das Geständnis seines Vaters traf ihn völlig unvorbereitet. Und er wusste noch nicht so recht, was er mit den soeben erfahrenen Details anfangen sollte. Nun, zumindest konnte er Jeds Verhalten jetzt einigermaßen verstehen. Es ihm zu verzeihen, das würde allerdings noch eine Weile dauern. Zu tief waren die emotionalen Wunden, die Jed ihm zugefügt hatte und die ihm bis heute zu schaffen machten.

»Tut mir leid, dass ich dich enttäuscht habe«, sagte er schließlich.

Jed seufzte brunnentief. »Das hast du nicht. Ich wusste nur nicht, wie ich reagieren sollte, als es anfing, schwierig zu werden. Und dann noch die Probleme mit deiner Mutter, die ständigen Streitereien ... Es hat mich fix und fertig gemacht.«

Cole schob das Kinn nach vorn. »Sie auch.«

»Genau deshalb hat sie mich ja verlassen, aber das habe ich damals nicht begriffen. Also musstest du als Sündenbock herhalten.«

Cole schüttelte den Kopf. »Tja, in der Hinsicht hast du ganze Arbeit geleistet«, brummte er.

»Ja, ich weiß. Tut mir ja auch leid«, fauchte Jed.

Cole starrte ihn konsterniert an. Eine Entschuldigung? Aus dem Mund seines Vaters? Zugegeben, keine besonders freundliche, aber immerhin. Cole wusste, er durfte nicht wählerisch sein.

Dafür hatte er eine Frage. »Und warum hat sich später, als ich erwachsen war, nichts an unserem Verhältnis geändert?«

»Na, deine Mutter hat sich doch sofort einen Neuen angelacht, kaum dass sie mich verlassen hatte, und du hast ihren zweiten Mann, diesen Hurensohn, vergöttert, obwohl er ein Pantoffelheld war. Aber am schlimmsten fand ich, dass es ihm gelungen ist, einen anständigen Burschen aus dir zu machen.« Jed starrte an die Decke. Seine Stimme wurde leiser, rauer, und die Erschöpfung war seinem blassen Gesicht deutlich anzusehen.

»Ruh dich jetzt ein wenig aus, Dad. Wir reden morgen weiter.«

»Nein, ich will das jetzt ein für alle Mal hinter mich bringen und dann den Mantel des Schweigens darüber hüllen.«

Cole hob eine Augenbraue. »Warum hast du dich denn überhaupt dazu entschlossen, jetzt plötzlich darüber zu reden?«, fragte er, weil er seine Neugier nicht mehr zähmen konnte.

»Wegen Erin.«

»Erin?« Damit hatte er nicht gerechnet. »Was hat denn Erin mit all dem zu tun?«

Nun kreuzten sich zum allerersten Mal im Lauf dieses Gesprächs ihre Blicke. Cole starrte in die dunklen Augen seines Vaters, die den seinen so ähnlich waren, konnte aber nicht einmal erahnen, was Jed dachte. Auch das wollte er besser machen – sein Kind sollte stets wissen, dass es von ihm geliebt wurde.

»Sie ist ein feines Mädel«, sagte Jed.

»Ja, das ist sie.«

»Und sie scheint dich für einen anständigen Kerl zu

halten. Wahrscheinlich würde sie mir ganz schön in den Arsch treten, wenn ich es nicht schon selbst täte. Wie auch immer, die Tatsache, dass ein Mädel wie Erin eine so gute Meinung von dir hat und nicht einmal davor zurückschreckt, sich deinetwegen mit mir anzulegen, hat mich zum Nachdenken angeregt ... Über mich. Und über uns. Wahrscheinlich lag es auch an dem, was du gestern gesagt hast. Und daran, dass ich mit meiner eigenen Sterblichkeit konfrontiert wurde«, schloss Jed, vor Anstrengung nach Luft ringend.

Hm, und was bedeutete das nun? Cole hatte keine Ahnung, was er zu dieser plötzlichen Selbsterkenntnis seines Vaters sagen und wie er darauf reagieren sollte.

Schließlich sprang er über seinen Schatten und streckte ihm die Hand hin. Für das Kind, das Erin unter dem Herzen trug. »Ich bin bereit, dir auf halbem Weg entgegenzukommen.«

Jeds griesgrämige Miene erhellte sich, wenn auch nur ein klein wenig.

»In meinem Alter ändert man sich nicht mehr.«

Cole hob eine Augenbraue. Das war nicht das, was er hatte hören wollen. Er wartete ab.

»Aber ich werd's zumindest versuchen. Schließlich will ich mein Enkelkind hin und wieder sehen.«

Jetzt nickte Cole und atmete erleichtert auf. »Das lässt sich einrichten.« Allerdings würde er stets dabei sein und darauf achten, dass sein Kind nicht demselben rauen Umgangston ausgesetzt war wie er selbst früher.

Er war am Ende seiner Kräfte, als er sich erhob, und er wollte sich gar nicht vorstellen, wie ausgelaugt und erschöpft sich sein Vater nach diesem Gespräch fühlen musste.

Ein letzter Blick zum Bett bestätigte seinen Verdacht – Jed war bereits eingeschlafen. Cole ging hinaus in den Korridor und lehnte sich an die Wand. Es würde eine ganze Weile dauern, bis er das alles verarbeitet hatte, und noch länger, bis sich herausstellte, ob der heute geschlossene Waffenstillstand auch tatsächlich zu einer nachhaltigen Besserung ihres Verhältnisses führen würde.

Tja, nun, da das erledigt war, konnte er sich voll und ganz dem letzten Punkt auf seiner Liste widmen: Erin. Er würde jetzt zu ihr fahren und versuchen zu eruieren, ob sie noch etwas für ihn empfand. Ob er genug an seinem Leben geändert hatte, um ihrer würdig zu sein. Oder ob sie so darauf bedacht war, nicht mehr verletzt zu werden, dass sie beschlossen hatte, ihn aus ihrem Leben zu streichen, ganz egal, was er ihr auch zu sagen hatte.

Kapitel 19

Es klingelte, und Erin ging hinaus in den Flur und spähte aus dem Fenster neben der Tür. Nach den Vorkommnissen der vergangenen Wochen hatte sie gelernt, stets Vorsicht walten zu lassen. Es war Evan.

»Hi«, sagte er, als sie ihm öffnete, und drückte ihre Hand. »Du siehst gut aus.«

Sie lächelte. »Danke. Ich weiß es zu schätzen, dass du es gleich nach Feierabend einrichten konntest. War ein langer Tag, hm?«

Er trat ein und lockerte seine Krawatte. »Kein Problem. Es ist immer eine Freude, dich zu sehen.«

»Du fragst dich bestimmt, warum ich dich hergebeten habe.« Sie bedeutete ihm, ihr in die Küche zu folgen, wo noch ihre Tasse Tee stand.

»Schon, aber ich wollte auch mit dir reden.« Evan trat zu ihr.

Sie war nach wie vor krankgeschrieben, durfte aber mittlerweile immer wieder kurz aufstehen, und Evan gehörte zu den Gästen, die sie nicht im Liegen empfangen wollte. »Möchtest du etwas trinken?«, fragte sie.

»Nein, danke. Erin ...«

»Evan ...«

Sie lachten. »Fang du an«, sagte sie.

»Okay. Also, ich wollte mich für mein Verhalten neulich Abend im Joe's entschuldigen. Dein Privatleben geht mich überhaupt nichts an, aber ich war eben eifersüchtig. Ich hoffe, wir können die Angelegenheit damit ad acta legen. Ich will nicht, dass unser gutes Verhältnis im Büro dadurch getrübt wird.«

Erin nickte. »Geht mir genauso«, sagte sie, die Hände um ihre Tasse geschmiegt.

»Dann verzeihst du mir also?«, fragte er mit einem jungenhaften Grinsen.

Sie schüttelte lachend den Kopf. »Ja, ich verzeihe dir.«

»Danke.« Er legte ihr kurz die Hände auf die Schultern, dann ließ er die Arme sinken. »Und, was hast du auf dem Herzen?«

Da gab es so einiges, aber Erin hatte nicht vor, zu kündigen, ehe sie mit Nash gesprochen und sich davon überzeugt hatte, dass er sie einstellen würde und dass sie mit der Entlohnung und den Rahmenbedingungen, die er ihr bieten konnte, einverstanden war. Die Angelegenheit, über die sie mit Evan reden wollte, war reichlich diffizil und erforderte, wie sie fand, ein persönliches Gespräch, zumal sie nach ihrer letzten Begegnung nicht gerade im Guten auseinandergegangen waren.

»Es geht um Victoria Maroni.«

»Ah ja.« Er nickte. »Auch dafür muss ich mich entschuldigen. Ich hätte dich nicht einfach dort im Korridor stehenlassen sollen, wo sie ohne größere Schwierigkeiten an dich rankam«, sagte er sichtlich zerknirscht.

»Du hattest ja schließlich nicht den Auftrag, mich zu beschützen.«

»Aber ich wusste, dass du in Gefahr schwebtest und deswegen sogar einen Bodyguard hattest.«

Erin schüttelte den Kopf. »Mit meinem Bruder und seiner Frau hatte ich ja zwei ausgebildete Polizisten ganz in der Nähe, also, reden wir nicht mehr davon, okay?«

Er nickte. »Okay. Danke.«

»Es gibt da etwas, das du für mich tun könntest.«

Evan legte den Kopf schief. »Und zwar?«

»Sorg dafür, dass Victoria in psychiatrische Behandlung kommt, wie auch immer das Urteil ausfallen mag.«

Er starrte sie ungläubig an. »Sie hat einen Heckenschützen engagiert, der auf dich geschossen hat, sie hat deine Klamotten ruiniert und dich beinahe überfahren, und du willst, dass sie in eine Nervenheilanstalt gesteckt wird?«

Erin zuckte die Achseln. »Ich behaupte ja nicht, dass sie nicht für das geradestehen soll, was sie getan hat, aber was sie angestellt hat, würde kein Mensch im Vollbesitz seiner geistigen Fähigkeiten tun. Laut ihrer Schwester leidet sie unter einer bipolaren Störung. Sie braucht ganz offensichtlich Hilfe, Medikamente. Sorg einfach dafür, dass ein psychiatrisches Gutachten erstellt wird.«

Evan betrachtete sie mit einem bewundernden Blick. Es gab also durchaus Hoffnung für ihre Freundschaft, dachte Erin.

»Der Kerl hat dich echt nicht verdient«, brummte er schließlich.

Erin trat einen Schritt zurück und lehnte sich an die Anrichte. »Können wir bitte nicht über Cole reden?« Zu ihrer Schande versagte ihr bei der Erwähnung seines Namens beinahe die Stimme.

»Ich habe ihm gesagt, dass ich ihn umbringe, wenn er dir wehtut.«

»Das hat er nicht. Jedenfalls nicht so, wie du denkst. Er hat mich nie belogen, hat mir nie falsche Hoffnungen gemacht. Das habe ich mir alles selbst zuzuschreiben.«

Evan legte ihr tröstend den Arm um die Schulter. »Komm, wir setzen uns ins Wohnzimmer.«

Erin ließ es gerne geschehen. Diese fürsorgliche Seite an ihm hatte sie schon immer gemocht.

»Tja, das ist ein reichlich unerwarteter Anblick.«

Erin zuckte zusammen, als so urplötzlich Coles Stimme erklang.

Neben ihr baute sich Evan zu seiner vollen Größe auf. »Schon mal was von einer Klingel gehört, Sanders?«

»Die Tür stand einen Spaltbreit offen«, erklärte Cole und bedachte Erin mit einem missbilligenden Blick.

Er sah mal wieder umwerfend attraktiv aus, obwohl er bloß Jeans und ein simples schwarzes T-Shirt trug. Erin spürte, wie ihr Herz unwillkürlich schneller schlug, doch dann rief sie sich sogleich in Erinnerung, dass er nicht bereit war, sein Leben mit ihr zu teilen, und unverbindlicher Sex genügte ihr nicht mehr. Mist.

Sie bekam kaum Luft, dabei hatte sie gehofft, wenn sie erst etwas Abstand gewonnen hatte, würde ihr der Umgang mit ihm leichter fallen.

»Was willst du hier?«

Ihr entging nicht, dass Cole die Hände zu Fäusten geballt hatte und erst einmal tief durchatmete. Wie es schien, kostete es ihn einige Selbstbeherrschung, sich nicht über Evans Anwesenheit aufzuregen. Tja, sie gedachte nicht, es ihm einfach zu machen, indem sie ihm eine Erklärung dafür lieferte, sondern wartete stumm seine Antwort ab.

»Ich muss mit dir reden«, presste er schließlich hervor.

Erin fragte sich, ob Kelly ihn bereits angerufen hatte.

»Ähm, brauchst du mich noch, Erin?«, fragte Evan und ließ den Arm sinken.

»Nein, ich glaube, wir haben alles besprochen.«

Er nickte. »Gut, dann gehe ich jetzt mal und lasse euch zwei Turteltäubchen allein.«

Cole bewegte den Kiefer hin und her, sagte aber nichts.

Erin hatte insgeheim angenommen, die beiden Männer würden sich mal wieder in die Haare kriegen, aber zu ihrer Überraschung hielt sich ihr Boss diesmal zurück und reizte Cole nicht unnötig.

»Pass auf dich auf, und komm erst wieder ins Büro, wenn du wirklich fit bist, ja?«, ermahnte Evan sie und drückte ihr einen Kuss auf die Wange.

Er kann's nicht lassen, dachte Erin amüsiert und tat, als würde sie Coles finsteren Blick nicht bemerken.

»Danke für dein Verständnis«, sagte sie und geleitete Evan zur Tür.

Sie wartete, bis er weg war, dann drehte sie sich zu Cole um und lehnte sich rücklings an die geschlossene Haustür.

Sie starrten sich an. Wie es aussah, hatten sie die Rollen getauscht – heute stellte Erin die finstere, verschlossene Miene zur Schau, die sonst seine Spezialität war. Zumindest gab sie sich Mühe, einen abweisenden Eindruck zu erwecken, während seine Augen förmlich strahlten. Mehr noch, es sah fast so aus, als könnte er jeden Moment anfangen zu lächeln.

»Sollen wir wirklich hier draußen im Flur stehen bleiben? Ich meine, ich kann gern den ganzen Abend hier rumstehen, aber hat man dir nicht Bettruhe verordnet?«

Erin legte die Stirn in Falten. »Wie kommt's, dass du so gut informiert bist?«

»Ich hab auf dem Weg hierher mit deiner *Anwältin* telefoniert.« Jetzt war ihm offenbar nicht mehr nach lächeln zumute.

»Oh.« Sie schluckte. »Ja, wahrscheinlich ist es klüger, wenn wir uns setzen.«

»Bist du nervös?«, wollte er wissen, während er ihr ins Wohnzimmer folgte.

Erin ließ sich auf ihrem angestammten Platz auf dem Sofa nieder, doch Cole setzte sich im Gegensatz zu allen anderen Besuchern nicht auf den Sessel gegenüber von ihr, sondern neben sie – so nah, dass sich ihre Oberschenkel berührten. Sie schloss die Augen und zwang sich, tief durchzuatmen. Ein großer Fehler, denn sie war sogleich überwältigt von dem männlichen Geruch, der ihr dabei in die Nase stieg. Am liebsten hätte sie sich Cole in die Arme geworfen und das Gesicht in seiner Halsbeuge vergraben.

»Ich habe dich gefragt, ob du nervös bist.« Er drapierte den Arm über die Rückenlehne des Sofas, so nah an ihrem Nacken, dass sie dort eine Gänsehaut bekam. Unfassbar, wie mühelos er solche Reaktionen bei ihr hervorrief.

»Warum sollte ich nervös sein?«, fragte sie leichthin, wenn auch mit verräterisch rauer Stimme.

»Weil mich Kelly angerufen hat, um mit mir über Sorgerecht, Besuchsrecht, Unterhaltszahlungen und dergleichen zu plaudern.«

»Äh, ich dachte, es ist wohl besser, wenn wir das hinter uns bringen, ehe du deinen nächsten Auftrag als verdeckter Ermittler annimmst.«

Er nickte, als fände er das völlig verständlich, doch sein bohrender Blick beunruhigte sie. Allmählich wurde sie doch nervös.

»Wie kommst du denn darauf, dass ich das tun werde? Woher willst du wissen, wie meine Pläne für die Zukunft aussehen? Schließlich bist du nicht ans Telefon gegangen, hast auf keine einzige SMS von mir geantwortet und wolltest mich im Krankenhaus nicht sehen, nachdem du beinahe getötet worden wärst.« Es klang vorwurfsvoll. Gepresst.

»Soll das heißen, du wirst nicht mehr als verdeckter Ermittler arbeiten?«

»Ich stelle hier die Fragen. Also: Wie kommst du darauf, dass du weißt, was ich vorhabe? Was ich will?«

»Keine Ahnung.« Sie schluckte. »Ich weiß es gar nicht, aber ich dachte, ich wüsste es. Du hast doch selbst gesagt, dass du zurück nach New York gehst, wenn ich dich nicht mehr brauche. Ich habe bloß versucht, einen klaren Schlussstrich zu ziehen.« Sie verschränkte die Arme vor der Brust.

»Und wenn ich das gar nicht will?« Er streckte die Arme aus und zog sie auf seinen Schoß.

Sie blinzelte verdattert. »Das ist keine so gute Idee.«

»Hör dir doch erst einmal an, was ich dir zu sagen habe.«

»Meinetwegen, aber ich will dabei nicht auf deinem Schoß sitzen.«

»Vertrau mir.«

Sie öffnete den Mund, klappte ihn aber gleich wieder zu. »Also gut, dann schieß los. Aber mach's kurz.« Ehe sie womöglich anfing, auf dumme Gedanken zu kommen.

»Ich werde weder dich noch unser Kind, noch Serendipity verlassen.« Er streifte ihr das Haar von der Schulter und küsste ihren empfindlichen Nacken. Sie schauderte, war aber wild entschlossen, sich zusammenzunehmen.

»Und was ist mit deinem Job?«

»Ich habe gekündigt.«

Erin riss die Augen auf. »Ich ... Du ... Was?«

»Ich hab gekündigt. Ich war heute in der Stadt, um es Rockford höchstpersönlich mitzuteilen.«

Sie starrte ihn an. »Und warum?«

»Ist das nicht offensichtlich?«

Sie schüttelte den Kopf, wagte weder zu denken noch zu atmen aus Angst, den Augenblick zu zerstören oder festzustellen, dass sie träumte. »Für dich vielleicht, aber für mich kommt das alles ziemlich unerwartet.«

Er legte ihr einen Finger unter das Kinn und drehte ihren Kopf zur Seite, sodass er ihr in die Augen sehen konnte. »Ich liebe dich, Erin. So einfach ist das – und zugleich so kompliziert.«

»Du liebst mich?«, wiederholte sie. Ihr schwindelte. »So sehr, dass du deinen Job an den Nagel hängst und in Serendipity bleibst?«

Cole nickte, aber er wusste, mit einem simplen Ja würde sich diese clevere Frau nicht begnügen. »Ja, ich liebe dich. Auch, weil du für uns gekämpft hast. Du hast mir gezeigt, was mir entgeht und was ich brauche.«

»Wow.« Sie seufzte erleichtert auf, und er drückte ihr einen Kuss auf die leicht geöffneten Lippen. »Was brauchst du denn?«

»Dich, Süße, und alles, was dazugehört. Du hast mir meinen Vater zurückgegeben, oder zumindest dafür gesorgt, dass wir zwei einen Neustart wagen. Du hast mir gezeigt, dass ich ein richtiges Leben führen kann, mit Freunden und einer Familie. Du hast mir das Gefühl gegeben, dass ich dir wichtig bin, und zum Dank dafür werde ich dir in Zukunft jeden Wunsch von den Augen ablesen. Selbst, wenn es nur Pancakes zum Frühstück sind.«

»Ach, Cole, ich liebe dich auch.«

Sie lachte, und beim Anblick ihrer vor Freude strahlenden Augen löste sich der eiserne Ring, der sich um Coles Brust gelegt hatte, als man vor ein paar Wochen auf sie geschossen hatte.

»Außerdem kann ich noch immer nicht kochen«, fuhr sie grinsend fort.

»Sag Ja zu mir, dann wirst du es auch niemals lernen müssen.«

Erin lehnte sich zurück und sah ihm in die Augen. »Wie, ich soll Ja sagen?«, hakte sie nach und musterte ihn mit einer ernsten Miene, wie er sie noch nie an ihr gesehen hatte.

Er holte eine kleine Schmuckschatulle mit dem Ring hervor, den er gestern in Manhattan besorgt hatte. »Du bist ohnehin schon von mir schwanger. Heirate mich ...«

Erin strahlte ihn an. »Ja!«

Da wurde Cole von einer nie gekannten Leichtigkeit erfasst. Es dauerte einen Moment, bis er begriff, was es war: Er war glücklich. So glücklich wie noch nie zuvor in seinem Leben. Und das verdankte er nur Erin.

»Bist du sicher?«, fragte er und grinste schelmisch. »Du hast doch den Ring noch gar nicht gesehen.«

»Das Einzige, was ich immer wollte, warst du. Der Ring ist bloß das Sahnehäubchen auf dem Kuchen.« Sie strich Cole mit der Hand über die Wange. »Aber zeig ihn mir trotzdem.«

Er ließ die samtene Schatulle aufschnappen und zeigte ihr den Ring aus Weißgold, bestückt mit einem einzelnen Diamant. Schlicht, aber elegant, genau wie die künftige Trägerin.

»Wow! Wie konntest du … Ich meine … Der ist ja riesig!«

»Es gab in meinem Leben noch nie jemanden, für den ich so richtig Geld ausgeben konnte.« Er schob ihr den Ring auf den Finger. Wie erwartet passte er ihr perfekt. Tja, nicht ohne Grund hatte er, als er bei Erins Vater um ihre Hand angehalten hatte, ihre Mutter gleich mal nach Erins Ringgröße gefragt.

»Wow«, sagte sie erneut und hielt die Hand hoch, um den glitzernden Edelstein zu bewundern. »Ich finde ihn wunderschön. Weil du ihn ausgesucht hast.«

»Und das ist noch nicht alles.« Er holte tief Luft. »Ich habe Nicks Haus am See für uns gekauft.«

»Was?«, quietschte sie begeistert. »Warum denn das?«

»Zum einen, weil du davon so angetan warst, und zum anderen, weil wir bereits dort gewohnt haben, und du musst zugeben, es ist wie geschaffen für unsere Familie.«

Sie schlang ihm die Arme um den Nacken und zog ihn an sich, um ihm einen dicken Kuss zu geben.

»Ich weiß gar nicht, was ich sagen soll. Du hast recht. Es ist perfekt für uns und unser Baby.« Wieder seufzte sie. »Für unsere *Familie*.«

Er drückte sie an sich und nickte, dann stöhnte er zufrieden. »Das ist für mich das Sahnehäubchen, Liebling.«

Sie lachte, dann wurde sie wieder ernst. »Meinst du nicht, dass dir deine Arbeit fehlen wird?«

»Ich habe mir einen vielversprechenden Plan zurechtgelegt: Ich werde eine Security-Firma gründen und einige alte Bekannte einspannen, mit denen ich früher zusammengearbeitet habe. Ich komme schon zurecht. Willst du wissen, warum?«

Sie nickte.

»Die Antwort ist immer dieselbe: Weil ich jetzt dich habe. Alles andere ist bloß ...«

»Das Sahnehäubchen«, sagten sie wie aus einem Mund.

»Ich liebe dich.« Erin kuschelte sich an ihn, schob eine Hand unter sein T-Shirt und lehnte den Kopf an seine Schulter.

»Ich liebe dich auch«, sagte Cole. So ein Sahnehäubchen war ja gut und schön, aber das Einzige, auf das er nie wieder verzichten konnte oder wollte, war sie.

Epilog

»Bist du auch sicher, dass die Babyschale richtig montiert ist?«, fragte Cole. Er umklammerte das Lenkrad des brandneuen GMC Ford Yukon, den er extra gekauft hatte, um seine Tochter aus dem Krankenhaus abzuholen. »Ist Angel angeschnallt?«

»Ja, natürlich. Alles bestens.« Erin betrachtete das selig schlummernde rosa Bündel, das keine Ahnung hatte, dass ihr Daddy da vorne knapp davor war durchzudrehen.

Erin, die nach der Geburt noch recht angeschlagen war, spähte leise lachend zu ihrem Ehemann. Sie hatte beschlossen, auf der Fahrt nach Hause hinten bei ihrer wunderschönen Tochter zu sitzen.

Cole hatte nicht nur ein neues Auto gekauft, das überaus sicher und mit allen Schikanen ausgestattet war, nein, er hatte auch eine digitale Spiegelreflexkamera erstanden und sämtliche Zimmer im Haus mit Videokameras ausstatten lassen, damit sie das Baby stets im Blick hatten. Ja, er hatte total den Verstand verloren.

Andererseits fand Erin es schön, dass er so viel Interesse an ihrem Nachwuchs zeigte. Mit dem zurückhaltenden, reservierten Einzelgänger, der er bei seiner

Rückkehr nach Serendipity gewesen war, hatte er wirklich nicht mehr viel gemeinsam.

»Alles okay?«, fragte er sie.

Sie gluckste. »Ah, du hast also noch nicht vergessen, dass ich bei der Geburt unserer Tochter eine nicht unerhebliche Rolle gespielt habe.«

»Oh nein, ich erinnere mich an alles. Vom Augenblick der Entstehung bis hin zu dem Moment, als ich zum ersten Mal ihr Köpfchen erspäht habe.«

Erin errötete. Eine Geburt mochte ein ganz natürlicher Vorgang sein, aber es war ihr trotzdem peinlich gewesen – jedenfalls bis die Schmerzen sie alle anderen Gedanken hatten vergessen lassen.

Aber das war es wert gewesen, dachte Erin und strich ihrem Töchterchen über die Wange. Sie konnte nicht fassen, wie weich ihre Haut war, wie winzig ihre Nase, ihr Mund, ihre Augen und Ohren. Ehe sie es sich versah, waren sie auch schon zu Hause angekommen.

Cole fuhr in die Garage, schloss das elektrische Tor und half Erin aus dem Auto. Dann legte er ihr das Baby in die Arme und sah ihr nach, während sie bedächtig nach oben ging. Das Baby hatte zwar schon sein eigenes Zimmer, aber sie hatten beschlossen, es erst einmal eine Weile bei sich schlafen zu lassen.

Nachdem sie ihre Tochter in die Wiege gelegt hatte, sank Erin erschöpft auf das Bett.

Cole streckte sich neben ihr aus. »Deine Eltern wollten eigentlich Empfangskomitee spielen, aber ich konnte sie überreden, erst am Nachmittag vorbeizukommen.«

Erin grinste. »Danke.« Es war ihr bedeutend lieber, wenn sie erst einmal ihre Ruhe hatte, selbst vor ihren Eltern.

Ella und Simon hatten sie ohnehin bereits im Krankenhaus besucht und dort Zeit mit ihrer Enkelin verbringen dürfen.

»Ich wollte meine Mädels noch etwas für mich haben«, sagte Cole. Seine Augen glänzten vor Freude, und Erin hoffte inständig, nie wieder den stumpfen, trostlosen Blick von früher in ihnen sehen zu müssen.

»Sag das noch mal«, bat sie ihn, und betrachtete sein geliebtes Gesicht.

»Was?«

»Meine Mädels.« Erin liebte es, wenn er das sagte und konnte gar nicht genug davon bekommen.

»Ihr seid eben meine zwei Mädels. Du warst schon mein Mädel, als wir uns vor neun Monaten bei Joe's über den Weg gelaufen sind. Ich war nur zu stur, es zuzugeben.«

Erin lächelte. Stur war er in der Tat. »Ich bin echt froh, dass wir die Hochzeit noch vor der Geburt über die Bühne gebracht haben.«

»Eigentlich hätte ich lieber eine richtig große Hochzeit mit allem Drum und Dran gehabt. Du hättest es verdient.«

Erin schüttelte den Kopf. »Mir reicht es schon, dass wir überhaupt noch zusammengefunden haben.«

Sie hatten am fünfzehnten Dezember im kleinen Kreis zu Hause geheiratet – im Beisein von Erins Familie, Coles Mutter und deren Mann Brody, und zu ihrer aller Überraschung war auch Jed der Einladung gefolgt. Er war zwar nicht lange geblieben, aber sie hatten sich trotzdem gefreut, zumal er sich vorbildlich benommen hatte.

»Mein Dad hat mich zum Altar begleitet, und dort hast du auf mich gewartet, das genügte vollauf. Alles andere wäre nur das sprichwörtliche Sahnehäubchen gewesen.« Sie liebte diesen Ausdruck. »Und du sorgst ohnehin jeden Tag dafür, dass ich mehr als genug davon bekomme.« Erin legte ihm eine Hand auf die Wange. »Ich liebe dich«, sagte sie mit tränenerstickter Stimme, dann schüttelte sie verlegen den Kopf. »Entschuldige, ich bin immer noch total emotional.«

Cole ergriff ihre Hand. »Meinst du etwa, ich nicht? Nie im Leben hätte ich mir träumen lassen, dass ich das alles einmal haben würde«, sagte er mit einer weit ausholenden Handbewegung. »Ich dachte immer, ich hätte es nicht verdient.«

»Da hast du völlig falsch gelegen«, sagte Erin, die dieser Umstand nach wie vor traurig machte und empörte.

Er hauchte ihr einen Kuss auf die Lippen. »Das ist Vergangenheit.«

»Wenn du dich noch daran erinnerst, ist noch nicht genug Gras darüber gewachsen«, brummelte sie.

Er grinste. »Hab ich dir schon mal gesagt, wie süß ich es finde, wenn du dich für mich einsetzt?«

»Du hast es ein, zwei Mal erwähnt.« *Oder eher fünf oder zehn Mal*, dachte sie. »Wann immer ich Jed in seine Schranken weisen musste.«

»Tja, du kennst doch das Sprichwort ›Was Hänschen nicht lernt, lernt Hans nimmermehr‹. Aber er gibt sich Mühe. Du hast ja selbst erlebt, dass es allmählich besser wird – zumindest merkt er inzwischen selbst, wenn er mal wieder in alte Gewohnheiten verfällt.«

Erin runzelte die Stirn. Ihrer Ansicht nach war Cole zu nachgiebig mit seinem Vater, aber wahrscheinlich hatte er recht – Jed versuchte zumindest, seine verletzenden Kommentare für sich zu behalten, aber hin und wieder rutschte ihm doch noch einer heraus. Und dann war sie sogleich zur Stelle und wusch ihm den Kopf. Sie konnte nicht anders.

Cole fuhr ihr genüsslich mit den Fingern durch die Haare, die ein gutes Stück gewachsen waren. »Jed meinte, er kommt nachher auch vorbei.«

»Und Sam, Mike und Cara haben sich auch angemeldet.«

Cole sah ihr in die Augen. »Ähm, Nick und Kate haben ebenfalls gefragt, ob sie das Baby besichtigen dürfen.«

Erin lachte. »Du hast dich ganz schön verändert, wenn man bedenkt, was für ein Eigenbrötler du früher warst.«

»Ich liebe unsere Verwandten, aber eigentlich wäre ich lieber mit dir allein. Keine Sorge, ich werde sie schon rechtzeitig wieder hinauskomplimentieren.«

Erin grinste. »Ich zähle auf dich.«

Ein leises Quäken ertönte aus der Wiege, und ehe sich Erin auf die Seite gerollt hatte, schoss Cole auch schon aus dem Bett auf. *Er wird die Kleine bis dorthinaus verwöhnen,* dachte Erin schmunzelnd.

»Hat meine kleine Angel Hunger?«, flüsterte er mit einem seligen Lächeln.

Aus dem Gequäke wurde auf einen Schlag ein ohrenbetäubendes Gebrüll. »Ich glaube, sie will zu dir«, sagte Cole lachend.

Erin knöpfte bereits ihre Bluse auf und nahm ihre Tochter bereitwillig entgegen.

»Der Name Angel passt perfekt zu ihr«, stellte Cole fest. Eigentlich hieß die Kleine ja Angela, doch er hatte schon bald angefangen, sie Angel zu nennen, und Erin wusste, diesen Spitznamen würde ihre Tochter nun nicht mehr loswerden.

Cole nickte nachdrücklich. »Sie ist ja auch mein Engel. Genau wie du.«

Erin lächelte zu ihm hoch. »Und mit dir haben wir definitiv das große Los gezogen.« Sie konnte ihr Glück noch immer nicht fassen.

Genau wie Cole hatte sie nie zu hoffen gewagt, dass sie einmal so glücklich sein könnte. Hatte daran gezweifelt, dass sie es verdient hatte. Aber sie wusste ihr Glück zu schätzen, und sie würde alles daransetzen, um Cole jeden Tag daran zu erinnern, dass er es verdient hatte, ebenfalls glücklich zu sein.

Lesen Sie weiter in

Carly Phillips

Ein Kuss zu viel

›LESEPROBE

HEYNE‹

*Der dritte Band der Marsden-Serie wird
im November 2014 im Heyne Verlag erscheinen*

»Nein, ich werde verdammt noch mal nicht mit Margie Simpson ausgehen!« Sam Marsden starrte seine Kollegin und beste Freundin Cara, die neuerdings auch seine Schwägerin war, ungläubig an. Er konnte nicht fassen, dass sie ihm ein derart abstruses Anliegen unterbreitet hatte.

»Sie heißt nicht Simpson, sondern Stinson, und das weißt du genau.« Cara runzelte die Stirn. »Komm schon, Sam. Ihre Eltern sind die Hauptsponsoren der Wohltätigkeitsveranstaltung ›Prävention von Herzerkrankungen bei der Frau‹, und die Polizei von Serendipity fungiert als Co-Sponsor. Wie willst du dem Krankenhaus, das eine Reihe funkelnagelneuer medizinischer Geräte bekommen soll, verklickern, dass die Stinsons ihre Spende zurückgezogen haben, weil sich einer der städtischen Polizisten geweigert hat, ihre Tochter auszuführen?«

»Sie erinnert mich an einen Pitbull«, murmelte Sam. »Gibt es keinen anderen Polizisten, der sie auf den Ball begleiten könnte? Was ist mit Hendler?«

»Der ist zu alt.«

»Und Martini?«

Cara schüttelte den Kopf. »Zu jung. Außerdem will Margie, dass du sie begleitest.«

Sam schauderte. »Noch ein Grund, Nein zu sagen. Ich möchte ihr keine falschen Hoffnungen machen.« Margie war eine dieser Frauen, für die ein Blick bereits Interesse signalisierte, und darauf konnte Sam gut und gern verzichten.

»Machst du meiner Frau etwa das Leben schwer?« Sams Bruder Mike betrat die Schreibstube des Polizeireviers, schlenderte zu Cara und legte ihr besitzergreifend eine Hand auf die Schulter.

»Eher umgekehrt. Bitte pfeif sie zurück«, flehte Sam seinen älteren Bruder an.

Mike schüttelte lachend den Kopf. »Ich mag mein Leben, wie es ist. Tut mir leid, Bruderherz, aber da musst du alleine durch.«

Sam verdrehte die Augen. Seit Mike Sams langjähriger Partnerin verfallen war, waren die beiden unzertrennlich. Wohin auch immer Cara in ihren süßen kleinen Cowboystiefeln ging – sofern sie nicht ihre Uniform trug –, Mike wich keinen Augenblick von ihrer Seite. Natürlich freute sich Sam für seinen Bruder, allerdings gab es in ihrem gemeinsamen Freundeskreis mittlerweile kaum noch Singles. Dare Barron hatte es als Ersten erwischt, gefolgt von Mike und Cara, und seit kurzem war sogar Sams Schwester Erin unter der Haube.

Nicht, dass Sam neidisch gewesen wäre, doch er musste zugeben, dass sein Junggesellenleben und die Gewohnheiten, die er sich im Laufe der Jahre angeeignet hatte, allmählich einen etwas faden Beigeschmack bekamen. Deswegen war er aber noch lange nicht bereit, für eine Höllenbraut wie Margie den Begleiter zu spielen, auch nicht für einen noch so guten Zweck.

Cara rollte einen Bleistift zwischen ihren Handflächen. »Hast du etwa schon eine Verabredung?«, erkundigte sie sich.

»Unsinn«, meldete sich Mike zu Wort, ehe Sam etwas darauf erwidern konnte. »Er hatte seit einer halben Ewigkeit kein Date mehr. Die letzte Frau, die ein gewisses Interesse bei ihm geweckt hat, war …«

Auf diese Unterhaltung hatte Sam nun wirklich nicht die geringste Lust. »Musst du nicht in dein Büro zurück?« Er deutete auf das Kabuff, das dem Polizeipräsidenten vorbehalten war.

Mike grinste. »Nicht, wenn ich hier draußen so viel mehr Spaß haben kann.«

Cara stieß ihn mit dem Ellbogen an. »Geh lieber. Du vermasselst mir noch die Tour, wenn du ihn weiterhin aufziehst.«

Mike zuckte die Achseln. »Hey, es ist doch nicht meine Schuld, dass er so ein leichtes Opfer ist.«

Sam schnaubte. »Seit du geheiratet hast, bist du noch unerträglicher als vorher.«

Mike grinste selbstzufrieden und küsste seine Frau ausgiebig auf den Mund, ehe er endlich Leine zog.

»Nehmt euch ein Zimmer«, knurrte Sam.

Cara beugte sich über ihren Schreibtisch, der dem seinen gegenüberstand. »Auch du kannst die wahre Liebe finden. Wir wünschen es dir alle.«

Doch Sam hatte keinerlei Ambitionen in diese Richtung. Er hatte es versucht und war knapp vor dem Ziel spektakulär gescheitert. Als Polizist verließ er sich blind auf sein Bauchgefühl, in punkto Frauen, Beziehungen und persönliche Entscheidungen jedoch zweifelte er an seiner Menschenkenntnis.

Schließlich war sein Vertrauen in seine sogenannten Instinkte Schuld daran, dass er jemanden verletzt hatte, der ihm am Herzen lag, und seine Leichtgläubigkeit hatte dazu geführt, dass ihn seine Ex-Verlobte mit seinem besten Freund betrogen hatte. Seine Familie war nur bis zu einem gewissen Grad über die damaligen Vorfälle informiert, und wenn es nach ihm ging, würden seine Geschwister nie die ganze Wahrheit erfahren. Außerdem setzten sie ihm, seit sie verheiratet waren, noch mehr zu – nicht zuletzt seine Schwester Erin, die vor kurzem ein Baby bekommen hatte.

Cara musterte Sam ernst. »Du musst Margie ja nicht gleich heiraten. Geh einfach mit ihr zu dem Ball, sei ein bisschen nett zu ihr, und dann geh nach Hause. Würdest du das für mich tun? Für Mike und die Polizei von Serendipity? Bitte!« Cara sah ihn mit ihren großen, grünen Augen an und klimperte mit den Wimpern.

Sam schnaubte verärgert. »Das machst du nur, weil du weißt, dass ich dir keinen Wunsch abschlagen kann«, brummte er. Tja, wie es aussah, war auch er Wachs in ihren Händen, dabei hatte er eigentlich angenommen, er wäre ihr gegenüber immun – schließlich war sie über Jahre hinweg seine beste Freundin gewesen, ehe sie in seine Familie eingeheiratet hatte.

Wie dem auch sei, er wollte sie nicht enttäuschen, und außerdem war die Benefizveranstaltung, wie Cara zu Recht festgestellt hatte, für einen guten Zweck, und er würde als Vertreter der hiesigen Polizei in Erscheinung treten.

Trotzdem wurde ihm bei dem Gedanken an Margie etwas mulmig. Es gab wohl in ganz Serendipity keinen Junggesellen, der nicht vor ihr zitterte.

»Heißt das, du bist dabei?« Cara klopfte erfreut mit dem Bleistift auf ihre Schreibunterlage.

»Ja«, brummte Sam, wohl wissend, dass er diese Entscheidung bereuen würde. Er war einfach viel zu gutmütig.

»Yippie!« Cara sprang auf und drückte ihn kräftig an sich, dann ließ sie sich wieder an ihrem Tisch nieder. »Okay, ein Problem weniger. Ich verspreche dir, Mike und ich werden an dem Abend nicht von deiner Seite weichen. Wir lassen dich mit dieser Blutsaugerin nicht allein.«

Sam hob eine Augebraue. »Du gibst also zu, dass sie eine Blutsaugerin ist?« Cara hielt den Kopf gesenkt und wich seinem Blick aus, aber ihre roten Wangen verrieten sie.

Schließlich spähte sie durch ihre langen Wimpern hindurch zu ihm hinüber. »Du weißt, du könntest dir derlei ersparen, wenn du dir auch endlich …«

Eine Frau suchen würdest. »Lass gut sein«, unterbrach er sie, ehe sie es aussprechen konnte.

»Okay, aber Mike hat recht. Die letzte Frau, für die du dich interessiert hast, war …«

»LASS GUT SEIN.« Sam setzte eine entschlossene Miene auf.

»Jaja, schon gut, ich werde ihren Namen nicht aussprechen.« Sie hatte ihre Mission erfolgreich beendet, jetzt konnte sie sich ihrem Schreibkram widmen.

Na, toll. Cara hatte Erinnerungen an eine Frau geweckt, bei der Sam zum ersten Mal seit zehn Jahren beinahe schwach geworden wäre, dabei hatte er sich geschworen, sich nicht so bald wieder auf eine ernsthafte Beziehung einzulassen. Doch die letzte Begegnung mit Nicole Farnsworth, der Schönen mit dem rabenschwarzen Haar, der er seine derzeitige Unzufriedenheit zu verdanken hatte, lag nun auch schon wieder zwei Monate zurück, und die Wahrscheinlichkeit, dass er sie irgendwann wiedersehen würde, war gleich null.

Marian Farnsworth stand an der Schwelle zur Wohnung ihrer Tochter Nicole und begrüßte diese mit den Worten: »Keine Frau, die einigermaßen bei Verstand ist, löst ihre Verlobung mit einem Mann, der nicht nur steinreich und attraktiv ist, sondern auch noch über ausgezeichnete Beziehungen verfügt!«

Nicole hatte die Tür offen stehen lassen, weil sie gerade dabei war, Umzugskisten zu ihrem Auto zu tragen.

»Nicole! Ich rede mit dir!«

Ihre Tochter, die soeben einen Umzugskarton zuklebte, richtete sich auf und betrachtete Marian, die zu ihrem Chanel-Jäckchen eine Wollhose trug und wie immer perfekt gestylt war. »Ich hab's gehört, Mom.«

»Und, hast du mir nichts zu sagen?«

»Nur, dass so einige Mitglieder unserer Familie geistig nicht ganz auf der Höhe sind, wie du weißt.«

»Sprich nicht so über deine Schwester!«, wies Marian ihre Tochter zurecht.

Nicole behielt wohlweislich für sich, dass sie damit nicht nur ihre labile Zwillingsschwester gemeint hatte, die an einer bipolaren Störung litt.

»Du *musst* Tyler anrufen und ihn bitten, dir zu verzeihen«, forderte ihre Mutter, und zwar nicht zum ersten Mal. Doch Nicole hatte nicht vor, sich weichkochen zu lassen. »Ich liebe ihn nicht, Mutter.«

»Na, und?«, zeterte Marian.

Aus dieser Antwort hätte man so einige Rückschlüsse auf die Ehe ihrer Eltern ziehen können, doch Nicole verdrängte diesen Gedanken sogleich. So genau wollte sie es gar nicht wissen.

Sie zog es vor, sich weiterhin auf ihre Zukunft zu konzentrieren. Auf das neue Leben, in das sie in Bälde aufbrechen würde. »In einer Stunde bin ich hier raus.«

»Nein! Die gelöste Verlobung ist eine Demütigung für deinen Vater und mich. Außerdem kandidiert Tylers Mutter als Wahlbezirksvorsitzende und hat Kontakte, die für deinen Vater von Nutzen sein könnten!«

Nicoles Vater Robert besaß mehrere Kaufhäuser, die über die ganze Stadt verteilt waren, weshalb er im Gegensatz zu seiner Tochter großen Wert auf Networking und Vitamin B legte, etwa, um sich lästige Lebensmittelkontrolleure vom Hals zu halten.

Nicole schnaubte frustriert.

Das Ganze entbehrte nicht einer gewissen Ironie. Ihr Leben lang war sie eine brave, gefällige und rundum perfekte Tochter gewesen und hatte sich trotzdem vergeblich um die Anerkennung und Aufmerksamkeit ihrer Eltern bemüht. Und jetzt, da sie sich nicht mehr darum scherte, was ihre Familie von ihren Entscheidungen hielt, hatte sie ihr Ziel plötzlich erreicht. Leider hatte sie sich im Zuge dessen völlig untypisch verhalten und ihren Verlobten Tyler zutiefst verletzt. Seither fühlte sie sich noch leerer als zuvor.

»Tu gefälligst nicht so, als wäre ich Luft!«, echauffierte sich ihre Mutter, dabei war das gar nicht Nicoles Absicht gewesen. Sie hatte nur einen Streit verhindern wollen. »Mom, ich hab dir schon mehrfach gesagt, dass ich nicht zu Tyler zurückkehren werde. Ich liebe ihn nicht. Das hätte mir schon viel früher auffallen müssen.« Aber er war eben freundlich und liebenswürdig zu ihr gewesen, hatte ihr all das gegeben, wonach sie gehungert hatte, nachdem man sie so lange emotional vernachlässigt hatte, und so hatte Nicole Dankbarkeit mit Liebe verwechselt.

Erst nach dem Nervenzusammenbruch ihrer Schwester und einer damit in Zusammenhang stehenden Begegnung mit einem sexy Kleinstadtpolizisten hatte sie gemerkt, was ihr in ihrer Beziehung gefehlt hatte: Verlangen, Aufregung, Herzklopfen, wann immer er in der Nähe war. Als Kind hatte sie sich stets mit wenig begnügt, doch sie war nicht gewillt, das auch in ihrer Ehe zu tun.

Nicole registrierte, dass ihre Mutter sie noch immer mit einer Mischung aus Frust und Fassungslosigkeit anstarrte. »Na, es ist doch wohl besser, dass ich mich *vor* der Hochzeit von ihm getrennt habe, findest du nicht?«, sagte Nicole.

»Wann habe ich dir eigentlich erzählt, dass Märchen wahr werden können?«, fragte Marian giftig.

»Keine Sorge. Das hast du nie getan«, versicherte ihr ihre Tochter. Aber sie strebte auch gar kein Happy End wie im Märchen an.

Sie wollte lediglich ihr eigenes Leben führen, eines, das es ihr ermöglichen würde, sich ihre Träume und Wünsche zu erfüllen, statt sich weiterhin an den Ansprüchen ihrer Eltern zu orientieren, denen sie ohnehin niemals genügen würde. Deshalb machte sie sich nun auf in eine verschlafene Kleinstadt, in die es sie vor einer Weile infolge einiger im wahrsten Sinne des Wortes verrückten Begebenheiten verschlagen hatte. In dieser beschaulichen Umgebung hatte sie zum ersten Mal in ihrem Leben etwas empfunden, das man wohl als Gemütsruhe oder inneren Frieden bezeichnen konnte.

Nicole war bereit für Serendipity. Sie konnte nur hoffen, dass Serendipity auch bereit für sie war.

Nicole liebte Serendipity unter anderem für seinen altmodischen Charme – wo sonst gab es ein Lokal mit dem Namen »The Family Restaurant«? Nachdem sie den Vormittag damit zugebracht hatte, ihre neue Wohnung einzurichten, die sich über Joe's Bar befand, beschloss sie, die Lebensmitteleinkäufe auf den nächsten Tag zu verschieben und stattdessen essen zu gehen.

Sie hatte in besagtem Restaurant gerade einen köstlichen Hackbraten mit Kartoffelpüree verspeist, als die dunkelhaarige Kellnerin, die vorhin hinter der Theke gestanden hatte, auf sie zukam und sie mit schmalen Augen musterte. »Das Gesicht kenne ich doch«, stellte sie fest.

Die argwöhnische Miene der Frau wunderte Nicole nicht. Sie hatte schon befürchtet, dass man sie für ihre Zwillingsschwester Victoria halten könnte, was sie jedoch nicht von ihrem Entschluss hatte abbringen können. Zu stark war die Anziehungskraft dieses bezaubernden Städtchens gewesen, und die Menschen, die sie bei ihrem ersten Aufenthalt hier kennengelernt hatte, waren Victorias Vergehen zum Trotz freundlich zu Nicole gewesen.

Zum Teil mochte das darauf zurückzuführen sein, dass Nicole bei der Suche nach ihrer Schwester mitgeholfen hatte, als diese wegen eines Mannes namens Cole Sanders hergekommen war und einer Frau aus Serendipity, in der sie eine Konkurrentin gesehen hatte, das Leben zur Hölle gemacht hatte. Tja, wenn Victoria ihre Medizin absetzte, war sie zu allem fähig. Aufgrund ihres Verhaltens befand sie sich derzeit in einer Anstalt für psychisch kranke Straftäter, wo sie auf den Beginn des Gerichtsprozesses wartete, der über ihr Schicksal entscheiden würde.

Nun, Nicole wollte niemandem hier unterstellen, dass man sie mit ihrer Zwillingsschwester in einen Topf warf. »Äh, ich glaube, wir hatten noch nicht das Vergnügen«, sagte sie zu der Kellnerin.

»Ich bin Macy Donovan. Meiner Familie gehört das Restaurant, und ich helfe gelegentlich als Kellnerin aus, oder wo auch immer gerade Not am Mann ist ...«

»Nicole Farnsworth«, beeilte sich Nicole zu sagen.

»Sie sind also nicht Victoria, diese Psychopathin, die ...«

Nicole schüttelte den Kopf. »Nein, sie ist meine Zwillingsschwester.«

Macy lief vor Verlegenheit rot an. »Tut mir leid, aber sie hat meiner Freundin Erin echt übel mitgespielt. Sie hat ihr monatelang nachgestellt und ... Na ja, lassen wir das.«

Nicole verzog das Gesicht. »Ich bin darauf gefasst, dass man mich gelegentlich mit meiner Schwester verwechseln wird. Aber das hat mich nicht davon abgehalten, hierherzuziehen.«

Macy hob eine Augenbraue. »Sie sind *freiwillig* hierhergezogen?«

»Ja, das bin ich.« Nicole straffte die Schultern, womit sie Macy zu verstehen geben wollte, dass sie sich ihrer Sache sicher war und es nicht dulden würde, wenn ihr jemand das Fehlverhalten ihrer Schwester vorwarf.

»Also, ich nehme mir zwar kein Blatt vor den Mund, aber ich mache Sie nicht für das verantwortlich, was Ihre Schwester Erin angetan hat.«

Nicole krümmte sich innerlich bei dem Gedanken daran.

»Erin hat mir erzählt, dass Sie hergekommen sind, um sie und Cole zu warnen. Und dass Sie der Polizei geholfen haben, Victorias Versteck ausfindig zu machen. Also ... Frieden?« Macy streckte Nicole die Hand hin.

Diese ergriff sie mit einem erleichterten Seufzer. »Frieden. Wir können uns übrigens auch gerne duzen.«
Macy nickte.

Dann begann Nicoles Handy, das sie neben sich deponiert hatte, zu klingeln. Sie warf einen Blick auf das Display. Puh, es war ihr Ex-Verlobter Tyler Stanton. Nicole atmete tief durch, dann drückte sie den Anruf weg. Sie hatte Tyler persönlich gesagt, dass es vorbei war und sah keinen Grund, das alles noch einmal am Telefon durchzukauen.

Macy hatte in der Zwischenzeit begonnen, den Tresen mit einem Geschirrtuch sauber zu wischen. Da Nicole den Anruf nicht entgegennahm, drehte sie sich wieder zu ihr um und setzte die Unterhaltung fort. »Und, was führt dich nach Serendipity?«

Nicole musste nicht lange über die Antwort nachdenken. »Ein Neuanfang.«

Macy grinste. »Weil es dir beim ersten Mal hier so gut gefallen hat, oder wie?«

Nicole lachte. »Auch das. Nein, ernsthaft. In Anbetracht der besonderen Umstände, die mich hergeführt haben, war ich tief beeindruckt von dieser Stadt und ihren Bewohnern.«

»So, so. Von irgendeinem speziellen Bewohner?«, erkundigte sich Macy.

Nicole schüttelte den Kopf. Noch war die Zeit nicht reif für derartige Geständnisse.

»Tja, du hast Glück – wie es der Zufall will, findet dieses Wochenende eine Benefizveranstaltung zugunsten der Gesundheit von Frauen statt.«

»Im Juli?«

»Ich weiß, Wohltätigkeitsbälle werden meist im Februar veranstaltet, aber da tobte im ersten Jahr ein derartiger Sturm, dass die Veranstaltung auf Juli verlegt wurde. Du solltest auch hinkommen.«

Nicole zögerte. Sie war noch nicht bereit, allein zu einer so großen Veranstaltung zu gehen. »Ich weiß nicht recht. Ich meine, ich bin neu in der Stadt ...«

»Gerade deshalb solltest du hingehen. Da lernst du im Handumdrehen eine ganze Menge Leute kennen! Man muss nicht zwingend in männlicher Begleitung erscheinen. Ich habe auch noch keine Verabredung. Wir könnten ja zusammen hingehen. Was hältst du davon?«

Hm. Das klang in der Tat nach einer idealen Gelegenheit, um gleich Bekanntschaften zu schließen. Wie es aussah, hatte sie in Macy schon ihre erste Freundin gefunden.

»Es ist für einen guten Zweck«, fügte Macy hinzu, ehe Nicole antworten konnte. »Der Ball wird unter anderem von der hiesigen Polizei gesponsert, und da viele der Jungs in unserem Restaurant verkehren, habe ich mich bereit erklärt, Tickets für sie zu verkaufen. Also, kommst du mit? Bitte!« Macy war wirklich ausgesprochen hartnäckig, und ihre Begeisterung wirkte ansteckend.

Hm. Da die Polizei als Sponsor fungierte, war nicht ausgeschlossen, dass ihr auf der Veranstaltung Sam

Marsden über den Weg laufen würde, den Nicole nur zu gern wiedersehen würde. »Also gut.«

»Klasse!« Macy strahlte sie an, dann zog sie die Nase kraus. »Ganz billig ist der Spaß allerdings nicht.«

»Was kostet denn der Eintritt?«

»Siebenundfünfzig Dollar.«

Nicole nickte. Sie hatte vor, eine eigene Bäckerei zu eröffnen, aber dazu musste sie erst noch die Gegend erkunden und eruieren, ob in Serendipity überhaupt Bedarf in dieser Richtung bestand. Um die Zeit bis zur Umsetzung ihrer Geschäftsidee zu überbrücken, würde sie sich vermutlich einen Übergangsjob suchen müssen, aber bis sie den gefunden hatte, konnte sie auf einen Wertpapierfonds zurückgreifen, den ihr ihre Großeltern hinterlassen hatten. Ihren Eltern war dieser Umstand stets ein Dorn im Auge gewesen, denn das bedeutete, dass sie keinen Einfluss darauf hatten, was ihre Töchter so trieben.

Nicole hatte nicht vor, ihr Geld leichtfertig durchzubringen, schließlich benötigte sie es für ihr Geschäftsvorhaben. Aber einstweilen konnte sie sich damit zumindest eine Wohnung mieten und ihre Lebenshaltungskosten decken, bis sie in Serendipity Fuß gefasst hatte. Und es würde ihr sicher von Nutzen sein, wenn sie die Bewohner ihrer neuen Heimatstadt kennenlernte und ganz nebenbei eine gute Sache unterstützte.

»Kein Problem.« Sie sahen sich an, und Macy grinste breit.

»Großartig! Ach, noch etwas.«

»Ja?« Nicole lehnte sich gespannt nach vorn, die Ellbogen auf die Tischplatte aufgestützt. Macy war ja bestens informiert.

»Du wirst dich in Schale werfen müssen.«

»Kein Problem. In meinem alten Leben musste ich mich andauernd für irgendwelche Events aufrüschen.«

Macy hob eine Augenbraue. »Ach ja? Erzähl.«

Nicole zuckte die Achseln. »Ach, das ist eine lange Geschichte.« Da sie sich teils auf Betreiben ihrer Eltern, teils wegen Tyler und seiner Mutter ständig auf Bällen und anderen Veranstaltungen hatte zeigen müssen, hatte Nicole einen ganzen Schrank voller Cocktail- und Abendkleider besessen. Von den meisten hatte sie sich getrennt, nur ihre Lieblingsstücke hatte sie behalten.

»Du bist ja überraschend leicht zu überzeugen«, bemerkte Macy, und Nicole lachte.

Werkverzeichnis der im Heyne Verlag von Carly Phillips erschienenen Titel

© Yolanda Perez Photography LLC, Yolanda Perez

Über die Autorin

Wissenswertes über Carly Phillips 2

Werkverzeichnis

1. Die Chandler-Trilogie. 3
2. Die Hot-Zone-Serie 4
3. Die Corwin-Trilogie. 6
4. Die Single-Serie 8
5. Die Barron-Serie. 9
6. Die Marsden-Serie 10
7. Einzeltitel 11

Die Autorin

Carly Phillips hat sich mit ihren romantischen und leidenschaftlichen Romanen in die Herzen ihrer Leserinnen geschrieben.
Nach ihrem Abschluss an der Brandeis University praktizierte sie als Anwältin. Als sie nach der Geburt ihrer ersten Tochter ihre Leidenschaft für Liebesgeschichten entdeckte, begann sie selbst zu schreiben. In den 90er Jahren gab sie ihre Karriere als Juristin auf und blieb bei ihren Töchtern zu Hause.
1998 erschien ihr erstes Buch in Amerika. Sie hat bereits über zwanzig Romane veröffentlicht und ist inzwischen eine der bekanntesten amerikanischen Schriftstellerinnen. Mit zahlreichen Preisnominierungen und Auszeichnungen ist sie aus den Bestsellerlisten nicht mehr wegzudenken.
Carly Phillips lebt mit ihrem Mann und ihren zwei Töchtern in Purchase im Staat New York. Ihre Leidenschaft gilt, neben der Familie, ihren beiden Terriern Bailey und Buddy sowie dem Baseball. Im wahren Leben ist ihr Ehemann ihr Held.
Vorbilder für ihr literarisches Schreiben sind LaVyrle Spencer, Catherine Coulter und Susan Elizabeth Phillips. Carly Phillips' richtiger Name lautet Karen Drogin, unter dem sie ebenfalls veröffentlicht. Ohne zu schreiben, sagt sie selbst, würde sie verrückt werden. Die Atmosphäre, in der Carly Phillips ihre Bücher verfasst, ist allerdings nicht weniger verrückt: Sie schreibt im Chaos zwischen laufendem Fernseher, bellenden Hunden und ihren beiden Töchtern. Dies alles wirke sich jedoch positiv auf ihre Kreativität aus, so Carly.

Wenn Sie mehr über Carly Phillips erfahren wollen, besuchen Sie sie auf ihrer Homepage: www.carlyphillips.com

Werkverzeichnis

1. Die Chandler-Trilogie

Der letzte Kuss
(The Bachelor)
Wer von ihnen als Erster den Herzenswunsch ihrer Mutter nach Hochzeit und Enkelkindern erfüllen soll, entscheiden die drei Brüder Rick, Chase und Roman durch das Werfen einer Münze. Ausgerechnet Auslandskorrespondent Roman muss sich der Herausforderung stellen. Seine Traumfrau macht es ihm jedoch nicht leicht.

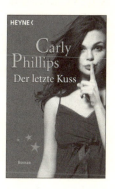

Der Tag der Träume
(The Playboy)
Die Frauen von Yorkshire Falls werfen sich Rick Chandler reihenweise an den Hals. Doch der attraktive Polizist will nach einer missglückten Ehe nie wieder heiraten. Als ihm eines Tages Kendall, eine waschechte »runaway bride«, über den Weg läuft, knistert es heftig auf beiden Seiten. Doch auch Kendall liebt ihre Freiheit über alles.

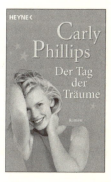

Für eine Nacht
(The Heartbreaker)
Nachdem Roman und Rick unter der Haube sind, ist nun Chase als letzter der drei Chandler-Brüder an der Reihe, endlich die Frau seiner Träume zu finden. Dies stellt sich als äußerst schwierig heraus, denn seine Auserwählte ist nach der ersten gemeinsamen Nacht spurlos verschwunden. Chase kennt nicht einmal ihren richtigen Namen.

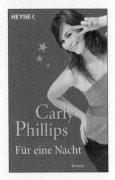

2. Die Hot-Zone-Serie

Mach mich nicht an!
(Hot Stuff)
Annabelle, attraktive und erfolgreiche PR-Beraterin in der Hot-Zone-Agentur, verliebt sich konsequent immer wieder in die falschen Männer. Nach der letzten verheerenden Beziehung hat sie sich deshalb strikte Enthaltsamkeit geschworen. Als sie ihrem neuesten Klienten, dem Ex-Football-Star Brandon Vaughn, gegenübersteht, hält sie ihn zunächst für den

typischen, oberflächlichen Sportler. Doch schon bald entdeckt Annabelle, dass sich unter Brandons harter Schale ein weicher Kern verbirgt, und ihr guter Vorsatz schmilzt wie ein Eiswürfel in der Sommersonne.

Her mit den Jungs!
(Hot Number)
Micki, Annabelles burschikose Schwester, ist bis über beide Ohren in den lebenslustigen und charmanten Baseball-Profi Damian verschossen. Doch der stadtbekannte Herzensbrecher scheint sie bisher noch nicht einmal wahrgenommen zu haben. Ihr Onkel Yank, der Gründer und Chef der Hot-Zone-Agentur, sorgt dafür, dass Damian und Micki gemeinsam auf einer romantischen Insel landen. Und wirklich: Die beiden verleben leidenschaftliche Tage voller Glück und Harmonie. Doch kaum wieder in New York, zieht Damian sich zurück. Micki ist verzweifelt: Wie konnte sie nur glauben, ihn dauerhaft an sich zu binden?

Komm schon!
(Hot Item)
Sophie, die kontrollsüchtige der drei Jordan-Schwestern, verliert genau das, was ihr am wichtigsten ist: den Überblick. Denn Spencer, der PR-Berater der Hot-Zone-Agentur, ist plötzlich untergetaucht. Damit ihre Klienten nicht verrücktspielen, muss Sophie ihn um jeden Preis in die Agentur zurückbringen. Als der sexy Football-Spieler Riley Nash sich in  Sophies Leben drängt, gibt es noch mehr Unordnung: Auf der gemeinsamen Suche nach dem Vermissten findet Sophie nicht nur heraus, dass Riley ein Geheimnis hat, sondern auch, dass sie seinem erotischen Charme nicht widerstehen kann.

Geht's noch?
(Hot Property)
Die quirlige Eventmanagerin Amy Stone ist frisch nach New York gezogen, um für die Hot-Zone-Agentur zu arbeiten. Dank der Vermittlung ihrer Freundin – und Geschäftspartnerin – Micki zieht Amy schon bald einen lukrativen Auftrag an Land: Sie soll John Roper, einem bisher sehr erfolgreichen Baseball-Profi, aus seiner Lebenskrise helfen. Er hat nicht nur berufliche und gesundheitliche Probleme, sondern auch familiären Dauerstress. Amy stürzt sich voller Tatendrang in diesen Auftrag – und versucht ihre eigenen Gefühle zu ignorieren.

3. Die Corwin-Trilogie

Trau dich endlich!
(Lucky Charm)

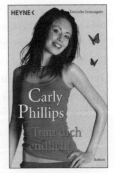

Schon als junges Mädchen weiß Gabrielle, dass sie ihren Mr. Right, den attraktiven Derek Corwin, bereits gefunden hat. Doch dann lässt der sie sitzen und heiratet eine andere. Die Begründung: Ein Fluch lastet auf seiner Familie, der es ihm unmöglich macht, mit seiner wahren Liebe glücklich zu werden. Gabrielle bleibt nichts anderes übrig, als sich damit abzufinden. Als sie ihren Ex – inzwischen geschieden und sexy wie nie – nach Jahren wieder trifft, lässt sie sich erneut auf eine heiße Affäre mit ihm ein.

Spiel mit mir!
(Lucky Streak)

Las Vegas macht's möglich: In einer heißen Nacht heiratet der sexy Cop Mike Corwin nicht nur die umwerfende Trickbetrügerin Amber, sondern gewinnt darüber hinaus 150 000 Dollar. Als er am nächsten Morgen aufwacht, ist Amber verschwunden – und das Geld auch. Hat sie ihn reingelegt? Oder entfaltet der Fluch, der auf den Corwin-Männern lastet, tatsächlich seine Wirkung? Prompt sieht Mike seine schlimmsten Befürchtungen bestätigt. Für ihn ist der Fall klar: Er will die Scheidung. Doch Amber glaubt an ihre Liebe zu Mike und lässt sich von nichts aufhalten.

Mach doch!
(Lucky Break)

Der Corwin-Fluch besagt, dass kein männliches Familienmitglied jemals mit seiner großen Liebe glücklich werden kann. Derek und Mike Corwin sind zwar inzwischen mit ihren Traumfrauen verheiratet, doch nun scheint das Übel auf ihrem Cousin zu lasten: Der smarte Jason fühlt sich unwiderstehlich zu der verführerischen Lauren Perkins hingezogen. Doch es war ausgerechnet Laurens Urahnin, die einst den Fluch über die Corwin-Familie brachte. Ist ihre Liebe stark genug, den unheilvollen Bann endgültig zu brechen?

4. Die Single-Serie

Küss mich doch!
(Kiss me if you can)
Coop gilt als der begehrteste Single in ganz New York, seit er einen Juwelenraub verhindert hat. Plötzlich kann er sich vor Verehrerinnen nicht mehr retten, doch wirklich fasziniert ist er nur von der unkonventionellen Lexie. Die hat allerdings nur eines im Sinn: an den antiken Ring zu kommen, den er vom Juwelier als Belohnung erhalten hat. Denn er birgt ein 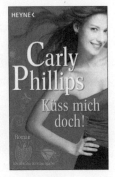 dunkles Familiengeheimnis. Kann Coop ihr vertrauen?

Verlieb dich!
(Love me if you dare)
Der Polizist Rafe rettet seiner Kollegin Sara das Leben – ein gefundenes Fressen für die Medien, die die Geschichte aufbauschen und ihn zum begehrtesten Junggesellen New Yorks machen. Er flieht vor der Klatschpresse, nachdem er zugegeben hat, dass die attraktive Sara weit mehr als eine Kollegin für ihn ist. Die macht sich auf die Suche nach Rafe und verliebt sich in ihn und seine ungestüme, aber liebenswerte Großfamilie. Wenn nur alles so einfach wäre …

5. Die Barron-Serie

Ich will doch nur küssen
(Serendipity)

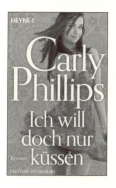

Von Männern hat Faith genug! Frisch geschieden kehrt sie in ihre Heimatstadt zurück. Dort begegnet sie ausgerechnet dem Mann, den sie seit zehn Jahren nicht vergessen kann: Ethan. Er stellt ihre Gefühlswelt gehörig auf den Kopf und lässt sie wieder auf die große Liebe hoffen. Doch Ethan hat ein dunkles Geheimnis, und als seine Halbschwester auftaucht, geht das Chaos erst richtig los.

Ich will nur dein Glück
(Serendipity 2)

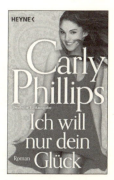

Als Nash Barron die attraktive Kelly auf der Hochzeit seines Bruders kennenlernt, funkt es gewaltig zwischen ihnen. Nash ist fasziniert von Kellys Schönheit und Warmherzigkeit, doch für ihn steht fest, dass sie ihrer Leidenschaft nicht nachgeben dürfen. Dadurch würde er das Vertrauensverhältnis zu seiner Halbschwester Tess gefährden, die die Barron-Familie erst kürzlich aufgenommen hat. Sie braucht nun seine ganze Unterstützung. Doch Tess ist nicht das einzige Hindernis zwischen den beiden. Auch Kelly hat ihre Gründe, auf Distanz zu gehen: Sie verheimlicht Nash etwas, das er ihr nie verzeihen würde ...

Ich will ja nur dich!
(Serendipity 3)

Mehr als ein paar knappe Worte hat der Polizist Dare Barron noch nie mit der unnahbaren Liza McKnight gewechselt. Dabei begehrt er sie seit seiner frühen Jugend. Als Liza jedoch in Schwierigkeiten gerät, beschließt Dare kurzerhand, für ihren Schutz zu sorgen – und die beiden kommen sich plötzlich näher, als sie es je für möglich gehalten hätten. Doch Dare ahnt: Wenn er Liza nicht verlieren will, muss er ihr sein dunkelstes Geheimnis anvertrauen und sich seiner eigenen Vergangenheit stellen ...

6. Die Marsden-Serie

Küss mich später

Als sein Vater an Krebs erkrankt, kehrt Mike zurück nach Serendipity und vertritt ihn als Polizeipräsident der kleinen Stadt. Bisher hat Mike als verdeckter Ermittler in Manhattan ein rastloses Leben ohne feste Bindungen geführt. Auch die Begegnung mit seiner neuen Kollegin Cara bildet zunächst keine Ausnahme, und die beiden beginnen eine leidenschaftliche Affäre ohne große Erwartungen. Doch allmählich erkennen sie, dass sie sich perfekt ergänzen und tiefere Gefühle füreinander entwickeln ...

7. Einzeltitel

Küss mich, Kleiner!
(Under the Boardwalk)

Ariana Costas nutzte vor fünf Jahren die erste Gelegenheit, um ihrer schrulligen griechischen Familie zu entfliehen. Doch nun verlässt die junge Psychologieprofessorin ihr geregeltes Leben in Vermont, denn ihre Zwillingsschwester Zoe ist verschwunden. Dass allerdings gleich am ersten Tag auf sie geschossen wird, hätte Ariana nicht erwartet. Genauso wenig wie die Rettung durch den gut aussehenden Detective Quinn Donovan. Nun steckt Ari wirklich in der Klemme. Genauso wie Quinn: Denn wie soll er dieser sinnlichen Frau widerstehen und gleichzeitig seine gefährliche Mission erfüllen, die sie beide das Leben kosten könnte?

Auf ein Neues!
(Perfect Partners)

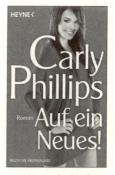

Nach dem tragischen Unfalltod ihrer Schwester kämpft die erfolgreiche Anwältin Chelsie Russel um das Sorgerecht für ihre geliebte Nichte Alix. Doch Griffin Stuart, Alix' Onkel und ebenfalls Anwalt, gewinnt den Fall und beschließt, von nun an ganz für die Kleine da zu sein. Chelsie wiederum will sich nicht einfach aus dem Leben ihrer Nichte drängen lassen. Schon bald merken die beiden, dass sie ihren Zwist begraben und gemeinsam für das Mädchen da sein müssen. Während sie versuchen, dem Kind eine Ersatzfamilie zu bieten und mit ihrer Trauer fertig zu werden, kommen sie sich näher …

Noch ein Kuss
(The Right Choice)

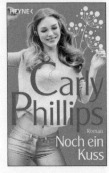

Die Kolumnistin Carly Wexler ist überzeugt: Liebe und Leidenschaft bringen nichts als Enttäuschung, und so führt sie eine eher leidenschaftslose Beziehung mit dem ehrgeizigen Peter. Die Vernunftheirat der beiden steht kurz bevor, als sie Peters attraktiven Bruder Mike kennenlernt. Er ist das genaue Gegenteil von Peter: rau, männlich, selbstbewusst, und Carly fühlt sich stark zu ihm hingezogen. Die Begegnungen mit ihm verwirren sie und bringen ihre Prinzipien ins Wanken. Will sie weiter auf Nummer sicher gehen oder die Liebe – mit all ihren Risiken – in ihr Leben lassen?